普通高等教育"十一五"国家级规划教材
高校建筑环境与设备工程专业指导委员会规划推荐教材

建筑设备自动化

江 亿　姜子炎　著

吴德绳　主审

中国建筑工业出版社

图书在版编目（CIP）数据

建筑设备自动化/江亿，姜子炎著. —北京：中国建筑工业出版社，2007

普通高等教育"十一五"国家级规划教材. 高校建筑环境与设备工程专业指导委员会规划推荐教材

ISBN 978-7-112-08879-9

Ⅰ. 建… Ⅱ. ①江…②姜… Ⅲ. 智能建筑-房屋建筑设备-自动化系统-高等学校-教材 Ⅳ. TU855

中国版本图书馆 CIP 数据核字（2007）第 030061 号

普通高等教育"十一五"国家级规划教材
高校建筑环境与设备工程专业指导委员会规划推荐教材

建筑设备自动化

江 亿 姜子炎 著

吴德绳 主审

*

中国建筑工业出版社出版（北京西郊百万庄）
新华书店总店科技发行所发行
北京密云红光制版公司制版
北京建筑工业印刷厂印刷

*

开本：787×1092毫米 1/16 印张：13½ 字数：325 千字
2007 年 6 月第一版 2007 年 6 月第一次印刷
印数：1—4000 册 定价：26.00元（附网络下载）
ISBN 978-7-112-08879-9
(15543)

版权所有 翻印必究
如有印装质量问题，可寄本社退换
（邮政编码 100037）

本社网址：http://www.cabp.com.cn
网上书店：http://www.china-building.com.cn

本书结合实际工程系统地介绍建筑设备自动化系统。通过四个工程问题的分析，由浅入深逐步介绍了控制系统的基本概念；控制原理的初步知识以及通断控制、PID 控制等控制调节方法；建筑热湿环境的控制；并从整体设计出发全面介绍了建筑自动化系统的通信技术、设计过程、分析方法和关键问题。

在本书附带的建立在 simulink 仿真软件上的各章所讨论的控制系统模型可在网上下载，网址为：www.cabp.com.cn/td/cabp 15543.rar。读者可利用这些模型验证本书所讨论的内容，并可编辑相关模型以解决实际工程中类似的问题。

本书可供高校建筑环境与设备工程专业、建筑电气与智能化专业的学生使用，也可供相关专业技术人员参考。

* * *

责任编辑：齐庆梅　姚荣华
责任设计：董建平
责任校对：陈晶晶　张　虹

自 序

经过前后七年的素材准备和整整一年时间的写作,今天终于使这本教材交稿了!一种如释重负的感觉。看着这一页页文稿,心中忐忑不安,如同小学生准备交考卷,不知读者会是什么样的评价,能够打80分吗?

我是学习暖通空调专业出身。20世纪80年代初,开始在彦启森先生和张瑞武先生的指导下,和陆致成、束际万老师一起,开始了计算机控制的学习和实践。当时手中只有作为学习和实验用的TP801单板机,加上后来的一台采用Z80CPU的个人电脑。我们几个摸着石头过河,围绕着实际工程探索。在京棉一厂的师傅和技术人员的支持下,尝试着用分布式概念出发的控制系统解决纺织车间的空调控制;在北京冷冻机厂的一批技术人员的支持下,为当时风靡一时的LH48空调机组配上了我们自己开发的计算机控制器(这也就是本书第3章讨论的例题);在内蒙古赤峰市热力公司的充分信任下,我们自己设计制造出用于城市集中热网控制的全套计算机控制系统。由于找不到关于通信协议的资料,当时硬是自己定义了整套通信规则,作出硬件和软件,1987年在赤峰热网上成功运行(这是一套波特率为300bit/s的通信系统,和现在宽带通信的10M/s或100M/s比,速度慢10万倍!)。1989年以这个小组为基础成立了清华人环工程公司,全面开发和推广空调供热系统的计算机控制技术。到1990年,开发出包括全套传感器、执行器、控制器和通信网的RH系列,并且很快在国内暖通空调工程界推广。在国内同行的热情支持和鼓励下,这一系统迅速在集中供热网和各类工业厂房环境控制等领域广泛使用,我们也在这些工程应用中一次一次经受磨难,得到教训,增长才干。

这段历史说的是一群计算机和控制的外行怎样在工程实践中硬趟出一条外行的路,发展出自己的一套用于供热空调领域自动控制和管理的计算机系统,并逐渐从外行转为半个内行的历史。这段历史也是我自己的学习过程。那么,它能否作为建筑环境与设备工程专业的学生学习自动化课程的一个可行的途径呢?

我是2000年开始重新为建筑环境与设备工程专业的本科生开建筑设备自动化课程的。由于自己的外行出身,再加上面对的是外行的学生,我就试图用自己走过的这段路的模式来组织这门课的教学。不是基础知识—专业知识—工程实践这样的"三段论",而是直接接触工程实际问题,以一系列的工程问题为主线,通过一个一个问题的解决,使同学逐渐了解建筑设备自动化的问题,并在解决问题的过程中逐渐掌握基本方法。这样的思路和传统的教学模式大不相同。在刚开始尝试时也确实遇到了很大的困难。感谢从98届开始的清华历届建筑环境与设备工程专业的同学,在我的"坑害"下,和我一起摸爬滚打,一起克服一个个困难,共同探索出这样一条建筑设备自动化学习的新路。

这里要特别感谢姜子炎。他连续5年担任这门课的助教,完成了所有的实践实验环节的设计。本书中用于仿真试验的全部仿真软件都是他精心开发完成的。许多程序是经过几年的研究和修订,经过几届学生的试用,才逐步完善。他在这门课程上花的心血和时间应该比我还多，现在我们奉献出这样一门还算完整的课程，姜子炎功不可没。

奉全国建筑环境与设备工程专业教学指导委员会之命，总结我们这些年的教学经验，写出这本教材。感谢齐庆梅编辑的不断叮嘱。这本书一拖再拖，迟迟不能交稿，如果不是齐编不厌其烦的催促和耐心等待，此书很可能搁浅。

本书第7章是姜子炎所著，其余由我完成。全书中所有图表和有关大作业分析的内容都是姜子炎所作。本书附有各个大作业的仿真软件（见 www.cabp.com.cn/td/cabp15543.rar），这是姜子炎多年精心编制而成的。

如前所说，对于控制来说，我还是个"非科班"。只能从应用角度，从暖通空调工程师角度去体会和理解。书中一些提法，包括一些名词，可能不十分准确。希望科班专家们能够指出以便将来及时修订。否则作为教材，误人子弟，责任就太大了。

自动控制和管理对充分发挥建筑的各项功能，并实现节能运行，真是太重要了。可惜的是目前此领域还做得太差。多数计算机控制系统没能发挥其应有的作用，这与我国暖通空调事业和计算机应用技术的飞速发展相比，显得很不协调。如果能够通过这本书呼唤出更多的致力于改变目前这种不协调状态的革新者，使建筑设备自动化系统在越来越多的大楼中真正发挥其作用，那么这本书的目的就达到了。这是一条困难重重，但又充满刺激和希望的路，让我们共同努力吧。

江亿

于清华园节能楼

目 录

第1章 概论 ·· 1
  1.1 什么是建筑自动化 ·· 1
  1.2 自动控制系统一例 ·· 1
  1.3 建筑自动化系统的目的 ·· 3
  1.4 建筑自动化的昨天、今天和明天 ·· 5
  1.5 本书的主要内容与学习方法 ·· 8
第2章 恒温水箱的通断控制 ··· 10
  2.1 恒温水箱的通断控制器的构成 ·· 10
  2.2 通断控制下恒温水箱的调节特性 ··· 13
  2.3 恒温水箱的实际控制过程 ·· 18
    2.3.1 温度传感器惯性的影响 ··· 18
    2.3.2 执行器惯性的影响 ·· 19
    2.3.3 水箱温度的不均匀性 ··· 20
  2.4 拉氏变换分析方法 ·· 20
  本章小结 ··· 31
第3章 恒温恒湿空调机的控制器 ··· 32
  3.1 恒温恒湿空调机及其控制管理需求 ······································ 32
  3.2 基于计算机的控制器 ··· 33
  3.3 执行器的选择及其接口电路 ·· 35
    3.3.1 电加热器、加湿器的控制 ··· 35
    3.3.2 风机、制冷压缩机的电机控制 ····································· 38
    3.3.3 电动水阀及其控制 ·· 41
    3.3.4 其他电动执行机构及其控制 ·· 44
  3.4 传感器的选择及其接口电路 ·· 45
    3.4.1 温湿度等物理参数的准确测量 ····································· 45
    3.4.2 开关型输出的传感器 ··· 50
  3.5 控制器外电路 ·· 51
  3.6 控制、保护和调节逻辑 ·· 54
  3.7 控制调节过程 ·· 56
    3.7.1 初始调节和室内状态的建立 ·· 56
    3.7.2 温湿度状态的维持和恒温恒湿的实现 ··························· 57
  本章小结 ··· 69
第4章 散热器实验台的控制系统 ··· 70

4.1 采暖散热器性能实验台 ·· 70
4.2 比例调节器的调节特性 ·· 71
4.3 PID 调节器 ·· 79
4.3.1 积分调节 ·· 79
4.3.2 微分调节 ·· 82
4.3.3 PID 调节器 ·· 84
4.4 PID 调节的实现和实际工程中的问题 ·· 91
4.4.1 比例调节时的比例带 ·· 91
4.4.2 积分饱和问题 ·· 92
4.4.3 微分调节的噪声影响 ·· 93
4.4.4 数字控制带来的新问题 ·· 93
4.4.5 控制系统的鲁棒性 ·· 95
4.5 其他的单回路闭环控制调节方法 ·· 96
4.5.1 模糊控制 ·· 96
4.5.2 神经元方法 ·· 97
4.5.3 控制论方法 ·· 97
本章小结 ·· 98
思考题与习题 ·· 98
本章大作业 ·· 99

第5章 空调系统的控制调节 ·· 100
5.1 单房间全空气系统的温湿度控制 ·· 100
5.1.1 单房间的室温调节 ·· 100
5.1.2 房间的湿度调节 ·· 101
5.1.3 变风量时的调节过程 ·· 102
5.2 多房间的全空气控制 ·· 103
5.3 空气处理过程的控制 ·· 104
5.3.1 空气处理装置的调节策略 ·· 105
5.3.2 各空气处理段闭环调节的实现 ·· 109
5.3.3 水-空气换热设备的调节特性 ·· 110
5.4 变风量系统的变风量箱及其控制 ·· 121
5.5 变风量系统的控制 ·· 128
5.5.1 送风机转速的确定 ·· 128
5.5.2 回风机转速的控制 ·· 131
5.5.3 送风状态的确定 ·· 131
5.6 风机盘管加新风系统的控制 ·· 132
5.6.1 风机盘管的控制 ·· 132
5.6.2 新风机组的控制 ·· 133
本章小结 ·· 133
思考题与习题 ·· 134

第6章 冷热源与水系统的控制调节 ············ 135
6.1 冷热源系统的基本启停操作与保护 ············ 135
6.2 制冷机的冷量调节和台数启停控制 ············ 139
6.2.1 单台冷机的冷量调节方式与调节能力 ············ 139
6.2.2 多台冷机的冷量调节 ············ 140
6.2.3 冷机最佳运行方案的确定 ············ 141
6.3 冷却塔与冷却水系统的控制 ············ 141
6.4 冷冻水循环系统的控制 ············ 145
6.4.1 冷冻机侧冷量与水量的关系 ············ 145
6.4.2 用冷末端冷量与水量的关系 ············ 146
6.4.3 制冷站与末端的联合运行 ············ 148
6.4.4 冷水温度的确定 ············ 150
6.5 蓄冷系统的优化控制 ············ 151
6.6 循环水系统的优化控制 ············ 153
6.7 小型热源的控制调节 ············ 154
本章小结 ············ 157

第7章 通信网络技术 ············ 158
7.1 被控设备的网络连接 ············ 158
7.1.1 拓扑结构 ············ 158
7.1.2 传输介质 ············ 160
7.2 数据的传输 ············ 162
7.2.1 逻辑1和逻辑0的收发 ············ 162
7.2.2 数据帧的构成 ············ 164
7.2.3 数据的收发服务 ············ 166
7.2.4 几种典型通信协议的帧结构 ············ 166
7.3 网络设备的协调 ············ 167
7.3.1 局部网络中设备的协调机制 ············ 167
7.3.2 地址、路由和中继 ············ 169
7.4 建筑自动化系统中的数据特点 ············ 171
7.4.1 数据的产生和接收特点 ············ 171
7.4.2 设备的对话机制 ············ 172
7.4.3 建筑自动化设备对通信数据的应用 ············ 173
7.5 OSI通信参考模型 ············ 173
7.5.1 OSI七层模型的内容 ············ 173
7.5.2 OSI参考模型的设计原则 ············ 175
7.6 常见的通信网络技术 ············ 176
7.6.1 现场总线技术 ············ 176
7.6.2 系统集成和BACnet技术 ············ 178
7.6.3 工业以太网在建筑自动化中的应用 ············ 180

7.7　通信技术在建筑自动化系统中应用的展望 …………………………… 181
本章小结 …………………………………………………………………………… 182

第8章　建筑自动化系统 …………………………………………………… 184
8.1　建筑物的信息系统（弱电系统） ………………………………………… 184
8.2　建筑自动化 ………………………………………………………………… 186
  8.2.1　输配电系统的监测控制 …………………………………………… 186
  8.2.2　照明系统的监测控制 ……………………………………………… 187
  8.2.3　电梯扶梯的监测控制 ……………………………………………… 187
  8.2.4　给排水系统的监测控制 …………………………………………… 187
  8.2.5　通风系统的监测控制 ……………………………………………… 188
  8.2.6　采暖空调系统的监测控制 ………………………………………… 188
  8.2.7　采暖空调冷热源系统和生活热水制备系统的监测控制 ………… 189
  8.2.8　可调节围护结构的监测控制 ……………………………………… 189
8.3　建筑自动化系统的实现方法 ……………………………………………… 190
  8.3.1　自动化系统的功能分析与设计 …………………………………… 190
  8.3.2　传感器、执行器的选择 …………………………………………… 192
  8.3.3　信息点的确定与信息流的设计 …………………………………… 193
  8.3.4　设计和选择硬件平台 ……………………………………………… 196
  8.3.5　执行器手动、自动的模式转换 …………………………………… 199
  8.3.6　中央控制管理功能 ………………………………………………… 200
  8.3.7　系统的安全性与解决方案 ………………………………………… 203
本章小结 …………………………………………………………………………… 204

参考文献 ……………………………………………………………………………… 205

本书附配套软件，下载地址如下：
www.cabp.com.cn/td/cabp 15543.rar

第1章 概 论

1.1 什么是建筑自动化

建筑自动化系统，又称 BAS（Building Automation System），也称为建筑设备自动化，是对建筑物机电系统进行自动监测、自动控制、自动调节和自动管理的系统。通过建筑自动化系统实现建筑物机电系统的安全、高效、可靠、节能的运行，实现对建筑物的科学化管理。所谓建筑物机电系统，通常指下列系统：

采暖空调系统，又称 HVAC（Heating, Ventilation, & Air-Conditioning），维持建筑物内各区域环境，通过控制室内温度、湿度和空气质量，以提供满足建筑物的使用要求（对于工业建筑和实验室）并向使用者提供健康舒适的室内环境。

冷热源系统，英文为 Plant，指为满足采暖空调系统要求而设立的冷冻站、换热站、锅炉等设备和系统，也包括为生活热水供应的换热设备和水箱。虽然冷热源系统应该是采暖空调系统的一部分，但由于运行维护管理等方面的特殊性，在涉及建筑自动化时，往往将其单独列出。

给排水系统，指生活用水、饮用水和其他要求的供水系统，污水处理系统和排水系统。建筑自动化系统的任务是对此系统的状况进行监测，对水泵等设备进行控制。

照明系统，监测建筑物各照明系统状况，并对部分系统，尤其对公共区域照明系统，进行各种控制。

电梯与扶梯，也属于机电设备系统。除了电梯、扶梯自身的控制系统外，建筑自动化系统要监测各电梯、扶梯的状态，有些场合还要求一些必要的集中控制。

建筑物围护结构，又称 Building Fabric，随着现代化建筑的发展和对舒适与节能要求的提高，开始要求对窗的开闭、各种遮阳装置的调整、建筑物的自然通风等实现自动控制，以同时满足采光要求、通风要求以及热环境要求。

目前，主要是通过各种计算机系统完成建筑自动化的任务，实现对上述系统的监测、控制和管理。

1.2 自动控制系统一例

为了进一步理解建筑自动化系统的功能，下面来看一个空调系统的自动控制实例。图1-1为一个有恒温恒湿要求的房间的空调系统。空调房间回风，经蒸发器降温除湿，再经过电加热器加热、水盘式电加湿器加湿后，送入房间，以实现房间的恒温恒湿要求。现在来看对于这样一个系统，自动控制要做哪些事情。

（1）设备启停

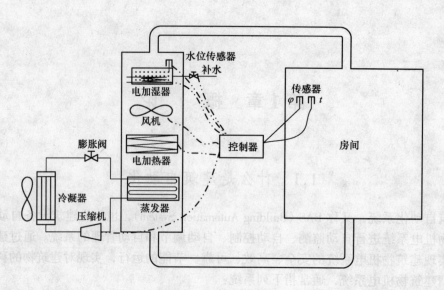

图 1-1 恒温恒湿机组

首先要能够启停空调器的各个设备。此例中是风机、室外机（压缩机）、电加热器、电加湿器。启停这些设备并非是简单的将电源接通或断开，而要做相应的检查并遵循一定的顺序。风机可以直接启动，但不能直接断开。要检查电加热器、电加湿器、压缩机都已停止后，才能停止风机。电加热器和电加湿器都要当风机可靠运行，机组内有足够的风速时才能启动，否则会导致温度过高出现火灾。电加湿器还需要确定加湿器水盘内的水位足够高时，才能启动，否则也会干烧而出现事故。对活塞式压缩机，有时由于停机时大量冷媒存于曲轴箱内，导致润滑油油温过低，不能直接启动，这时需要先启动安装在油箱内的油预热器，待油温满足要求后，再启动压缩机，同时启动冷凝器风机。自动控制系统检查启停要求的状态，按照程序顺序启停各台设备，这可以保证设备的安全运行，也可减少对操作人员的要求。

(2) 工况调节

要实现室内的恒温恒湿，就需要恰当的对室外机、电热器、电加湿器等设备进行适当的控制调节。这时需要解决的是：1) 该运行制冷、加热、加湿三个设备中的哪一个或哪两个才能恰好满足温湿度调节的需要？对应于某个工作状况，绝不应该同时开这三个设备。2) 怎样具体调节需要运行的设备？例如电加热器，某个工况下所要求的热量一般不会是加热器的最大加热量。这就需要调整电加热器的加热量。可以用可控硅元件调节电加热器电压，也可以不断地根据需热量启停电加热器而改变实际的加热量，还可以将加热器分组，通过有选择地接通其中几组来改变加热量。某时刻所需要的加热量只能根据房间温湿度的变化情况来确定。怎样确定加热量和调节方法，使室内温湿度恰好稳定地维持于所要求的设定值[1] 呢？

(3) 安全保护

维持各设备安全可靠运行、避免事故，是比工况调节、维持要求的恒温恒湿还重要的任务。在本例中，需要有如下安全保护措施：

---

[1] 设定值：根据工艺要求确定的控制目标。例如本例中房间温湿度设定值就是所希望达到的房间温湿度。

机组内无风或风速过低，切断电加热器；

加湿器水盘中无水或水位过低，切断电加湿器；

压缩机出口压力过高，停止压缩机；

压缩机油压过低，停止压缩机；

压缩机入口压力过低，停止压缩机。

实现上述安全保护措施是控制系统的基本要求。

(4) 状态监测

为实现上述启停、调节和保护功能，必须全面了解系统的运行状况。这就要对系统进行全面的状态监测，也就是对相关的物理量进行测量。这包括如下几类：

被调节参数：如室内温湿度，送风温湿度等；

安全/报警状态：如风速正常/无风，高压正常/高压超压，加湿器有水/缺水等；

运行设备状况：风机启/停，室外机启/停，电热器启/停，加湿器启/停。

这些状态监测结果，除了向控制系统提供外，其中的部分参数还应该提供给运行管理者。这一般是由指示灯或显示仪表向操作者提供。

(5) 远程管理

在计算机和通信技术得以普及的今天，本例中的控制器就不能仅仅就地显示和就地操作了，一般还要求通过工业控制网络把信息传递到管理中心，使管理中心能实时了解此空调机的工作状态，远程启停设备，改变房间温湿度设定值和自动启停的时间。同时在中央计算机中，还可以相应地显示、记录各台设备的运行参数，进行统计、分析等管理工作，实施中央计算机的远程管理功能。

1.3 建筑自动化系统的目的

分析上例，可总结出建筑自动化系统的主要目的为：实现功能，保障安全，降低能耗，提高工效，改善管理。

(1) 实现功能

为了满足机电设备的一些工艺要求，必须有自动化系统。例如空调系统的功能就是根据气候的变化和室内热湿扰量的变化改变送入室内的冷热量。气候和室内各种热湿干扰是不断随时间变化的，空调系统就必须不断进行相应的调节，否则不可能满足室内环境控制的要求。上例的恒温恒湿功能无自动化系统几乎不可能实现。一些大型公共建筑公共区域的照明需要根据进行的活动开启不同的灯具和控制不同的亮度，实现所谓"场景控制"。这时也往往需要由建筑自动化系统实现。可调围护结构建筑的遮阳、窗等部件的调节更必须通过自动化系统进行。只有通过建筑自动化系统才能使建筑机电设备各系统的各项功能按照设计意图得以全面实施。

(2) 保障安全

上例列出的各项保护措施，是使空调机安全可靠运行的重要保障，也是自动化系统的主要目的之一。保护措施不完善，就会导致重大事故或影响工艺系统的正常运行。近年来冬季北方地区突然出现寒流气温急剧下降时，都可以发现大量的新风机组出现加热器冻裂的事故。这往往是由于加热器某段支路热水流量不足，水温降过大，导致冻结。而承担防冻保护功能的传感器安装于热水出口,测出水的混合温度不能反映结冻危险;安装于加热器后的风侧,测出风的混合温度也不能反映结冻危险。新风机的防冻保护该怎样设计,至今还没有完全满意的解决方案。图1-2(a)是某地铁空调的循环喷水式空气处理室。为防止水位过低使水泵入口吸入空气,设水位传感器1。当水位传感器反映无水时,水泵不能启动,正在运行的水泵也要立即停止。实际工程中此传感器安装得略有偏高,水泵静止时传感器给出有水信号,水泵启动,部分水池中的水进入管道或喷洒在空中,导致水位急剧下降至水位传感器1以下。此时补水系统若水压不足,不能提供足够的补水流量,则保护系统动作,水泵停止。停止后,水返回水池,水位上升,水泵再次启动。重复循环,使系统不能正常工作,甚至使泵烧毁。实际上将系统改为图1-2(b)所示,水泵启动后,尽管水泵入口高于水面,但仍可保证充满水,系统即可正常运行。安全保障系统的不恰当致使系统不能正常运行的类似例子在实际工程中会找到很多。

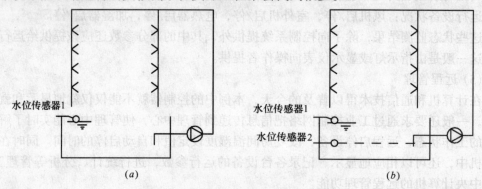

图1-2 某地铁空调的循环喷水式空气处理室
(a) 原方案;(b) 改进后方案

(3) 降低能耗

上例中,在某种工况下实现房间的恒温恒湿有很多方法。例如实际需要的冷量仅为冷机制冷量的三分之一时,可以投入冷机满负荷运行,降温除湿,再开启电加热器和电加湿器补充过多的制冷量和除湿量,从而与实际的冷负荷、湿负荷匹配,实现恒温恒湿。也可以使冷机间歇运行,恰好满足冷负荷与湿负荷,从而不需要开启电加热器和电加湿器。这两种方式尽管都实现了恒温恒湿,但耗电量却相差几倍。类似的状况在空调系统中普遍存在。根据实际工况确定合理的运行方式和调节策略与不适当的运行方式相比,往往可产生运行能耗上的很大区别。自动控制系统的目的之一是通过采用优化的运行模式和调节策略实现节省运行能耗的目的。供热空调系统能耗一般占建筑能耗60%以上,也是节能潜力最大的系统,因此是优化控制和优化调节以降低运行能耗的主要对象。

(4) 提高工效

随着经济发展和社会进步,降低运行维护人员工作量和劳动强度也逐渐成为重要问题。北京西客站候车厅和商业区的空调由分布于各个机房的几十台空调箱构成。对各台空调箱巡视检查一遍要爬上爬下走十余千米,用3~4h。如果没有遥控启停的系统,由运行工人到各个机房去开停空调箱,几乎不可思议。由建筑自动化系统对各空调箱进行远程监测和控制,可有效地减少运行维护人员工作量并显著降低运行维护工作的劳动强度。随着建筑物的规模越来越大，系统越来越复杂，要求越来越高，自动化系统在节省人力、降低劳动强度方面的意义就越大。有些大型建筑，即使不考虑参数调节和节能，仅从节省运行人员这一角度，也必须安装建筑自动化系统。投入到建筑自动化系统的投资有时仅由于节省人力，就可以在几年内回收。提高工效，降低劳动强度逐渐成为使用建筑自动化系统的主要原因之一。

(5) 改善管理

采用计算机联网的建筑自动化系统的另一显著功能是有可能极大地改善系统管理水平。大型建筑的机电设备系统要求有完善的管理。这包括对各系统图纸资料的管理，运行工况的长期记录和统计整理与分析，各种检修与维护计划的编制和维护检修过程记录等。手工进行这部分管理工作需要很大的工作量，且难以获得好的效果。建筑自动化的计算机系统却可以出色地承担这部分工作，实现完善的管理。

1.4 建筑自动化的昨天、今天和明天

建筑自动化至今已有近百年历史。早期是为满足采暖和空调需要的简单温度控制、排污水泵的水位控制、电气设备的继电保护等构成简单的建筑自动化系统，提供基本的控制和保护功能。例如为满足采暖和空调系统的温度控制要求，采用两种具有不同热膨胀系数的金属片粘合在一起，成为双金属片感温器。双金属片的弯曲程度随温度而变化，直至改变弯曲方向。通过双金属片弯曲造成的位移，即可推动一个微动开关，带动继电器再驱动电源开关，带动电加热器或制冷机，形成简单的控制系统。还有在感温包内充入某种气体，温度变化导致感温包内压力变化，通过导压管将此压力引至压力驱动的微动开关，从而也可以由温度的变化改变微动开关的状态，实现简单的温度控制。20世纪90年代初期我国的一些电冰箱、窗式空调机等产品有的还在采用这种控制方式。目前采暖散热器上使用的恒温阀，也是以这种感温包传感器为基础发展起来的。环境温度不同导致感温包内压力不同，此压力与用来设定室温的弹簧压力相平衡，其差产生恒温阀阀杆的位移，从而改变散热器热水流量。

20世纪40年代随着工业环境对空调系统控制要求的不断提高，这种简单控制在很多场合已不能满足要求，于是逐渐发展出气动控制系统。完善的气动控制系统由可以把被测物理量变换为气压大小的传感器，利用射流原理对气压进行放大和计算的气动调节器，及以压缩空气为动力可以根据输入气压值推动阀杆移动的气动执行器组成。同时也配有气压信号的显示记录装置。这就第一次构成了基本完整的自动控制系统。由于以气体压力为媒介来传递信息，因此气动系统速度较慢，测量控制精度较差，同时还要配备专门的气源和配气系统，系统结构较复杂。但气动系统可靠性非常高，除非管道堵塞或漏气，这类系统很少出现故障；尤其在抗干扰方面，在执行器的可靠性方面都有突出的优点。例如在恶劣的工业生产环境中，风阀很容易卡住不动，此时用气动执行器，会使气压加大推进活塞，最多卡住不动但很少毁坏执行器。相比早期的电动执行器就往往发生由于卡死而烧毁电机的事故。20世纪40~50年代，气动系统在空调控制中得到广泛的推广。我国在这一时期内，除了很少的一些从国外引进的气动控制系统的工程案例外，没有出现过气动控制系统时期，也没有相关的标准、规范。

进入20世纪50年代，电子技术开始出现和迅速发展。由于电子控制系统在控制速度和精度上都要优于气动系统，因此以模拟电路构成的电子控制系统开始在建筑设备系统的控制中出现。在一开始，电子技术主要是替代气动系统中的传感器和控制调节器，逐渐到了60年代，才逐步全面替代气动系统。20世纪50年代中出现了半导体晶体管，到了60年代就开始由晶体管替代体积大、耗电高的电子管制作的基于模拟电路的控制器。60年代、70年代初是电子模拟控制系统发展的黄金时代。由于工业建设发展的需要，我国也第一次开发出系统的控制产品并制定了国家的产品标准。这就是一直持续使用到20世纪末的DDZ-3型过程控制系统。在空调控制中，我国也陆续开发出一些专用的控制仪表，例如动圈式比例调节器，P4型比例积分恒温控制器等。这些仪表产品的出现，也促成和保证了我国恒温恒湿空调系统的建成和发展。在1958年清华大学建成了我国第一个温度控制为±0.1℃的恒温试验室，在20世纪70年代中期为满足光栅刻线工艺的要求，我国建成了温度控制为±0.01℃的恒温室。在这一阶段，自动控制主要是为了解决工业生产和科学研究中特殊环境的需求，而以人的舒适性为目标的舒适空调的控制和民用建筑的管理几乎没有涉及。

随着20世纪50年代计算机的出现和迅速发展，尤其是半导体集成电路进入计算机，使计算机的可靠性大幅度提高，成本大幅度降低，也使得计算机控制开始在建筑自动化中出现。目前认为世界上第一个采用计算机监测和控制的建筑是美国911中炸掉的纽约世界贸易中心。这是1969年开始试运行，与现在的计算机控制完全不同的系统。整个巨大的建筑用一台计算机管理，主要是监测各个设备的运行状况，启停主要设备和为一些主要的调节器给出设定参数。1973年日本大林组公司在大阪的办公大楼也成为亚洲第一个采用计算机监测控制的建筑。在20世纪70年代，我国主要还使用国产的中小规模集成电路构成的DJS系列计算机，未能涉及建筑控制的计算机应用。

20世纪70年代出现的微型计算机和后来陆续出现的单片计算机为计算机控制的发展开辟了崭新的天地，也带来了建筑控制和管理中计算机应用的飞速发展。单片机强大的计算能力，高度的集成性能，低廉的成本和出色的易开发、易使用性，使其迅速占领了控制领域，替代常规的模拟电子电路控制产品，并使控制系统产生了巨大的变化。我国在20世纪80年代初期开始出现了基于单片机的空调系统控制，并且逐渐在工业环境控制中推广。到了90年代，随着大型公共建筑的大规模兴建，计算机监测控制和管理系统开始全面进入民用建筑。

在20世纪80年代初开始在我国出现建筑设备的计算机控制时，还有许多对它的可靠性的担心，使用者也都按照模拟电子控制器去要求和规范计算机控制器。计算机控制器是通过编程完成各项工作，而非直接通过模拟量电子电路完成，这是计算机控制与模拟电子控制的最大区别。使各界认同计算机控制的可靠性和计算机通过执行程序完成各项工作这一特点的认识的转换过程持续了近二十年。在90年代初还有很多控制仪表，外特性设计与模拟电子仪表完全相同，而内部却是基于单片机的控制器。只有这样才能被接受和认可。而到了今天，单片机构成的嵌入式系统已经深入到我们生活的各个角落。有时对着一个采用电子模拟电路的简单控制器已经有人问"这里的控制程序是什么？"。大众的文化已经从模拟控制真正转到了计算机程序控制！现在似乎不会再有人怀疑计算机控制器的可靠性了。

飞速发展的通信技术使建筑自动化进入了新的阶段。只有数字通信技术的大规模普及，才使得一座建筑乃至一片建筑群的测量与控制数据得以相互交换、集中管理和集中分析处理。这使得建筑自动化系统所涉及的功能大幅度扩展。目前，新建的大型公共建筑基本都装有全面的建筑自动化系统。楼内各类空调、照明、给排水、通风设备的控制设备，都通过数字通信网络实现与中央控制管理计算机的通信。在中控室了解全楼的运行状况，对某个设备进行启停控制或调节，已经成为司空见惯的事。在由若干座建筑组成的小区内实现联网控制和管理，在一个城市对某些建筑进行统一控制管理，都不成为问题。中国移动通信在每一地区都建设有分布在各个位置的机站，以支持蜂窝网通信。这些机站都是无人值守站，机站的温湿度环境又要求控制在一定范围内，这就是通过一套联网的远程控制管理系统，实现了各个机站的空调设备的控制和管理。

目前的状况是，计算机和通信技术的发展已经为更好的建筑设备控制管理提供了各种需要的技术手段，但如何充分利用这些新的技术手段，充分挖掘计算机与通信技术的潜力，更好地解决建筑自动化的问题，却做得很不够。建筑物内可以实现计算机控制下的全自动调节了，但怎样调节才能够更好地创造适宜的室内环境，怎样调节才能进一步节省机电系统的运行能耗？一个城市内的各座建筑的自动化系统可以联网，统一管理了，但应该怎样分析比较这些从不同建筑物中得到的运行数据，找到某座建筑物中可能出现的故障或运行问题而整体的提高用能效率和运行水平？这些方面的进展目前看来还远远不足。信息技术的发展为解决这些问题提供了前所未有的（20年前不可思议的）优秀工具，但怎样充分用好这些工具，真正提升建筑物的运行管理水平，成为目前的突出矛盾，也是今后一段时期着重要解决的问题。

信息技术目前仍不断发展和创新。目前出现的新技术中可能给建筑自动化带来革命性影响的是无线传感器网络技术和RFID（Radio Frequency Identification）技术。

无线传感器网络是一种低成本，超低功耗，短距离，适宜在建筑物内进行无线通信的技术。用这种技术制作的温度传感器，可以在微型电池的驱动下持续工作一年，在建筑物内可实现100m范围内的数据通信。这样，对建筑物内各处温度等物理参数的测量就成为非常容易实现的事。如果各种测量传感器和实现控制调节作用的执行器（如启停机电设备，调节电动阀门等）都采用这种无线方式，建筑自动化系统的硬件平台将非常灵活和易于实现，工程师就可以把主要精力集中在如何做好控制调节和管理，使系统真正可以改善建筑功能，降低运行能耗，完善管理功能。

RFID则是一种廉价的无源无线通信技术。RFID芯片可从接收器的射频信号中取得微弱的电能，从而支持其以无线方式发出身份信号。如果建筑物内每个人员都佩戴带有RFID芯片的证章，则系统在任何时候都可以精确地了解每个人所处的位置和建筑物内每个空间区域内的人数。利用这些信息，可以更好地根据人数控制好空调、通风、照明，并更有效地做好保安和人员流动控制；在火灾情况下，则因为准确掌握每个人的位置，也就有可能更有效地组织疏散和避难。

不断出现的信息技术的新技术为建筑自动化提供着功能更强大、性能更完备的解决问题的工具，也不断给建筑自动化提出新的课题：怎样把这些工具更有效的利用，使建筑更舒适和高效？

1.5　本书的主要内容与学习方法

本书是综合介绍建筑自动化系统的入门教材。建筑自动化涉及庞大的知识内容，包括建筑功能、建筑机电设备、空调通风照明系统、电工电子技术、热工参数测量、自动控制理论、计算机硬件与软件、数字通信网络、工程管理等许多学科的内容。在本书的篇幅中和一门课程中不可能把这些知识系统地讲完。因此，本书的侧重点不是建立系统的学科理论，而是使读者能够应对建筑自动化工程中的各种实际问题，能够基本胜任系统设计、系统安装与调试、系统维护和系统运行的任务。基于这一原因，本书彻底打破以往的课程体系，完全从实用角度出发，着重于相关能力的培养，力图在有限的时间内，使读者能够初步达到上述工程需求。

从这一思路出发，本书组织了四个结合工程问题的循环过程，由浅入深，结合实际工程问题介绍建筑自动化的相关知识，引导读者通过自己对书中提出的各个工程问题的研究，逐渐掌握解决建筑自动化工程问题的能力。在学习完此书后，如对某个方面有深入的兴趣或工作的实际需要，可再进行深入和系统的学习。本书的四个循环过程为：

第2、3章通过对水箱水温控制和对整体式恒温恒湿机组的控制这两个简单的工程问题，使读者了解自动控制系统的基本结构和基本问题，同时接触相关的硬件，掌握控制器、传感器和执行器的基本原理，打消自动控制的神秘感。与此同时开始学习如何在仿真环境下研究实验控制系统的调节特性。

第4章通过对散热器实验台的恒温控制，介绍调节过程原理的初步知识，使读者掌握一些主要的调节控制算法。学习掌握利用仿真平台研究调节过程和控制算法的方法。尝试是否可以不依靠复杂的数学推导，而是通过模拟实验的方法，了解调节过程各种影响因素的作用，掌握控制参数的整定方法。

第5、6章深入讨论具体的建筑热湿环境控制问题。主要针对常见的各类中央空调系统，包括变风量、变水量等各种调节方式。这里研究的重点由调节原理和控制系统硬件软件转到被调节控制的空调系统。通过这些工程问题的讨论可以体会到空调系统控制工程中的实际问题和难点。结合工程问题研究的需要，本书也提供了相应的模拟仿真问题，读者可以通过对这些问题的研究和实验，具体尝试各种解决的方案。

最后一个循环即第7、8章试图对建筑自动化系统作一个系统的介绍。第7章专门介绍通信系统，第8章从工程实施的角度较系统地介绍了建筑自动化系统的设计过程、分析方法和关键问题。通过这一章的学习，读者可以初步了解建筑自动化的全貌，如果再投入到实际工程中进一步设计和调试一两个建筑的整体自动化系统工程，就可以算是进入到了这一领域，可以胜任基本的工程任务了。

自动化工程的难点之一是控制算法和控制调节策略。用数学工具理解和体会这些内容需要很深的数学功底和大量时间。本书试图另辟途径，和读者一起用计算机仿真实验的方法来学习和研究这些算法与策略问题。利用 Simulink 软件平台，本书准备了四个控制问题的仿真实验题目。读者可以在这个平台上，自行搭建各种控制调节算法，从而学习和研究各种控制调节算法和控制调节策略可能产生的现象。相关软件可从以下网址下载：www.cabp.com.cn/td/cabp15543.rar。希望读者利用这个软件，对这四个控制问题深入研究和实验。通过实验，有可能迸发出新的思想火花，产生新的心得体会。这种模拟仿真的方法也是今后解决实际工程的调节算法和调节策略时主要应该采用的研究实验方法。

在学习本书的基础上，如果对某一方面感兴趣，可以进一步研读相关教材和书籍。

传感器方面：
  张福学：《实用传感器手册》，电子工业出版社

单片机与控制器方面：
  朱善君：《单片机接口技术与应用》，清华大学出版社
  高钦和：《可编程控制器应用技术与设计实例》，人民邮电出版社

数字通信网络方面：
  阳宪惠：《现场总线技术及其应用》，清华大学出版社

调节原理方面：
  绪方正彦：《现代控制工程》，科学出版社

空调系统控制方面：
  Thomas B. Hartman, Direct digital control for HVAC systems, McGraw-Hill Inc

智能建筑方面：
  刘健：《智能建筑弱电系统》，重庆大学出版社
  董春桥等编：《建筑设备自动化》，中国建筑工业出版社

Simulink 方面：
  王正林：《MATLAB/Simulink 控制系统仿真》，电子工业出版社

第 2 章 恒温水箱的通断控制

本章要点：本章利用通断控制的恒温水箱这样一个实例介绍自动控制系统的基本概念，包括自动控制系统的构成、自动控制系统各部分的主要功能、通断控制的基本特性，以及描述和研究自动控制系统的一些基本方法。

2.1 恒温水箱的通断控制器的构成

图 2-1 是一个恒温水箱系统。

置于水箱内的电加热器对水进行加热，使水温升高以抵消通过水箱周边向外的散热，维持箱内水的温度。通过控制这个电加热器，就可使水温维持于所希望的温度设定值，记作 t_{set}。最简单的实现这一控制的方法是在水箱设置一个温度计，测量水箱内的温度，根据测出的温度与水温设定值间的关系，开启或关闭电加热器，从而实现对水温的控制。实现这一控制功能可以有多种方式。

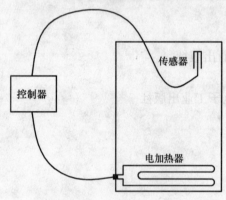

图 2-1 恒温水箱示意图

(1) 图 2-2 是采用水银触点式温度计的控制方式。调整水银触点 1 的位置，可以设定要求维持的设定温度。当水箱中的水温下降，温度低于设定温度时，触点与水银柱断开，电路断开，导致晶体管 T1 导通，继电器闭合，从而接通电加热器，对水箱中的水进行加热。水被加热后，温度逐渐上升，温度计中的水银柱也逐渐上升。当温度升高到设定值时，水银柱与水银触点接通，使晶体管 T1 截止，继电器断开，切断加热器电路，停止对水箱加热。如果水箱中的水温高于水的温度，水将通过水箱向周边环境散热，从而使温度下降。当水银柱相应地下降，脱开水银触点时，继电器接通，又开始了新的一轮加热过程。这样继电器不断地通断变化，电加热器也相应地"接通—停止"地周期性工作，水箱中的水就会被控制在设定的温度范围内周期性波动。

(2) 还可以采用图 2-3 所示的双金属片温度传感器。两片具有不同温度系数的金属片粘合在一起构成一个双金属片温度传感器。当周围环境变化时，由于两种金属的热膨胀程度不同，会导致整体的弯曲变形。在弯曲点安装一个位置开关，双金属片弯曲时就可以推动这一开关，使电路接通。仔细地调整位置开关触头的位置，就可以设定加热器导通时的水的温度，从而如同 (1) 那样，实现对水箱温度的通断式控制。这一方式自 20 世纪 30 年代起，曾广泛应用。至今仍在一些电加热器、电冰箱等简单的温度控制装置中应用。

(3) 可以采用电子技术更好地实现这一控制，如图 2-4 所示。作为测温元件的热敏电

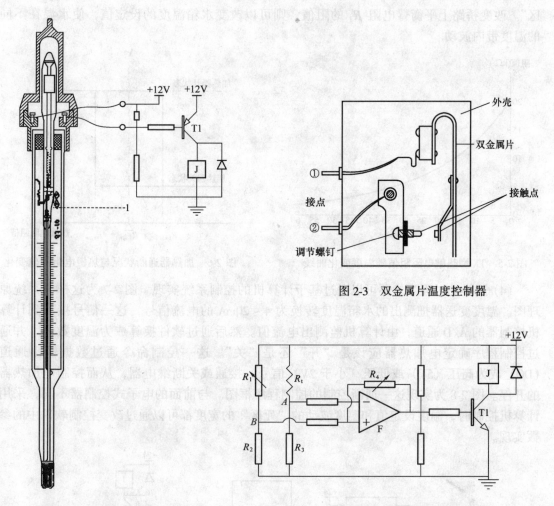

图 2-2 水银触点式温度控制器　　图 2-4 热敏电阻控制电加热器电路图

阻 R_t 放置于水箱中，热敏电阻的阻值随其温度变化，图 2-5 是一种热敏电阻阻值与温度关系的实例。利用三个电阻 R_1、R_2、R_3 与热敏电阻一起组成的桥路可以使热敏电阻的变化转换为 A、B 两点间的电压的变化。运算放大器 F 把这一电压的变化进一步放大，使晶体管 T1 导通或截止，从而控制水箱中电加热器的通断，实现对水温的控制。当热敏电阻阻值高于对称臂电阻 R_1 时（这表明测出的温度低于 R_1 所对应的温度），放大器 F 输入端呈正电压，放大器输出电压增高，通过反馈电阻 R_4 进一步拉高了输入端的电压，这就使放大器输出电压进一步增高。直至导通，进而使继电器接通，加热器开始工作。水箱温度升高，热敏电阻 R_t 阻值下降。当 R_t 的阻值下降到 R_1 时，由于反馈电阻 R_4 的作用，放大器 F 的输入端仍呈正电压。这时，加热器继续工作，水温继续上升。直到热敏电阻阻值较多地高出 R_1，并在与 R_4 联合作用下，仍使放大器输入端呈负电压时，放大器输出降至零，晶体管 T1 截止，继电器断开，电加热器停止工作。这样，加热器在这一控制系统的作用下，根据热敏电阻阻值在 R_1 上下的波动状况而启停，其通断过程与热敏电阻 R_t 的阻值变化的关系如图 2-6 所示。这样的变化导致水箱温度在 R_1 所对应的温度周围上下波动。改变反馈电阻 R_4 的阻值，可以改变放大器通断的转换点，即加大或缩小图 2-6 中的"死

11

区"。改变桥路上平衡臂电阻 R_1 的阻值，则可以改变水箱温度的设定值，使水温在不同的温度带内波动。

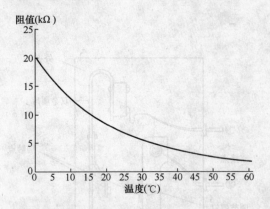

图 2-5 TX 型热敏电阻阻值随温度变化曲线

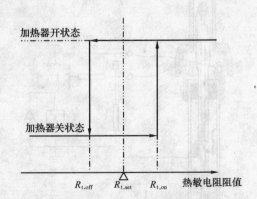

图 2-6 加热器通断状况与热敏电阻阻值变化

（4）这样的过程当然还可以通过基于计算机的控制系统实现。图 2-7 为这样的系统原理图。温度变送器把测出的水箱温度转换为 4～20mA 的电流信号，这一信号接入到计算机控制器的 A/D 通道，由计算机监测出电流值。然后通过软件换算成为温度数值，并通过控制程序确定电加热器应该是"开"还是"关"。这一控制命令通过数据输出通道（DO）成为高压（5V）或低压（小于 2V）信号，接通或关断继电器，从而控制电加热器的开停。图 2-8 为实现这一通断控制的控制程序框图。与前面的电子式控制器不同，采用计算机控制时，温度设定值和温度波动的"死区"的宽度都可以通过改变控制软件中的参数实现。

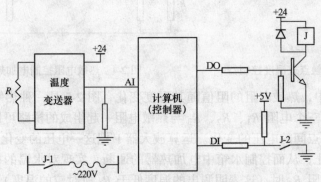

图 2-7 基于计算机的控制系统原理图

上面的四个控制器实例各自都构成了一个完整的简单控制系统。作为一个控制系统，必须包括如下内容：

被控对象：被控制调节的对象，在这里是装有水的水箱。被控对象的性质不同，需要的控制系统和控制特性也不同。

传感器：检测被控制对象的状态，向控制器提供被控对象状态的信息。在上例中，就是检测温度的元件。（1）例为水银温度计；（2）例为双金属片；（3）例为热敏电阻；（4）例为连接至计算机控制器的温度传感器。传感器对于控制系统的作用就像人的眼睛、鼻

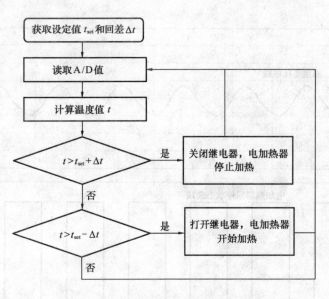

图 2-8　基于计算机的控制系统软件框图

子、耳朵对于人的行动一样,用来实时感知被控系统的状态。不可靠、不准确的传感器,将使控制系统不能及时掌握被控系统的实际状况,而无法实现好的控制作用。

控制器:接受传感器发出的被控对象的状态信息,经过各种处理,变成控制命令输出。在上面(1)、(2)装置中,控制器的功能是通过与传感器集成到一起的机械机构实现的,通过把传感器的输出信号与设定值信号相比较,决定加热器"开"还是"关";电子控制器则是由以运算放大器为核心的电子电路构成,输出状态不仅和传感器的信号与设定值的差有关,还与当时的输出状态有关。如果加热器处于"通"的状态,则只有当水温高出设定值一定值后,输出状态才转变为"断";而如果加热器处于"断"的状态,则只有当水温低于设定值一定值后,才能转变为"通"。对于(4)的计算机控制,控制器的输出状态则是由程序计算决定。控制程序可以根据传感器、设定值、输出等各种状态参数通过复杂的逻辑关系确定输出状态,以实现更好的控制效果。

执行器:最终实现对被控对象调节的装置。在本例中,执行器就是实现对水进行加热的电加热器。在其他的控制系统中,执行器还可能是各类阀门、变速电机等机构。在控制系统中,执行器就如同人的手脚一样,通过它来实现最终的调节动作。只有通过执行器才有可能产生最终的控制调节功能。因此执行器是控制系统的重要组成部分。不同的执行器可能实现的调节动作不同,所具有的调节特性也不同,执行器的特性在很大程度上决定了控制系统的调节效果。

2.2　通断控制下恒温水箱的调节特性

图 2-9 是在通断控制器作用下,恒温水箱内电加热器的动作和传感器测出的水温的变化过程。

从图 2-9 中可见,在这种控制调节下,水箱中的水温实际上并不是处于恒温状态。根据水温状况,加热器周期地开停,传感器所测出的水温也相应地升高和降低,周期地

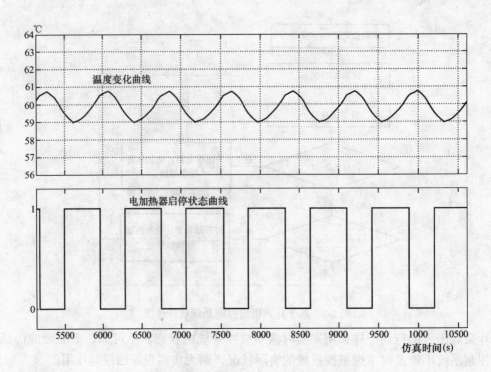

图 2-9 加热器启停与水温变化曲线

变化。可以认为这种周期性的温度波动是源于"通断控制"的控制逻辑:并不是水温只要低于设定值 t_{set} 加热器就接通,而是水温要低于 $t_{set} - \Delta t_{cl}$ 之后,加热器才能接通;同样,水温也只有高于 $t_{set} + \Delta t_{ch}$ 之后,才能够断开。Δt_{cl} 和 Δt_{ch} 称为通断控制器的"回差"。只有存在回差,才能避免加热器的频繁启停。可以想像,如果 Δt_{cl} 和 Δt_{ch} 均为零,则加热器的供电开关将处于极高频率的频繁启停状态。除非采用某些可高速通断的电子开关(如可控硅开关),这样的过程是不能实现的。并且,对于许多执行器来说,动作越频繁,越容易损坏。因此从执行器的实际特点出发,必须有这样的回差,才能保证其正常工作。

如果控制器是在传感器测出的温度为 $t_{set} + \Delta t_{ch}$ 时发出关断加热器的命令,在 $t_{set} - \Delta t_{cl}$ 时发出接通加热器的命令,水箱中的实际水温是否就在 ($t_{set} + \Delta t_{ch}$, $t_{set} - \Delta t_{cl}$) 之间变化呢?一般情况下不是这样。这是由于传感器并不能完全同步地反映水箱中水温的变化,根据传感器与水之间的传热状况及传感器本身的热容量的不同,传感器反映出的温度必然与水温的实际变化间有一定的时间延迟。同时,控制器发出接通或关断加热器的命令后,作为执行器的加热器也需要有一定的时间来完成这一通断动作。这些原因就将导致水温的实际变化可能超出 ($t_{set} + \Delta t_{ch}$, $t_{set} - \Delta t_{cl}$) 的范围。

要仔细研究通断控制器的调节特性,对于上述水箱中水温控制一例,就要回答如下问题:

1) 实际水温变化的范围是什么?其上下界与设定值及回差的关系是什么?

2) 我们控制调节的目的是为了使水温维持于设定值,至少使其平均温度于设定值。那么,当进入了水温的周期性变化阶段后,水温的平均值是设定值吗?比设定值偏高还是偏低?

3）既然设置回差 Δt_c 是为了避免执行器的频繁动作，那么实际的执行器即电加热器的动作频率或周期与回差是什么关系？

上述问题是考察和研究一个通断式控制系统时的基本问题。它们又是由如下因素所决定：

1）作为被调节对象的水箱的热特性；
2）作为传感器的温度计感知水温变化的特性；
3）作为执行器的电加热器的加热容量和动态特性；
4）作为控制参数的系统回差 Δt_{ch}、Δt_{cl} 的取值。

这样，研究通断控制系统特性，就是找出如上各调节特性与上述诸因素间的关系。这样才能在实际工程中正确地设计和整定控制系统，使其满足各种工程控制要求，并且可靠性高，成本低。

下面通过数学分析模型研究上述关系。为了抓住事物的本质，先从最简化的模型出发，然后再逐渐加入各个被简化忽略的因素，使分析逐渐接近于实际过程。

简化模型

忽略传感器与加热器的惯性，即认为传感器输出的温度信号就是当时的水温，执行器接收到控制器的开关命令后，瞬间就相应地改变输出的热量；并且近似认为在任何时候水箱和水箱内任何一点的水温都完全相同。这时，水箱中的水温 t 为：

$$c \frac{dt}{d\tau} = Q - U(t - t_0) \tag{2-1}$$

式中，c 为水箱及水的热容，J/K；Q 为加热器输出的加热量，W；U 为水箱与外环境间的传热系数，W/K；t_0 为水箱所处的外环境的温度；τ 为时间。

实际上，水箱内各点的温度并不均匀为 t，而是有明显的分层现象。以后再深入分析水温不均匀导致的后果。先来看这一简化过程。式（2-1）的解为：

$$t(\tau) - t_0 = (t(\tau_0) - t_0) e^{-\frac{U}{c}(\tau - \tau_0)} + \int_{\tau_0}^{\tau} \frac{Q}{c} e^{-\frac{U}{c}(\xi - \tau_0)} d\xi \tag{2-2}$$

当 $\tau_0 \sim \tau$ 时间内 Q 为加热器全功率加热量 Q_0 时，可以解出此时间段内水温的变化为：

$$t(\tau) - t_0 = (t(\tau_0) - t_0) e^{-\frac{U}{c}(\tau - \tau_0)} + \frac{Q_0}{U}(1 - e^{-\frac{U}{c}(\tau - \tau_0)}) \tag{2-3}$$

当 $\tau_0 \sim \tau$ 时间内加热器完全关闭时，Q 为 0，则：

$$t(\tau) - t_0 = (t(\tau_0) - t_0) e^{-\frac{U}{c}(\tau - \tau_0)} \tag{2-4}$$

根据这一最简单的解，讨论这种控制下的加热器通断周期。

当设定值 $t_{set} = t_0 + Q_0/U$ 时，根据式（2-3）知，这是时间趋于无穷后的稳态值。只有到时间至无穷后，温度才能达到这一设定值。此时周期为 ∞。因此 $t_0 + Q_0/U$ 是此时水温能够达到的上限。

当设定值为 $t_{set} = t_0 + Q_0/2U$ 时，如果回差为 Δt_c，并且不考虑加热器和传感器的热惯性，则水温可达到的最高值为 $t_{set} + \Delta t_c$，最低值为 $t_{set} - \Delta t_c$，加热器在温度为 $t_{set} + \Delta t_c$ 时停止加热，使温度降到 $t_{set} - \Delta t_c$ 所需要的时间 $\Delta \tau_d$ 为：

$$t_{set} - \Delta t_c - t_0 = (t_{set} + \Delta t_c - t_0) e^{-\frac{U}{c} \Delta \tau_d}$$

即
$$\Delta\tau_d = \frac{c}{U}\ln\left(\frac{t_{set} - t_0 + \Delta t_c}{t_{set} - t_0 - \Delta t_c}\right) \tag{2-5}$$

而当水温降到最低点 $t_{set} - \Delta t_c$，加热器开始加热，再加热到最高点 $t_{set} + \Delta t_c$ 所需要的时间 $\Delta\tau_r$ 为：

$$t_{set} + \Delta t_c - t_0 = (t_{set} - \Delta t_c - t_0)e^{-\frac{U}{c}\Delta\tau_r} + \frac{Q_0}{U}(1 - e^{-\frac{U}{c}\Delta\tau_r})$$

代入 $t_{set} = t_0 + \frac{1}{2}\frac{Q_0}{U}$，有

$$t_{set} + \Delta t_c - t_0 = (t_{set} - \Delta t_c - t_0)e^{-\frac{U}{c}\Delta\tau_r} + 2(t_{set} - t_0)(1 - e^{-\frac{U}{c}\Delta\tau_r})$$

$$t_{set} + \Delta t_c - t_0 = 2(t_{set} - t_0) - (t_{set} + \Delta t_c - t_0)e^{-\frac{U}{c}\Delta\tau_r}$$

$$t_{set} - \Delta t_c - t_0 = (t_{set} + \Delta t_c - t_0)e^{-\frac{U}{c}\Delta\tau_r}$$

即

$$\Delta\tau_r = \frac{c}{U}\ln\left(\frac{t_{set} - t_0 + \Delta t_c}{t_{set} - t_0 - \Delta t_c}\right) = \Delta\tau_d \tag{2-6}$$

这样得到，当设定值 $t_{set} = t_0 + Q_0/2U$ 时，加热时间和冷却时间相同，且都用式(2-5)或 (2-6) 所表示。加热或冷却时间 $\Delta\tau_r$ 还可以写成：

$$\frac{\Delta\tau}{c/U} = \ln\left(\frac{\frac{1}{2}\frac{Q_0}{U\Delta t_c} + 1}{\frac{1}{2}\frac{Q_0}{U\Delta t_c} - 1}\right) \tag{2-7}$$

这表明加热或冷却时间与 c/U 成正比，c/U 称为系统的"时间常数"，其量纲为时间。它反映出被控系统本身的时间特征。可以用系统的时间常数作为时间尺度来度量系统的调节过程。这样的控制调节过程可用无因次的相对时间来描述。

从式 (2-7) 知，当设定值 $t_{set} = t_0 + Q_0/2U$ 时，通断控制器的相对通断周期只由 $Q_0/U\Delta t_c$ 决定。其中 Q_0 是加热器的功率，Q_0/U 为水箱有可能最大的温升，所以通断周期是由水箱的最大温升与控制器回差 Δt_c 之比决定。这一比值越大，通断周期越短。

现在再来看在一个通断周期内水温的平均温度 t_m。有：

$$t_m - t_0 = \frac{1}{\Delta\tau_d + \Delta\tau_r}\left(\int_0^{\Delta\tau_d}\left(\frac{Q_0}{2U} + \Delta t_c\right)e^{-\frac{U}{c}\xi}d\xi + \int_0^{\Delta\tau_r}\left(\left(\frac{Q_0}{2U} - \Delta t_c\right)e^{-\frac{U}{c}\xi} + \frac{Q_0}{U}(1 - e^{-\frac{U}{c}\xi})\right)d\xi\right)$$

由于 $\Delta\tau_d = \Delta\tau_r$，这一积分可以合并为：

$$t_m - t_0 = \frac{1}{2\Delta\tau}\int_0^{\Delta\tau}\frac{Q_0}{U}d\xi = \frac{Q_0}{2U} = t_{set} - t_0$$

这表明，当设定值恰为 $t_{set} = t_0 + Q_0/2U$ 时，达到准稳定状态的通断控制过程的平均温度恰为设定的温度，系统无静差。

现在看设定值在 $Q_0/U > t_{set} - t_0 > Q_0/2U$ 时的情景。此时得到降温过程仍同前面，即：

$$\Delta\tau_d = \frac{c}{U}\ln\left(\frac{t_{set} - t_0 + \Delta t_c}{t_{set} - t_0 - \Delta t_c}\right) = \frac{c}{U}\ln\left(\frac{\frac{1}{2}\frac{Q_0}{U\Delta t_c} + 1 + \frac{\delta t}{\Delta t_c}}{\frac{1}{2}\frac{Q_0}{U\Delta t_c} - 1 + \frac{\delta t}{\Delta t_c}}\right) \tag{2-8}$$

其中 $\delta t = t_{set} - t_0 - Q_0/2U$。

但这时的升温过程就不再与降温过程一样，

由于 $t_{set} + \Delta t_c - t_0 = (t_{set} - \Delta t_c - t_0)e^{-\frac{U}{c}\Delta\tau_r} + \frac{Q_0}{U}(1 - e^{-\frac{U}{c}\Delta\tau_r})$

有 $\frac{Q_0}{2U} + \delta t + \Delta t_c = (\frac{Q_0}{2U} + \delta t - \Delta t_c)e^{-\frac{U}{c}\Delta\tau_r} + \frac{Q_0}{U}(1 - e^{-\frac{U}{c}\Delta\tau_r})$

整理后为：$\frac{Q_0}{2U} - \delta t - \Delta t_c = (\frac{Q_0}{2U} - \delta t + \Delta t_c)e^{-\frac{U}{c}\Delta\tau_r}$

$$\Delta\tau_r = \frac{c}{U}\ln(\frac{\frac{Q_0}{2U} - \delta t + \Delta t_c}{\frac{Q_0}{2U} - \delta t - \Delta t_c}) = \frac{c}{U}\ln(\frac{\frac{Q_0}{2U\Delta t_c} - \frac{\delta t}{\Delta t_c} + 1}{\frac{Q_0}{2U\Delta t_c} - \frac{\delta t}{\Delta t_c} - 1}) \tag{2-9}$$

这时升温过程已与降温过程不同，$\Delta\tau_r$ 大于 $\Delta\tau_d$。$\delta t = t_{set} - t_0 - Q_0/2U$ 越大，二者差别越大，当 $\delta t = t_{set} - t_0 - Q_0/2U = \frac{Q_0}{2U} - \Delta t_c$ 时，加热时间达到无穷长，也就是说，系统最终的稳定状态才能接近于需要停止加热器的温度 $t_{set} + \Delta t_c$。

通过同样的方法，可以得到当 $0 < t_{set} - t_0 < Q_0/2U$ 时的升温时间和降温时间：

$$\Delta\tau_d = \frac{c}{U}\ln(\frac{t_{set} - t_0 + \Delta t_c}{t_{set} - t_0 - \Delta t_c}) = \frac{c}{U}\ln(\frac{\frac{1}{2}\frac{Q_0}{U\Delta t_c} + 1 - \frac{\delta t}{\Delta t_c}}{\frac{1}{2}\frac{Q_0}{U\Delta t_c} - 1 - \frac{\delta t}{\Delta t_c}}) \tag{2-10}$$

$$\Delta\tau_r = \frac{c}{U}\ln(\frac{\frac{Q_0}{2U} + \delta t + \Delta t_c}{\frac{Q_0}{2U} + \delta t - \Delta t_c}) = \frac{c}{U}\ln(\frac{\frac{Q_0}{2U\Delta t_c} + \frac{\delta t}{\Delta t_c} + 1}{\frac{Q_0}{2U\Delta t_c} + \frac{\delta t}{\Delta t_c} - 1}) \tag{2-11}$$

这里，$\delta t = Q_0/2U - (t_{set} - t_0)$，即表示设定值低于 $t_0 + Q_0/2U$ 的程度。

比较式（2-10）和（2-11）可见，升温过程要短于降温过程。$\delta t = Q_0/2U - (t_{set} - t_0)$ 越大，升温时间越短；当 $\delta t = Q_0/2U - \Delta t_c$ 时，降温时间将无穷长，这时的设定值 t_{set} 为 $t_0 + \Delta t_c$，加热器永远关闭，系统温度才接近于需要开通加热器的温度 $t_{set} - \Delta t_c = t_0$。

由此得到：

(1) 用通断控制器控制上述恒温水箱可以实现控制的温度范围是 $t_0 < t_{set} < t_0 + Q_0/U$。

(2) 加热器通断周期 P 为：$\frac{2c}{U}\ln(\frac{\frac{Q_0}{2U\Delta t_c} + 1}{\frac{Q_0}{2U\Delta t_c} - 1}) \leq P \leq \infty$，当设定值 $t_{set} = t_0 + Q_0/2U$ 时，通断周期最短，当设定值为 $t_0 + Q_0/U - \Delta t_c \leq t_{set} \leq t_0 + Q_0/U$ 时和设定值为 $t_0 \leq t_{set} \leq t_0 + \Delta t_c$ 时，通断周期趋于无穷长。

(3) 通断周期与系统的时间常数 c/U 成正比，并且与 $Q_0/U\Delta t_c$ 有关，$Q_0/U\Delta t_c$ 越大则系统动作越快，通断周期越短。

图 2-10 是总结上述分析结果得到的通断控制器通断周期与设定值之间的关系曲线。

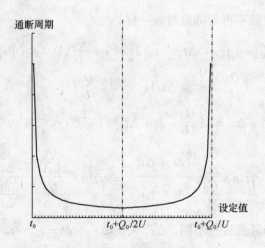

图 2-10 通断控制器通断周期与
设定值之间的关系曲线

2.3 恒温水箱的实际控制过程

与上述简化模型相比,恒温水箱的实际控制过程还需要考虑如下因素:
1) 传感器得到的温度信号与实际的水温并不一致;
2) 在接到控制器的控制命令后,电加热器并不能瞬间改变释放的热量;
3) 水箱内的水温并不均匀;

下面以前面的简化模型为基础,逐项分析上述因素的影响。

2.3.1 温度传感器惯性的影响

温度传感器是通过与水箱中的水进行热交换而感知水的温度的。传感器本身的温度 t_s 为:

$$c_s \frac{dt_s}{d\tau} = U_s(t - t_s)$$

式中 c_s 是传感器的热容,J/K;U_s 是传感器与水之间的换热系数,W/K。可得到上式的解为:

$$t_s(\tau) = \int_{-\infty}^{\tau} \frac{U_s}{c_s} t e^{-\frac{U_s}{c_s}(\tau-\xi)} d\xi = \int_{-\infty}^{\tau/T_s} t e^{-(\frac{\tau}{T_s}-\xi)} d\xi \quad (2-12)$$

式中,$T_s = c_s/U_s$,是传感器的时间常数。由式 (2-12) 可看出,传感器感知的温度实际就是被测水温的历史变化以函数 $\exp(-\frac{\tau-\xi}{T_s})$ 为权的积分。图 2-11 给出函数 $\exp(-\frac{\tau-\xi}{T_s})$ 的变化。

可以看到这一积分实际就是当前时刻以前 3~5 个时间常数的时间内的温度变化。当传感器的时间常数很小时,其反映出的温度就几乎是当前温度,而当传感器的时间常数较长,而被控系统的温度变化又较剧烈时,传感器测出的温度就不能很好地反映实际的温度变化。由于被控系统的时间常数 $T = c/U$ 为被控系统的时间尺度,因此可以用这两个时间常数之比 T_s/T 来衡量传感器时间常数的影响程度。当 T_s/T 很小,例如小于千分之一时,可忽略传感器的热惯性的影响。以常见的热敏电阻温度传感器为例:作为感温元件的热敏电阻的质量 m 大约在 0.1g 左右,表面积 A 大约为 25mm²,其比热 c 为 1kJ/(kg·K),

热敏电阻与水的换热系数为2kW/(m²·K)。计算其时间常数得到 $T_s = 2s$。

当传感器时间常数不容忽略时，其反映出的温度变化要慢于水温的实际变化，因此在加热过程中总比实际水温低；在降温过程中则总比实际水温高。这种影响可以通过对控制系统的回差 Δt_c 的修正来反映。也就是说，由于传感器的惯性，导致实际的系统波动范围大于控制器本身设定的回差。

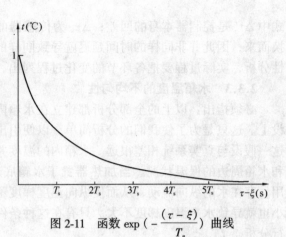

图 2-11 函数 $\exp\left(-\dfrac{(\tau-\xi)}{T_s}\right)$ 曲线

2.3.2 执行器惯性的影响

本例中的电加热器的惯性由两个因素构成。

（1）继电器开/关的时间延迟。无论是用哪种方式控制，只要末端是用电磁式继电器开关来实现供电电路的通断，这一电磁式机电机构就一定会存在动作延迟。在接到开启命令时，磁场的建立和触头的机械运动都需要一定的时间；在接到断开命令时，磁场也要有一定的时间来释放，使触头断开。这样，电加热器释放的热量 Q 为：

$$Q(\tau) = C(\tau - \Delta\tau_a) \tag{2-13}$$

式中 C 为控制器发出的通或断的控制命令，$\Delta\tau_a$ 是继电器的延迟时间。一般情况下开通和关闭的延迟时间不同。

（2）电加热器接通后，热量在电加热器上释放，使其本身温度升高，然后依靠加热器与水间的温差把热量传给水。这也导致加热器与水在获取热量上的不同步：

$$c_h \frac{dt_h}{d\tau} = Q + U_{h-w}(t - t_h) \tag{2-14}$$

式中 t_h——加热器的温度；

c_h——加热器热容，J/K；

U_{h-w}——加热器与水之间的传热系数，W/K。

由此可以得到加热器的时间常数 $T_h = c_h/U_{h-w}$。当加热器的时间常数与系统时间常数相比不可忽略时，电加热器开通后，部分热量用于使加热器温度的升高，剩下的热量才传给水。只有当加热器温度足够高后，电加热器得到的全部热量才能都传给水。当电加热器关闭时，在一段时间内加热器本身温度依然高于水，因此仍继续释放热量，直到加热器温度降至水温，才停止向水传热。可以通过联立求解式（2-14）和式（2-1）来分析电加热器热惯性的影响。这里先做简单的分析：将这一影响简化成一种纯延时作用，延迟时间为 $\Delta\tau_h$。

如上所述，传感器、执行器的惯性都可以近似为一定的时间延迟。这就使前述的 Δt_c 不再只是控制器本身的回差，同时还包括控制回路中这些部件的惯性环节。于是：

$$\Delta t_c = \Delta\tau_s + \Delta\tau_a + \Delta\tau_h + \Delta t_c'$$

式中 $\Delta t_c'$ 是控制器本身的回差；$\Delta \tau_s$ 为传感器的延迟时间。上面各 Δt 是由时间的延迟转换而来，因此并非同样的时间延迟就导致同样的对控制回差的修正。这只是一种简单的定性分析，实际过程要把各环节的变化过程列出，对系统联立求解。

2.3.3 水箱温度的不均匀性

必须指出：以上的全部分析都建立在水箱内水温均匀，并且与水箱壁体同温这样的假设上。这只是为了使我们的分析简单，以便引出对于控制系统的一些初步概念。而实际上这一假设与真实系统相差很远。水箱内的温度并不均匀。其温度分布取决于加热器的位置和水箱周边的保温状况。当加热器置于水箱底部，且水箱保温非常好时，由于浮力的作用，存在水的纵向流动，从而使纵向温度梯度不大；水箱外壁保温好，使得外侧面热损失小也就导致水平温度梯度不大。只有在这种条件下，才可以近似的按照前面的均温模型进行分析。

当加热器安装在水箱中部或上部时，加热器及以上部分的水与加热器以下部分的水存在较大温差。当水箱保温不良时，周边散热也将导致水箱内存在水平方向温度梯度。此外，加热器停止加热后，由于纵向传热的作用，一些部位的水温还会继续升高。

当水箱内温度分布不均匀时，感知水温的传感器的安装位置就变得非常重要。把传感器安装在加热器附近，得到的是水箱内出现的最高温度，这就将导致水箱内水的平均温度远低于设定值。把传感器安装于水箱底部，而把加热器置于中部或上部，则传感器感受到的温度将远低于加热器周边的水温，部分位置的水还可能出现过热现象。传感器应该安装在什么位置呢？这应该与控制水箱温度的目的有关。如果是为了实现某种恒温环境，以便在水中进行某种工作，则传感器应该置于要求恒温的装置附近；如果为了对外提供恒温的热水，则传感器应安置于水的出口位置。对于这种非均匀环境的控制系统，传感器的安装位置非常重要，这往往是保证控制系统能够正常工作的基础。

上述诸因素都会使实际的水箱温度控制过程远比前面的简化模型给出的规律复杂。在实际工程中需要对诸因素的影响深入分析。但通过这一简化模型可以对控制系统，尤其是通断控制系统的基本规律得到初步认识。并且还可以从基本规律出发，通过对各个相关参数的适当修正，来反映实际过程中各种影响因素的作用。这是实际工程中非常重要的分析和解决问题的方法。

2.4 拉氏变换分析方法

我们现在用拉氏变换的方法再一次分析恒温水箱的通断控制过程。拉氏变换是研究控制系统的非常有效的工具，这里通过对水箱内温度变化过程的求解初步介绍这一方法的应用。

仍考虑均温模型，但传感器、加热器具有不同温度时，可用如下方程组描述其动态过程：

$$c \frac{dt}{d\tau} = U(t_0 - t) + U_{h-w}(t_h - t)$$

$$c_h \frac{dt_h}{d\tau} = U_{h-w}(t - t_h) + Q \tag{2-15}$$

$$c_s \frac{dt_s}{d\tau} = U_s(t - t_s)$$

对这一组微分方程作拉氏变换，变时间坐标 τ 为拉氏平面上的 s，可以得到：

$$sct(s) - ct(\tau_0) = U(t_0 - t(s)) + U_{h-w}(t_h(s) - t(s))$$
$$sc_h t_h(s) - c_h t_h(\tau_0) = U_{h-w}(t(s) - t_h(s)) + Q \quad (2-16)$$
$$sc_s t_s(s) - c_s t_s(\tau_0) = U_s(t(s) - t_s(s))$$

上式可用如图 2-12 所示的传递函数图来表示。根据这个图可以得到不包括控制回路的系统开环传递函数在拉氏平面上的表示，从而也可分别得到升温过程和降温过程的拉氏变换。对其解作拉氏反变换，也可以分别得到升温和降温过程时域上的解。

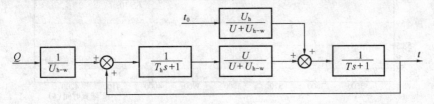

图 2-12　恒温水箱开环传递函数

把传感器和控制器也加到开环传递函数框图中，就成为可以反映整个控制过程的闭环传递函数框图，如图 2-13 所示。直接把图 2-13 输入到专门用来模拟各种控制过程的软件 Simulink 中，就可以直接模拟出在这种假设条件下（水箱内温度均匀）的控制过程，从而可以看到由于加热器的时间常数、传感器的时间常数、加热器容量 Q，以及控制器回差 Δt_c 的不同所导致的不同的控制调节过程。在通断控制器后增加一个延时环节，还可以看到由于控制加热器的继电器延时的不同所导致的控制调节过程的变化。图 2-14 ~ 图 2-18 分别给出了改变传感器、加热器时间常数，加热器容量，控制回差，以及添加了延时环节后，利用 Simulink 仿真得到的系统运行结果。从图 2-14、图 2-15 中看到：传感器、加热器的时间常数增加会导致水箱水温波动范围加大，但会降低波动频率。图 2-16 显示加热器容量增加使控制水温的平均值增加；而在每个周期中上升时间与下降时间的比值减小。从图中还能清楚地看到：当加热器容量 Q 与温度设定值 t_{set}，环境温度 t_0 和换热系数 U 的关系接近 $t_{set} = t_0 + Q/2U$ 时，波动周期最小。从图 2-17 中可以看出：回差增大导致水温变化曲线振幅增大，波动周期增大；相应的，继电器通断频率降低。从图中 2-18 中看到，继电器的延时越大，导致水温波动的周期越长。

根据图 2-1 搭建简单的实验装置就可以验证上述模拟结果。采用直径 25cm 的圆柱形水箱。水箱高度 10cm，并且贮满水。加热器安装在水箱的底部，其功率为 3000W。根据

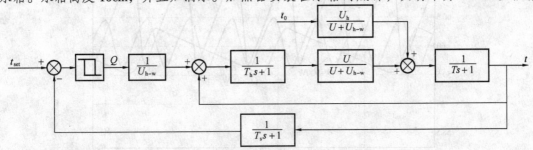

图 2-13　恒温水箱控制系统闭环传递函数

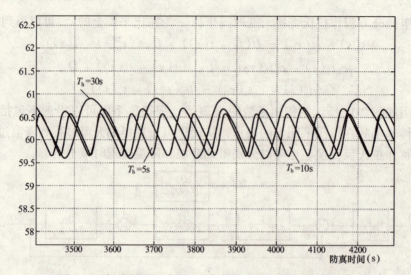

图 2-14 加热器时间常数 T_h 变化导致的不同控制效果对比

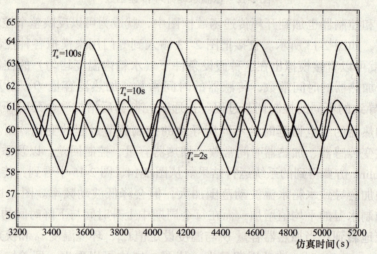

图 2-15 传感器时间常数 T_s 变化导致的不同控制效果对比

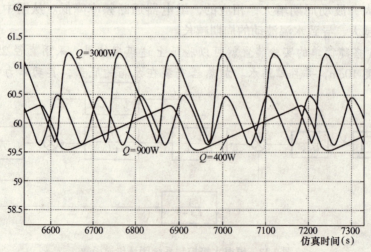

图 2-16 加热器容量 Q 变化导致的不同控制效果对比

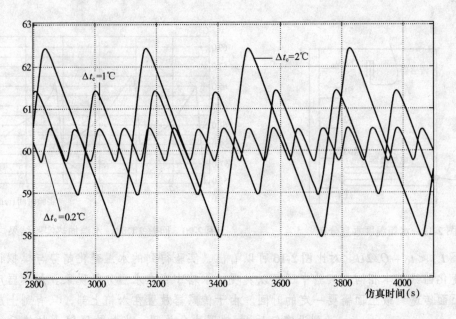

图 2-17　回差 Δt_c 改变导致的不同控制效果对比

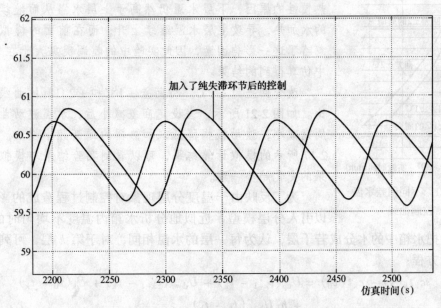

图 2-18　增加了延迟时间后的控制过程变化

加热器的尺寸与材料可以计算出加热器与水的换热系数约为 $1365W/(m^2 \cdot ℃)$。传感器安装在水箱的上部，其表面积为 $0.2cm^2$。环境温度在 25℃ 附近波动。

实验中可以观察到明显的水温分层现象。测得的温度分层现象如图 2-19 所示，加热器以上的水温逐渐递减。加热器以下的水温明显低于加热器上层水温，并且不随加热器的调节而波动。

设定通断控制的回差为 $±2℃$，水温波动曲线如图 2-20 所示。

根据上面描述的水箱参数通过计算可以发现，当设定值设定为60℃时，在这样的实

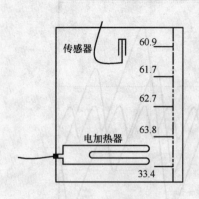

图 2-19 水箱温度垂直分布

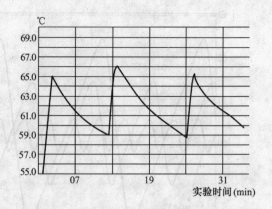

图 2-20 回差 2℃时，水温加热实验结果

验条件下 $t_{set} < t_0 + Q/2U$。对比图 2-16 可以看出，实验得到的水温变化趋势与模拟计算得到水温变化曲线基本相同。实验中还可以发现，水箱中存在水温分层现象。加热器产生的热量从下面传递到最上面需要一定的时间。由于传感器放置在水箱上部，只有到上层水温达到设定值后，加热器才会关闭。当加热器停止加热后，由于热惯性的原因，下层水温仍然高于上层水温从而继续对上面的水加热，导致上层水温继续上升；而在前面的模拟计算中忽略了这一影响因素，因此实验中的超调现象大于在 Simulink 中仿真得到的结果。

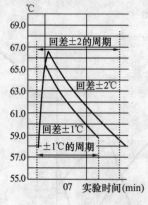

图 2-21 不同回差水温控制曲线

改变回差为 ±1℃。将回差 ±1℃和 ±2℃时的曲线进行对比。如图 2-21 所示，当设定回差减小后，水温波动曲线变化周期减小，波动振幅降低，加热器的通断频率增加。对比图 2-17 所示的模拟计算结果，可以看到实验结果与模拟计算结果的变化趋势一致。

为了反映由于温度分层现象对控制过程造成的影响，可以引入分层模型，近似地分析水箱内温度不均匀时的现象。此时可以把水箱中的水分成若干层，认为每一层的水温相同，对于第 k 层，可列出拉氏平面下的方程：

$$sc_k t_k(s) - c_k t(\tau_0) = U_{up}(t_{k+1} - t_k) + U_{down}(t_{k-1} - t_k) + U_k(t_0 - t_k) + h_k U_{h-w}(t_h - t_k) \tag{2-17}$$

式中 h_k ——加热器安装标志，当该层装有加热器时，$h_k = 1$，否则为零；

c_k ——第 k 层水的热容；

U_k ——第 k 层水与外环境间的传热系数；

U_{up} —— k 层水与上一层水间的传热系数；

U_{down} —— k 层水与下一层水间的传热系数。

由于两层水间的传热系数与两层水间的自然对流状况有关，因此 U_{up} 和 U_{down} 的数值与两层水温差有关。当下面温度高，上面温度低时，传热系数很大，反之则很小。当从下而上还同时存在着整体流动时（例如下面补水，顶部放出热水时），可直接修正 U_{down} 为：

$$U_{\text{down}} = U'_{\text{down}} + Gc_p\rho$$

其中 G 为自下向上的水流量，c_p 为水的比热，ρ 为水的密度。

这种水箱底部补水，顶部放出热水的补水水箱是一种在空调系统中常见的补水系统。通常要求出口水温的恒定，如图 2-22 所示。由于水箱内温度存在不均匀的情况，将电加热器和传感器安装在水箱的不同位置，可能会导致出口水温的不同变化。

在 Simulink 中搭建分层水箱的模型，然后将电加热器、传感器按照不同的组合分别安装在不同水层，就可以观察到不同的控制效果。

在模拟过程中，首先将水箱在垂直方向分为 3 层，以观察传感器和加热器的相对位置给控制结果带来的影响。进水管在水箱最底层，而出水管在水箱最上层。加热器和传感器的相对位置发生变化时，可以得到如图 2-23 所示的一组曲线。加热器安装在顶层的模拟结果如图 2-23（a）所示。可以看到，在下层水温远未达到设定值时，顶层水温已经

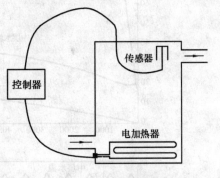

图 2-22 补水恒温水箱

将近沸点，而加热器仍未停止加热。加热器和传感器都安装在中间层的模拟结果如图 2-23（b）所示：底层水温增长缓慢；中间水层温度在设定值附近波动；上层水温波动小于中间层水温，但明显存在静差。加热器安装在底层、传感器安装在最上层的模拟结果如图 2-23（c）所示，整个水箱的水温都跟随加热器的启停变化而波动，上层水温的波动幅度远大于传感器、加热器都安装在中间层的情况。

从以上曲线的对比中可以总结出规律：

（1）加热器下层水温远低于上层，所以如果把传感器放在加热器的下层并不能有效测量到被控制的出口水温的变化，不能实现恒温控制要求。

（2）加热器所在的水层温度波动较大。在加热器上层，距离加热器越远的水层波动越小，水温平均值越低。因此，如果要控制出口水温恒定，应使加热器远离出口，以避免水温波动。

（3）传感器距离加热器越远，水温波动越大。传感器距离加热器越远可以理解为被控系统的惯性越大，导致的延迟越大。

（4）传感器所在水层的上层会存在静差。这是因为控制器是根据传感器所在水层的温度来决定加热器的启停的，只保证该水层的水温在设定水温附近波动。而传感器以上的水层是靠水层间的换热来加热的，因此上层水温必然低于传感器所在水温。

进一步细化水箱模型，将水箱在垂直方向上分为 5 层。当电加热器、传感器分别安装在不同水层时，可以观察到以下控制效果。

图 2-24 中的各个图形显示了当加热器放在最下层，传感器放在不同水层时，出口水温的控制结果。

从图中可以看到：当传感器在加热器上方时，距离加热器越近，出口水温波动越小。这可以理解为传感器距离加热器越近，真正受到控制的水量就越少，也即被控系统的惯性就越小。控制器能够根据传感器的数据及时地调整加热器的启停状态，从而减小水箱内整体水温的波动。另外，传感器和执行器的距离越小，在减少水温波动的同时，传感器感知水温的变化越快，加热器的启停变化就越频繁。

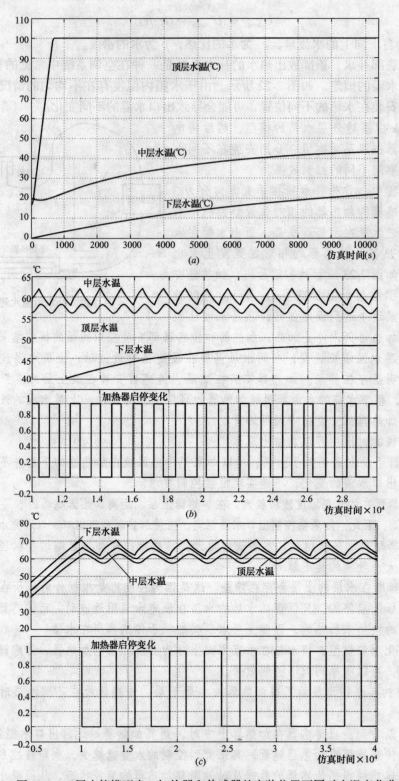

图 2-23 三层水箱模型中，加热器和传感器的安装位置不同时水温变化曲线
(a) 加热器在顶层、传感器在底层时各层水温波动曲线，此时电加热器一直开启；(b) 加热器和传感器都在中间层各层水温波动曲线及加热器启停变化曲线；(c) 加热器在底层而传感器在最上层时各层水温波动曲线及加热器启停变化曲线

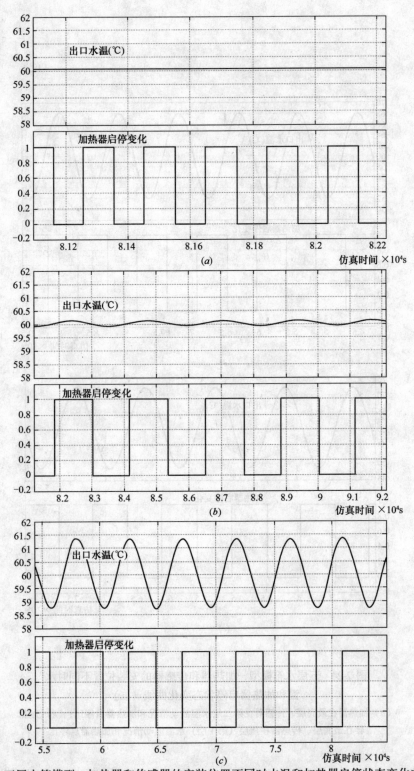

图 2-24 五层水箱模型,加热器和传感器的安装位置不同时水温和加热器启停状态变化曲线(一)
(a) 加热器和传感器都安装在水箱的最底层(第5层)水温波动情况和加热器启停;(b) 加热器在最底层、传感器在倒数第二层(第4层)时水温波动情况和加热器启停;(c) 加热器在最底层、传感器在中间层(第3层)水温波动情况和加热器启停

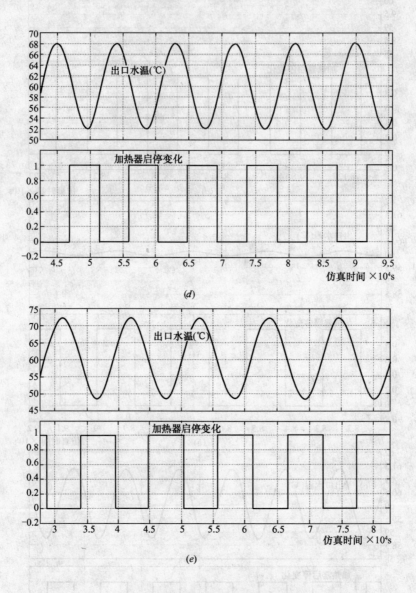

图 2-24 五层水箱模型，加热器和传感器的安装位置不同时水温和加热器启停状态变化曲线（二）

（d）加热器在最底层、传感器在第二层水温波动情况和加热器启停比；（e）加热器在最底层、传感器在顶层（第1层）水温波动情况和加热器启停比

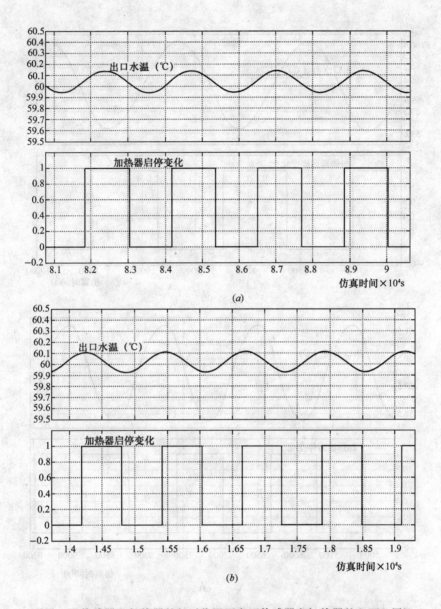

图 2-25 传感器和加热器的相对位置不变（传感器在加热器的上面一层），
安装在水箱不同位置时出口水温及加热器启停变化曲线（一）
（a）加热器在最底层、传感器在倒数第二层（第 4 层）出口水温变化曲线
与加热器启停比变化；（b）加热器在倒数第二层（第 4 层）、传感器在中
间层（第 3 层）时出口水温变化曲线与加热器启停比变化

图 2-25 中各图形显示了传感器和加热器的相对位置不变（传感器在加热器的上面一层），从水箱最下层向上移的过程中出口水温的变化。可以看出：加热器所在的水层温度波动大，远离加热器的水层温度波动小。这与将水箱分成 3 层进行模拟分析得到的结论是一致的。根据上面的分析可看到，恒温水箱控制系统的加热器需要安装在水箱下部。此时，如果将传感器安装在上层出口附近，出口水温将出现较大的波动；而如果将传感器安装在加热器上方，距离加热器较近的地方，出口水温虽然波动很小，但会低于设定值。此

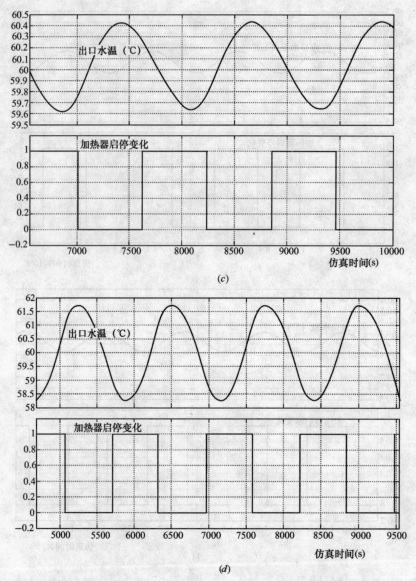

图 2-25 传感器和加热器的相对位置不变(传感器在加热器的上面一层),
安装在水箱不同位置时出口水温及加热器启停变化曲线(二)
(c) 加热器在中间层、传感器在第2层出口水温变化曲线与加热器启停比变化;
(d) 加热器在第2层、传感器在顶层出口水温变化曲线与加热器启停比变化

时,如果调整温度设定值就有可能消除静差,将水温控制在设定值。经过上述模拟分析可以发现,当加热器放在第4层、传感器放在中间层时有较好的控制效果。

以上仿真分析是以外温、进口水温恒定为假设而得到的结论。实际上外温、进口水温等都是不断变化的,当环境状态改变时,设定值的调整量也会有变化,因此实际情况下难以简单地通过改变设定值的方法来消除出口水温的静差。这时可以用两个传感器来实现对水温设定值的自动调整:将一个传感器安装在加热器附近,控制加热器启停;另一个传感器安装在水箱出口,用来修订温度设定值。这就是"串级调节"。在后面的章节中将详细讨论这些方法。

用五个水层近似水箱和用三个水层近似水箱的两种模型得到的仿真结果相比，在用3层模型的仿真分析中，得到了水箱变化的一些基本规律；在用5层模型的模拟分析中，进一步验证了在3层模型中看到的规律，同时更清晰地得到了加热器、传感器安装位置对控制结果的影响。从简单的模型入手，忽略掉一些次要因素，往往有助于发现主要的规律；在此基础上将模型细化，才可以逐步分析清楚研究对象。

本 章 小 结

本章通过通断控制的恒温水箱介绍简单控制系统的初步知识，以及控制系统控制特性的一些常用的分析方法。学习本章后希望掌握如下内容：

1. 简单控制系统的基本结构。什么是传感器、控制器、执行器以及被控对象？什么是设定值？

2. 通断控制系统的基本特性。什么是控制器的回差，通断控制器的动作频率由哪些因素决定，通断控制系统准稳态的平均值与设定值的关系是什么？

3. 简单控制系统的解析分析方法。时域中求解微分方程的方法，s-域中列出拉氏变换后的代数方程的方法，由拉氏变换的方程得到系统传递函数框图的方法。

4. 采用 Simulink 软件对简单控制系统进行仿真的方法。

本章涉及的内容很多，但都不深入。希望其成为一个好的开端，在以下各章的学习中不断深化，逐渐掌握。

第 3 章 恒温恒湿空调机的控制器

本章要点：这一章以采用通断控制的整体式恒温恒湿机组控制器的硬件和软件设计为例，全面讨论简单控制系统的结构和控制原理。希望通过这一章能够对简单控制系统的设计、传感器与执行器的选择、传感器与执行器的接口电路，以及控制软件等有初步了解。

3.1 恒温恒湿空调机及其控制管理需求

本章以水冷恒温恒湿空调机组的控制为例，进一步讨论简单控制系统的构成。图 3-1 是本章所研究的空调机组。从室内返回的空气经过机组内制冷机的蒸发器 1 降温减湿，再通过电加热器 2 和电热式加湿器 3 在需要的时候加热加湿。达到要求的送风温湿度参数的空气经循环风机 4 驱动，送入室内，吸收室内的余热余湿（也可以是向室内供热，供湿），使室内空气的温湿度状态维持于要求的设定值附近。制冷机的冷凝器直接通入经过外网循环的冷却水。冷却水通过集中的冷却塔降温排热。为了简化，这里略去新风系统。这种恒温恒湿空调机组广泛地用于计算机房、程控交换机房等对空气环境要求高，常年设备发热量很大的场合。

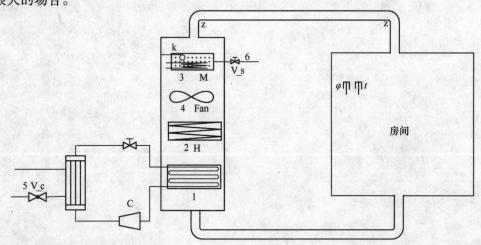

设备与控制器连接表

设备	图中符号	接入通道	设备	图中符号	接入通道
压缩机电源	C	DO1	室内温度传感器	t	AI1
电加热器电源	H	DO2	室内湿度传感器	φ	AI2
风机电源	Fan	DO3	水位传感器	k	DI1
电加湿器电源	M	DO4	补水阀	V_s	DO7
冷却水阀	V_c	DO5/DO6			

图 3-1 恒温恒湿机组控制系统原理图

作为控制系统，要使这样一台空调机组全自动地安全可靠运行，有效保证需要的室内空气参数，并尽可能地节省运行能耗，需要有这些功能：

(1) 启动和停止过程的监控和管理。在接到启动命令后，首先开启风机4。如果需要制冷，则先打开冷凝器冷却水侧水阀5，在确认冷却水流通正常后，启动制冷压缩机；如果需要加热，则先判断加热器处风速足够大，然后开启加热器；如果需要加湿，则先判断加湿器水槽中水位足够高，水位不够时，打开补水阀6，水位达到要求后，接通加湿器。接到停止命令后，则首先关闭加热器、加湿器、制冷压缩机，待系统温度达到平衡后，再顺序关闭冷却水阀、风机等。

(2) 根据室内要求的空气参数进行控制调节。根据室内实测的温湿度状况与温湿度设定值之差，确定制冷压缩机、电加热器、电加湿器的开停，确定循环风机的工作状态。并且根据确定的运行方案，具体启停相应的设备。这时，要实现高精度的温湿度参数控制，同时又避免制冷机降温与加热器升温，制冷机减湿与加湿器加湿同时出现而造成的冷热抵消的现象，就要根据制冷机、加热器和加湿器具体的运行与调节特性，确定相应的控制调节算法。制冷机可以通过变频调速实现冷量的连续调节，加热器、加湿器也可以通过可控硅调压实现加热加湿的适量的连续调节。这虽然可能实现较好的控制调节效果，但变频和调压的硬件成本高，将大幅度增加系统造价。如果只采用通断控制启停制冷压缩机，电加热、电加湿也采用加热元件分组通断控制的方式，巧妙地安排各通断设备之间的通断逻辑，也可以实现很好的控制调节效果，而系统成本则低得多。本章讨论这种条件下的控制调节方法。

(3) 为了实现系统的无人管理，全自动运行，控制系统还必须具备安全保护功能。例如制冷机在冷凝压力过高、油压过低、冷凝器冷却水流速过低时，应立即停机；电加热器在风速过低时自动断电；电加湿器在水位过低时自动断电，同时自动打开补水阀补水，待水位达到上限时自动关闭补水阀；制冷压缩机启动时油温过低则暂缓启动，先开启油箱内的电加热器对冷冻油加温；空气过滤器阻力过大时报警提示等。

(4) 为了满足管理者对运行管理操作的需要，还应该有控制器与人之间的接口，向操作者提供各种运行参数。包括被控房间的温度湿度，各个设备的运行状况，以及诊断出的各种可能的故障状态等。这些信息可以在控制器上以某种方式显示，也可以通过通信手段传到远处的值班室计算机中。控制器还需要接受操作者的命令。如：温湿度设定值，允许的温湿度波动范围，整机的启停命令或启动和停止的时间，甚至对某件单台设备的操作命令。这些命令可以通过操作现场控制器发出，也可以通过远程通信方式发出。

要全面实现上述功能，需要有基于计算机的控制器，需要有驱动空调机组中各个设备按照要求动作的执行器，需要有探测房间温湿度状态，探测空调机组内各台设备运行参数的传感器。当然还需要把这些传感器、执行器可靠地与控制器连接，使控制器能够得到可靠的系统状态信息，并通过执行器使控制命令成为现实。系统的核心则是控制调节逻辑，或称控制调节算法。这实际是控制系统的大脑，它使整个系统真正按照要求动起来，真正实现控制调节管理的作用。以下各节对这些问题逐一介绍。

3.2 基于计算机的控制器

直接采用电子逻辑元件，也可能实现上述要求的控制调节管理功能。但随着计算机技术

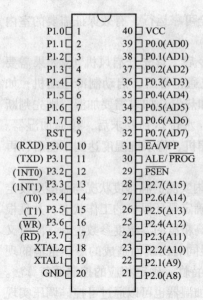

图 3-2　8051 系列单片机管脚排列图

的发展，这样做往往成本高，可靠性差。因此在目前计算机技术充分发展的今天，实现上述控制器功能一定是采用基于计算机的控制器。可以在市场上找到很多种基于计算机的控制器，例如可编程控制器（PLC：Programmable Local Control）、现场控制器（FPU：Field Processing Unit）、数字控制器（DCU：Digital Control Unit）、RTU、DGP、RCU……历史上曾有过很多类型的计算机控制器，其名称有些还延续到现在。但这只不过是由于其不同的发展历史，不同的发展途径，以及早期技术的不同所致。随着计算机控制与通信技术的飞速发展，现在已很难清晰地指出各类控制器的差别，可以区分的恐怕只是支持使用者再次编程的通用控制器和程序固定不能大规模修改的专用控制器之间的区别了。

基于计算机的控制器多数是以一台单片计算机为基础，增加相应的一些扩展电路，再配置以适当的软件构成。这里我们就以最通用的 MCS51 系列单片计算机为例，看看如何组成一台符合上述要求的控制器。

图 3-2 给出一台 8051 单片机芯片的各管脚功能。图 3-3 是这样一只芯片的外形照片。目前（2005 年）此芯片的市场价格不到 20 元人民币。

如图 3-2 所示，8051 的 40 个管脚中，32 个管脚是与外部连接的输入输出通道；两个供电管脚；两个连接晶振，为计算机正常工作提供时钟信号；1 个 Reset 管脚用于计算机的启动和复位；其余 3 条管脚用来向计算机程序存储器中输入程序，决定计算机是运行其内部存储器中的程序还是运行外部程序，对计算机的运行方式进行控制管理。这个芯片内部是一台完整的计算机，运行程序与数据可以通过编程器电写入或电擦除，并且写入的程序在掉电后仍可保存。它具有 4K 以上的内存和寄存器支持各种分析计算。而作为控制器，其最主要的特点是 P0～P3 这 4 组、32 条可编程输入输出通道。所谓可编程就是可以通过程序来事先设置各条通道的性质，根据需要使每条通道具备如下所列功能之一：

图 3-3　AT89C51 型单片机实物照片

（1）数据输入通道，又称 DI（Digital Input）。外界接入管脚的电压可在一定范围内变化，当高于指定的门槛电压时，计算机内部从该通道读出 "1"，否则读出 "0"。这样就可以由控制器测出外电路电平的 "高" "低" 状态。DI 通道是控制器应用最多的通道。

（2）数据输出通道，又称 DO（Digital Output）。由计算机程序强行指定该管脚的电平为 "高" 或 "低"，从而带动与该管脚连接的设备的开启或停止。这是控制器真正执行控制调节的主要方式之一。

(3) 模拟量输入通道，又称 AI（Analog Input）。计算机可以直接测出该管脚的电压（一般给出的是与接在单片机管脚处参考电压 V_{ref} 的相对值）。这样可具体测出接在该管脚上的传感器经过适当的变换得到的输出电压数值，从而使计算机得到被测的物理参数。这是控制器获取传感器信息的主要途径。不是每种单片机的每个 I/O 通道都具有 AI 功能，只有一些型号的单片机的一些特定通道可以被设置为 AI 通道。

(4) 模拟量输出通道，又称 AO（Analog Output）。计算机程序可强行使该管脚的电压为制定值，从而确定与其相连的外电路的电压或电流。这是控制器控制调节外部设备的又一主要手段。与 AI 通道一样，只有特定的一些单片机才有有限的几路 I/O 通道可设置成 AO 通道。一般来说，提供 AO 通道的单片机成本都比较高，有时还需要通过外界电路占用大量的 DI 和 DO 通道来形成 AO 通道。因此在设计控制系统时，如不必要，应尽量避免使用 AO 通道。

(5) 串行通信通道，又称 UART（Universal Asynchronous Receiver/Transmitter）。一般的单片机都可通过设置，在 I/O 通道中得到一组甚至两组串行通信接口。通过适当的外电路，可以与不同的通信网络相连，从而实现数据通信。

上述的 DI、DO 通道还可以连接适当的外电路，形成 LED 或液晶的显示，或读取各种键盘输入，成为人—机对话接口。

这样，只要正确的在单片机各条 I/O 通道上连接各传感器、执行器，在单片机内部写入适当的管理和控制调节程序，就可以构成一台完善的控制器来实现上面的恒温恒湿空调机组的控制调节。如果再通过其串行通信接口配上通信网络，就可以成为完善的分布式控制系统中的末端控制器。

单片机的深入知识可进一步阅读相关书籍、资料，也可选修相关课程。本书只作上述最基本的介绍，使读者了解单片机的外在功能和为什么绝大多数控制器都采用单片机作为核心的原因。

3.3 执行器的选择及其接口电路

执行器和其接口电路的作用就是建立控制器与末端设备间的可靠连接，使控制器能够有效地指挥末端设备动作，完成各种运行、控制和调节任务。这样，对执行器和接口电路的要求就是：1) 容易实现控制器和末端设备间的连接；2) 信息能够可靠传输，同时不形成对控制器的干扰；3) 保证末端设备动作可靠。下面分类讨论为实现上面的空调机组的控制所需要的对各类末端设备的驱动方式。

3.3.1 电加热器、加湿器的控制

这一类电阻式电—热转换设备，有两种容量控制方式：通过电磁式触点开关实现通断控制，从而改变加热功率；通过无触点的电子开关频繁启停，依靠开停比来改变加热功率。

(1) 触点开关通断控制

图 3-4 是三相交流接触器的原理图及实物照片。

线包 1 通电后产生磁场，使机械臂 2 克服弹簧 3 的拉力，带动触头 4 移动，实现吸合，从而接通加热电路。线包断电后，磁场消失，机械臂受弹簧的作用，又移回原位，从

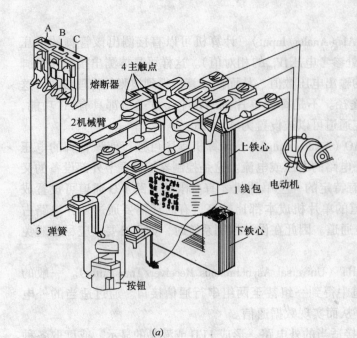

(a)　　　　　　　　　　　　　　　　　　(b)

图 3-4　交流接触器示意图
(a) 交流接触器原理图；(b) 安装在现场的交流接触器照片

而中断加热电路。如果加热电流较大，当触头断开瞬间会在触头间产生电弧，因此对大功率接触器还装有灭弧罩。并且，由于全面完成一次接通或断开需要 1～2s，高频率通断产生的电弧问题以及机械机构频繁动作将导致寿命的降低，不允许这样的接触器高频率动作。根据其负载功率不同，最小动作周期应在 30s 到 3min；并且接触器线包的接通电流在

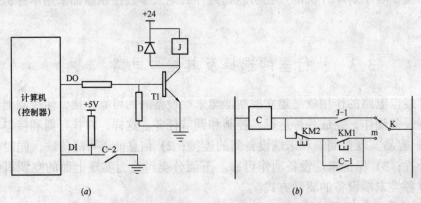

图 3-5　单片机控制交流接触器

几百毫安到几安培之间，这远远超出单片机控制器 DO 通道所能输出的电流（一般为 1mA 的数量级）。为此二者之间必须有驱动电路连接。图 3-5 是最简单的一种连接方式。

单片机 DO 呈高电平时，晶体管 T1 导通，使继电器 J 吸合。继电器 J 的触头接通交流接触器 C 的线包，使接触器吸合。接触器控制电路还可以通过转换开关 K 转换到手动控制位置 m。此时计算机的控制就失去了作用，加热器将接受手动按钮 KM1、KM2 的控制。图中并联于继电

器线包的二极管 D 是为了旁通 T1 截止后继电器线包上瞬间滞存的电流。没有二极管 D 时，晶体管 T 的集电极处此时就会瞬间出现较高电压，有时会形成对单片机的干扰。

即使设置了吸收电流的二极管 D，由于经过继电器 J 的电流大幅度变化，电压的变化通过单片机供电回路仍可能造成对作为控制器的单片机的较大干扰，因此一般都设法使这些电流大幅度变化的外围电路与单片机间实行彻底的电隔离。图 3-6 为这样做的一例。

图中用虚线括出的器件 L 就是实现这种隔离作用的光电隔离器。它是将一只发光二极管和一只光敏三级管封装在一起的器件。单片机输出口 DO 处于低电平时，L 内的发光二极管导通发光，从而使封装在一起的三级管导通，继

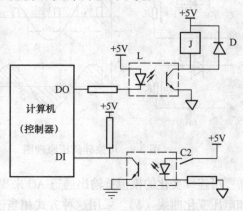

图 3-6 单片机用光隔实现对继电器的控制

电器 J 吸合，电路接通。当 DO 处于高电平时，L 中的二极管截止，继电器 J 断开。这样的方式单片机与外电路分别由不同的电源供电，二者之间只有通过光电隔离器 L 的光路的连接，这就大大减少了单片机可能受到的干扰。

为了较好地实现对加热容量的调节，还可以把加热元件分组。例如把 10kW 的电加热器分为 5kW、2.5kW 和 2 个 1.25kW 四组，根据所要求的加热功率接通部分元件，再通过对一组 1.25kW 的加热元件的通断控制准确实现所要求的加热功率。由于加热器的热惯性和被控房间的热惯性，最小加热元件的动作周期即使在几分钟的数量级上，也可能实现对房间温度的较精确的控制。

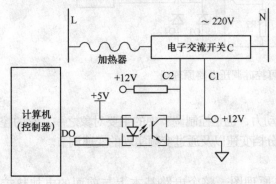

图 3-7 单片机通过光隔驱动电子开关

(2) 电子开关的通断控制

采用可控硅等无触点电子开关可以实现高频的通断控制，从而实现对电加热器加热容量的精确、平滑的调节。图 3-7 是通过光电隔离器件驱动电子开关的例子。

图中的电子交流开关 C 的通断由控制端 C1、C2 两点的电压决定。当光电隔离中的晶体管 T 导通，从而向 C1、C2 提供足够高的电压时，电子交流开关接通，加热器工作。尽管无机械运动和触头电弧问题，但由于 50 周的工频供电频率的限制，这种电子

开关的通断频率最好不超过 4 次/s。从电加热器本身的热惯性来看，这已经足够好了，不会因为这种加热器的通断造成任何被加热介质的温度波动。然而这种电子开关的使用目前还受其功率的限制。随负载功率的增加，电子开关的成本急剧增加。因此对于数十千瓦以上的大功率电加热器，目前还主要使用电磁触头开关式控制。

在计算机控制器出现之前，还有一种高精度控制电加热器的方式是采用可控硅调压控制。实际上这也是一种电子开关，只是通断过程发生在交流电的一个周期之内。如图 3-8 所示，专门的控制器控制可控硅的导通角，使得 50 周工频供电的每个周期内只有部分时

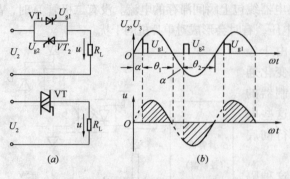

图 3-8 可控硅调压原理图

间可控硅接通。接通的时间不同,导致输出的有效电压不同。

为了避免干扰并不影响控制器的单片机进行其他工作,不用控制器单片机直接控制可控硅的通断,而是采用专门的可控硅控制电路。目前可控硅调压控制器的大多数产品都需要4~20mA 或 0~10mA 连续变化的电流信号作为输入信号,确定调压输出值。这时就不能通过 DO 通道来控制,而需要可连续变化的模拟量输出通道 AO 来提供控制命令。图 3-9 为这样做的电路原理图(a)和电压变化曲线(b)。采用这种方式相当于通过计算机间接地驱动作为电子开关的可控硅元件。对于作为控制器的单片机来说,需要提供专门的 AO 通道,对于执行器来说,需要增加用来触发可控硅的可控硅控制器,这都增加了成本,并由于增加了硬件设备而降低了可靠性。实际上,通过控制可控硅的导通角改变交流电的波形,会带来很大成分的高次谐波,形成对控制器及其他用电设备的严重干扰。因此当采用基于计算机的控制系统后,是否就不应该再使用这种可控硅调压器来控制电加热器的容量了呢?

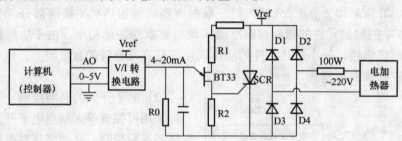

图 3-9 计算机控制可控硅调压电路原理图

3.3.2 风机、制冷压缩机的电机控制

三相异步电机是建筑设备中最常见的拖动动力,也是控制调节中的主要对象之一。它的控制调节包括电机的直接启停控制、降压启动、分档变速以及通过变频实现的变速调节。

(1) 直接启停控制

图 3-10 为计算机直接控制电机启停的电原理图。整个电路基本上与前面的电加热控制电路相同。交流接触器 C 的触头最终接通三相电机供电电源。串在 C 的控制回路上的热保护继电器 Jr 是电机的热保护。当经过电机的电流在一段时间内累计高于设定值时,热保护继电器动作,C 掉电,电机断电停止。为了解电机是否正常运行,通过 DI1 通道将 C 的辅助触点状态测出。当 C 吸合时,C-2 吸合,光电隔离 L2 导通,DI1 呈低电平。当 C 断开时,C-2 开路,L2 的晶体管截止,DI1 呈高电平。这样控制器通过读出 DI1 的状态,就可以判断接触器 C 的状态,从而了解电机是否运行。图 3-10 中的 DI2 是用来判断电机是处于自动状态(由计算机控制),还是手动状态。当手动自动转换开关处于"自动"位置时,电机由 DO 控制,此时 K-2 接通,DI2 状态为低电平。当手动自动转换开关被置于"手动"位置时,DI2 呈高电平,计算机即可测出电机处于手动状态。

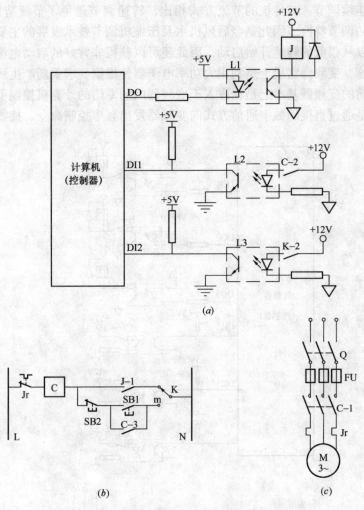

图 3-10 计算机直接控制三相电机启停电路原理图
(a) 计算机控制电路图；(b) 强电控制回路原理图；(c) 强电电气原理图

(2) 降压启动

对于大功率异步电机，为避免其在启动过程中电流过大，影响供电系统参数，往往采用降压启动方式，在启动时先采用星形连接，达到转速后，再转换成三角形连接。图 3-11 是这种情况下的控制电路。由于要实现两种工况间的转换，因此使用 DO1、DO2 两个输出通道。为了防止由于某种偶然情况，DO1、DO2 两个通道全部接通，导致接触器 C1、C2 同时接通造成电路短路的事故，在前置继电器 J1、J2 间增加了互锁。J1 的控制回路中串接 J2 的常闭触头，J2 的控制回路中串接 J1 的常闭触头。这样，J1、J2 两个继电器在任何时候只可能接通一个。这就可从根本上避免 C1、C2 同时接通的事故。同样，把 C1、C2 的辅助触头通过光电隔离接到 DI1、DI2 使计算机可以掌握电机每个瞬间所处的状态。为了简化，图 3-11 没有给出手动控制回路和相应的自动手动转换电路。

(3) 变频控制

通过改变供电频率来改变异步电机的转速，是调节控制电机的最好方式。风机水泵通过变转速后可以降低风量水量，实现对环境控制工况的调节；制冷压缩机改变转速则可实现对制冷量的连续调节。与传统的节流方式相比，转速调节避免了节流造成的能量损失，同时还有更好的调节特性，因此是今后风机水泵压缩机调节技术发展的主要方向之一。由于变频调速可以从很低的转速开始启动，因此还可以获得非常好的启动电流特性，不再需要降压启动措施。变频器实质上是利用大功率电子器件根据要求重新产生所要频率的供电交流电源。目前的变频器基本上是在嵌入于变频器内的专门的计算机控制下工作，因此最好的方法应该是通过直接的数字通信方式向变频器发出频率控制命令，接收实际的电机工

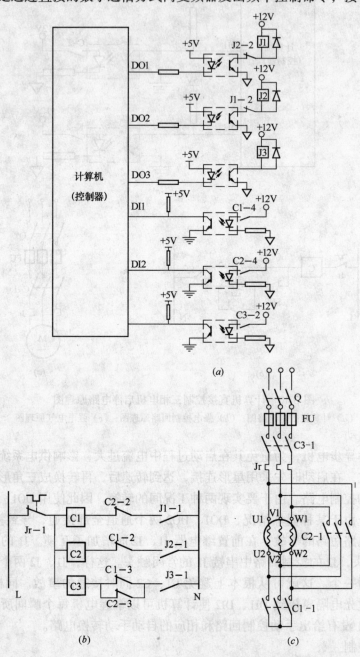

图 3-11 计算机控制三相电机星—三角方式启动电路图
（a）控制器原理图；（b）强电控制回路原理图；（c）强电电气原理图

作频率信息，这样的连接成本最低，并可以避免任何干扰。然而这样做涉及变频器内嵌入式计算机的通信协议的公开和标准化问题，至今由于许多非技术原因难以全面采用。目前的大多数通用性变频器要求输入 4~20mA 或 0~10mA 电流信号。根据得到的电流大小，改变其输出频率，实现对电机转速的控制。而大多数用于制冷压缩机控制的专用变频器接收自己内部的通信信号。这样对于使用通用变频器的场合（尤其是风机水泵控制），需要由 AO 输出通道产生输出电压，再通过电压-电流转换电路转换为 4~20mA 或 0~10mA 电流信号，送到变频器。变频器同时输出作为检测值的 0~5V 电压信号或 4~20mA 电流信号，正比于实际输出的频率，控制器需要用自己的 AI 模拟量输入通道进行测量，以监视和管理变频器的工作。图 3-12 是上面描述的通常的变频器控制电路。

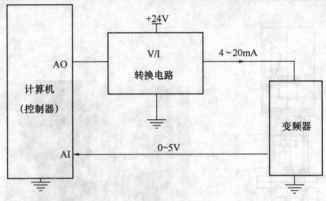

图 3-12 计算机控制变频器电路图

3.3.3 电动水阀及其控制

除电拖动设备外，本章讨论的恒温恒湿空调机组还有一些水阀需要控制。这包括：

1) 制冷机冷凝器冷却水回路上的通断水阀。当制冷机工作时，开通水阀，保证冷凝器中流过足够的冷却水；制冷机停止后，切断水路，避免不必要的冷却水循环；

2) 电加湿器补水阀。当加湿器水槽水位偏低时，打开水阀补水；当水位到达额定水位时，切断水阀，以防过量补水溢出。

上述水阀都仅要求工作在接通和关断两种状态，但在供热空调系统中，还有相当多的水阀承担供热空调工况的调节作用，需要根据要求连续调节经过水阀的水流量。这样自动控制的水阀就包括两类：仅能工作于通断两种状态的水阀，及可以连续调节阀位从而实现对流量的连续调节的水阀。而按照其动作的基本原理划分，又可分为直接通过电磁作用移动阀芯的电磁阀和通过电动机带动机械机构驱动阀芯移动的电动阀两类。

(1) 电磁阀

图 3-13 为一种电磁阀的结构原理图。

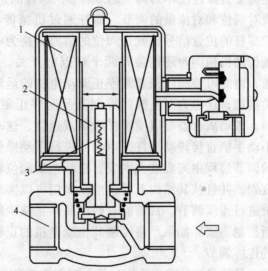

图 3-13 电磁阀结构原理图
1—线包；2—阀芯；3—弹簧；4—流动通道

线包1通电后，形成磁场，使阀芯2克服弹簧3的阻力轴向移动，从而打开流动通道4，使流体通过。当线包断电后，磁场消失，在弹簧的作用下，阀芯反向移动，恢复到原位，切断流动通道，流体停止流动。从其原理可知，电磁阀只能工作在通断两种状态，不能对阀位连续调节，从而也就不能对流量实行连续调节。前述阀门实例中，要使电磁阀处于"通"的状态，线包上就必须持续供电。只要一断电弹簧3就会把阀芯拉回原处，从而使阀门关闭。这样，电磁阀不能在断电后保持原有状态，而是根据要求可以有常开型和常闭型两类，使其断电后处于接通状态或关闭状态。电磁阀只要接上要求的电压就能工作，一般可通过中间继电器，由继电器的触头接通和断开来实现控制。其控制电路可以参考前面的电加热器通断控制连接电路。

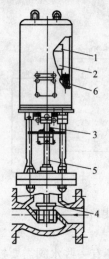 

图 3-14　电动调节阀

(2) 电动阀

图3-14为一种电动阀的结构原理图及其实物照片。电动机1通过大减速比的机械减速器2直接连接作为阀干的螺杆3，螺杆的正向和反向旋转使得阀芯4上升或下降，实现对阀位和对流量的调节。螺杆通过机械传动机构5同时带动一个旋转式可变电阻6，把螺杆的位置信号也就是阀位的信号转换为电阻阻值信息，供阀门控制器使用。这一机械传动机构同时还连接有两个触点电开关。当螺杆到达全开位置时，一个触点开关接通，由此可使阀门控制器停止驱动电机的运转。当螺杆到达全闭位置时，另一个触点开关接通，这也为了使阀门控制器及时停止驱动电机。减速器与螺杆之间还有一个离合器。搬动离合器可以使螺杆脱离减速器，这时电机就不能再带动阀芯运动，而需要使用手动手柄直接转动螺杆，对阀门进行手动操作。从电动阀门结构原理可知，只是在阀门的调节过程中需要电力供应，在断电后阀位将保持不变。这是电动阀门与电磁阀的重要区别。并且从其结构上看，电动阀门可以实现对阀位的连续调节，从而对阀门通过的流量进行连续调节。目前的有些产品只是缺少阀位测量输出机构6，而认为是只能进行通断控制。实际如果严格控制其拖动电机的正转和反转时间，同样以可以实现对阀位开度的连续调节。

目前多数标准产品都对每个阀门配有阀门控制器。图 3-15 为阀门控制器原理。阀门开度设定值以电压信号的形式接在比较器的一端，与从可变电阻连出的以电压形式输出的

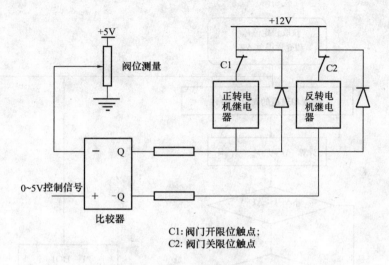

图 3-15 电动阀门控制器原理图

实测阀位信号比较。当设定值高于实测值时，正转电路导通，使阀门电机正向旋转，继续开大阀门。当设定值低于实测值时，反转电路导通，阀门电机反转，阀门关小。当比较器的输出电压绝对值小于两路触发器需要的翻转阈值时，阀门电机停止运行，完成调节。采用这样的阀门控制器对电动阀门进行调节，就需要由单片机控制器的 AO 通道输出电压或电流信号，并且由 AI 通道输入阀门输出的阀位信号。这使得系统复杂，涉及的部件多，成本高，故障率高。

当使用计算机控制器时，应该尽可能利用计算机资源，并尽量减少信号传输与变换环节。因此可以采用图 3-16 所示的方式，直接通过两路 DO 通道控制阀门的"正反转"，并把实测的阀位信号直接接入计算机 AI 通道，作为发出正转或反转的依据。图 3-17 是用这种方式控制阀门开度的软件框图。

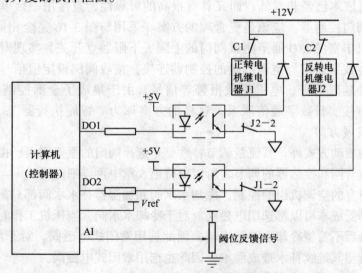

图 3-16 计算机直接控制电动阀门电路原理图

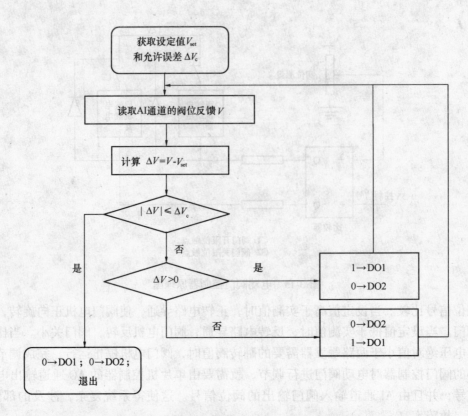

图 3-17 计算机直接控制电动阀门软件框图

这种直接控制的方式可以有效减少连接用器件,从而降低成本,提高可靠率。这就是采用计算机控制后,相关的做法也应相应改变,而不应该完全照搬以前非计算机控制时做法的一个很好的案例。

由于单片机成本已经非常低,而又具有很高的可靠性,直接用一台单片机嵌入在电动阀门内充当阀门控制器,应该是更合理的方案。采用与图 3-16 完全相同的电路原理,同时利用单片机丰富的 I/O 通道测试阀门的上限、下限触点开关,实现对阀门的全面控制和监测。通过数字通信与空调机组的控制器连接,接收阀门设定值信号返回阀位状态信号和其他各种越限报警、电机超载报警等信号。由于集成了全部控制管理和保护功能,并且对外直接实行数字通信联系,这样的方案称为"智能执行器"。这应该是今后各种执行器的发展方向。

除了阀门的驱动方式外,其流量调节特性更是选择阀门的重要因素。由于这部分内容更多的涉及流体管网和换热器的调节,所以留待第 5 章中再详细讨论。

对于本章研究的空调机组的控制,冷却水水阀和加湿器补水水阀都只需要工作在通断状态,因此为降低成本可以都选用电磁阀。对于冷却水水阀,当压机工作时一定有电,而当压机停止运行后不希望冷却水继续流动,因此选用常闭式电磁阀。对于加湿器补水阀,当停电后也不希望其继续补水造成溢水,因此也选用常闭式电磁阀。

3.3.4 其他电动执行机构及其控制

除了上面讨论的与本章的空调机组控制相关的执行器以外,建筑中还有其他一些常见的执行器,这里也做一些简单介绍。

风阀电动执行器，用来开启、关闭和调节风阀。图 3-18 为其结构图。类似于电动水阀，风阀的电动执行器也是电动机通过机械变速装置减速，通过正反转来实现开和关的动作。所不同的是许多风阀电动执行器输出的是直接的位移动作。通过把它和风阀拉杆连接，就可以实现风阀的控制调节。阀位反馈信号等也都源于电动执行器内部。除了带动电动阀门外，这样的执行器还可直接用来带动建筑物各种大型遮阳百叶的动作。无论风阀还是遮阳百叶，在调节时需要电动执行器有足够的推力，才能可靠地实现要求的动作。电动执行器能够输出的推力是选择时的重要参数之一。

图 3-18　风阀结构图

3.4　传感器的选择及其接口电路

传感器的功能是及时准确地探测被控制管理的系统的实际状态，使控制器能够产生相应的控制或保护动作，同时也使运行管理者及时了解系统运行的真实状况。因此如果执行器是控制系统的手、脚，那么传感器就是控制系统的眼、耳、鼻，是一个控制管理系统不可或缺的重要组成部分。

仅就本章讨论的恒温恒湿空调机组的控制，所涉及的传感器要探测的物理参数就包括很多种：

(1) 作为最终控制目标的空气温度、湿度和其他物理参数的监测；

(2) 检测制冷循环中压力是否过高或过低、保障制冷系统安全运行的压力监测，以及监测空气过滤器阻力是否过高，以产生"更换报警"信号的微压差信号监测；

(3) 监测制冷机冷凝器内冷却水流速是否符合要求以保证冷机正常运行的水流检测，以及监测电加热器附近风速是否符合要求以防止加热器过热的风速检测；

(4) 加湿器水槽中的水位检测，用以控制补水电磁阀动作；

各末端设备的运行状况监测也属于传感器和接口电路部分，但由于在前一节已作了介绍，这里就不再重复。

下面分类介绍各种主要传感器的选择原则及其与控制器的连接方法。

3.4.1　温湿度等物理参数的准确测量

温湿度等物理参数的准确可靠的测量，对控制系统有十分重要的意义。目前许多建筑自动化系统"只测不控"，不能投入自动控制，因而也就不能产生相应的节能效益和管理效益。其原因有多个，其中重要原因之一就是系统参数测量不可靠，也就不能依据所测参数对系统进行正确的调节。可靠和准确的测量并非简单的通过选择高精度传感器就能实现。物理参数的计算机测量是如下三个环节串联起来的过程：

(1) 正确的感知物理量的变化，使它转换为足够大的电信号的变化。同时，在感知过程中，又不能影响和破坏被测物理量。例如用热敏电阻测量温度，当热敏电阻通过的电流过大时，热敏电阻本身发热升温，这样就破坏了被测环境，更谈不上准确测量了。

(2) 把反映物理量的电信号可靠地传输到控制器接收端。如果传感器产生的电信号很微弱、传输线路长、沿途电场磁场变化，就很容易使导线上感应各种干扰信号，这样在控制器端就很难分离出有效的信号。

(3) 控制器接收端能够高精度地把接收到的电信号转换为物理量数值。这在很大程度上取决于电信号的类型。如果是微弱的微伏信号，控制器侧经过放大、滤波等处理，会造成很多有效信息的丢失和干扰信号的混入。如果控制器侧接收到的已经是数字信号，则很难造成任何信息丢失。为了防止控制器被外电路干扰，还希望接收回路能采用类似于光电隔离电路的方式，彻底取消与外电路间的任何电连接。

要协调好上述三个环节，并且不使成本过高，就需要从最终信息的正确性出发，对这三个环节进行系统的设计和协调，找到最佳的解决方案。

先从控制器接收端看。可能接收的电信号类型为：电压或电流模拟量信号、脉冲或脉宽信号、直接数字信号。

采用电压信号传输，当接收端输入阻抗小，输入电流较大时，外引线的电阻就会造成很大的电压降。控制器测出的电压信号是传感器输出电压与导线压降之差。这就必然造成很大的不可控制的误差。如果使接收端为高输入阻抗，传输导线上的电流很小。此时外界的电场磁场变化就很容易感应到控制器的信号输入端。这导致传输过程的抗干扰能力很差。出于这些原因，一般情况下都不直接采用电压信号传输，而采用电流信号。图3-19为电流信号传输和接收的电路原理。传感器从24V直流电源上获取传感器用电，并将其测量结果转换为4~20mA的电流信号，接入到接收端。这里所谓"电流信号"，就是说传感器相当于一个恒流源。对于一个理想的恒流源，不论作为负载电阻的导线电阻和接收端输入电阻（图中的100Ω电阻）为多少，其输出

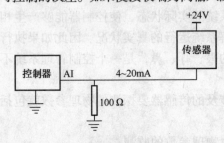

图 3-19 电流信号传输、接收的电路原理图

电流总是维持在与所测出物理量相对应的电流上。图3-20给出一种输出为4~20mA的温度传感器在某一温度下接入不同的负载电阻后的电流变化。从图中可以看出只要负载电阻小于允许的最大值，它就能具有很好的恒流特性。这时由于负载电阻很小，导线上的传输电流很大，因此就具有很好的抗外界电场、磁场干扰的能力。4~20mA电流的传输标准是我国多年来实施的工业自动化仪表的电信号传输标准，经实践证明具有很好的抗传输过程的场干扰的能力。但一般的感应物理量的敏感元件很难直接输出这样的电流信号。如果采用小电流输出，而寄希望于控制器接收侧对信号再行放大，则很难避免传输过程中的电场磁场干扰。为此，往往需要在传感器一端通过专用的信号放大与变送电路，把传感器产生的微弱电压信号变化转换为4~20mA电流信号。

如图3-19所示，4~20mA的电流信号在接收端被转为0.4~2V的电压信号后，通过单片机的AI通道直接进行测量，如果单片机参考电压V_{ref}为2V，单片机内为二进制12位A/D转换，则转换分辨度只能是2×2^{-12} = 1/2048V，约为0.5mV。由于只在4~20mA

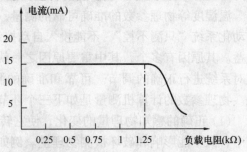

图 3-20 同一温度下，4~20mA 温度传感器的输出电流随负载阻值变化曲线

范围内的信号有意义,因此对于传感器输出的信号来说,其分辨度仅为最大测量量程的 1/3276。而如果是 8 位 A/D 的话,则分辨度为最大测量量程的 1/204。

这样的模拟量信号很难经过光电隔离方式接入到计算机。一些内部具有光电隔离的 A/A 变送器(模拟量至模拟量)目前成本很高,还不宜在一般场合推广。有可能的方式是通过 V-F 转换电路,把电压信号转换为频率信号,经过光电隔离后接入到 DI 通道,由计算机测出频率值,然后再转换为所测物理量数值。当然,如果确保传感器外电路不会与其他电源相接或偶然短路,也可以不考虑光电隔离问题,把信号直接接入到单片机 AI 通道。

如果直接使传感器输出频率或脉冲宽度信号,控制器接收端就可以很容易通过光电隔离器件来隔离外电路与内电路。同时可以用单片机上资源最多的 DI 通道接收信息。为了防止传输过程信号的变形和外界电场磁场的干扰,信号频率不能太高,一般不应超过 10kHz。同时为保证传输线路上通过足够大的电流,一般不得小于 1mA。大电流是抑制传输过程干扰的有效措施。对于频率或脉冲宽度方式的输入信号,计算机测量需要至少一个至几个脉冲的时间,与模拟量测量相比,占用时间要高出几倍到几十倍。但如果采用并行测量的方式,同时读取各路 DI 通道的状态,并进行统一的分析处理,测量速度就会大大提高。

由于单片机成本已经很低,因此把单片机嵌入到传感器中,成为智能传感器已成为目前发展的主要趋势。此时单片机可以充分发挥其可编程的能力对被测物理量进行智能化测量和充分的信号处理。得到可靠的测量数据后,再通过数字通信的方式,送到空调机组控制器。数据通信可以避免任何传输干扰和信息损失,也可以实现非常理想的光电隔离。这时的中心问题为采用哪一种通信协议,使传感器产品与控制器产品能够容易兼容。这些问题将在第 7 章中充分讨论。

现在来讨论传感器和变送电路。先看温度测量。目前常用的感温元件可分为热敏电阻型、热敏电压型以及集成了传感器和变送电路的集成芯片,或称 IC 型。

热敏电阻型主要包括铜电阻、铂电阻,以及半导体材料制成的热敏电阻。铜电阻、铂电阻的阻值与环境温度间的关系接近线性,而热敏电阻则成接近于指数函数形式的非线性特性。铂电阻具有很好的稳定性,其性能可以长久不改变,这是其长期以来被广泛使用的原因。半导体制成的热敏电阻的一致性和稳定性以前都较差,但近年来随着技术上的突破,这两方面也有了十足的改善。这种热敏电阻最大的优点是具有非常高的灵敏度。铂电阻在其工作区灵敏度是 0.1%/K 的量级,而热敏电阻却可达到 3% ~ 5%/K。为了把电阻信号转换为电流或电压信号,就必须使电阻通过电流,从而利用其电压的变化得到温度的变化。然而这会使电阻本身发热,其热量为 $Q = R_t I^2$。这些热量必须通过与周围环境换热而散发掉。由此产生的与被测环境的温差为 $\Delta t = Q/U = R_t I^2/U$。这里的 U 为热敏电阻与周边环境间的换热系数,W/K。当测量水温时,换热系数可以很大,而当测量空气温度时,换热系数可能不及测量水时的 10%,这就意味着此时传感器温升将是测量水温时的 10 倍。传感器温升不易修正,如果它过大就直接降低了测温的准确性。这就要求限制通过测量元件的电流。而电流过小会导致电压变化小,进而影响测量分辨度。一种可能的解决方式是只在测量的瞬间使测温元件接入大电流,而其他时间断开供电。这样只要调整测量间隔时间,控制一个测量周期内的元件的发热量不过大,就可以避免测温元件过热造成的误差,同时还能获得较高的测温灵敏度。至于热敏电阻的非线性问题,只要其具有好的一致性,就可以在计算机进行温度换算时,按照预先标定好的非线性曲线进行修正。所以

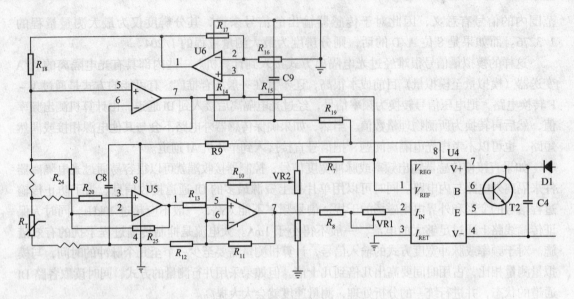

图 3-21 敏感元件为铂电阻的温度测量电路,输出为 4~20mA 电流信号

不需要像非计算机的测量系统那样,把非线性看成是非常重要的因素。图 3-21 为利用铂电阻为感温元件的温度变换器电路。它的输出为 4~20mA 电流信号。通过测温电阻的电流为 5mA,当采用的铂电阻元件尺寸为 90 mm 时,测量水温时传感器温升小于 0.01K,测量空气温度时传感器温升在 0.1K 左右。当采用的铂电阻元件尺寸为 5 mm 时,由于元件的外表面面积小了近 10 倍,换热系数减少十多倍,这时如果用其测量空气温度,元件自热造成的误差就有可能超过 1K。

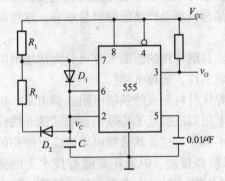

图 3-22 热敏电阻温度计输出占空比信号的电路图

图 3-22 是采用热敏电阻,直接输出脉冲信号的温度传感器。当 555 定时器的引脚 2 处于低电平时电源通过阻值不变的标准电阻 R_1 向电容 C 充电,当电容上的电压冲到大于 $2/3V_{cc}$ 时,定时器复位,引脚 3 输出低电平;当引脚 7 的电平降低到 $1/3V_{cc}$ 以下时,定时器置位,引脚 3 输出高电平。这样输出端为高电平的时间正比于标准电阻的阻值,输出端为低电平的时间正比于被测热敏电阻的阻值。测出高低电平持续时间之比,就可以计算出被测热敏电阻阻值。在实际使用时,由于传感器使用环境的变化,充电电源电压、充电电容的容量等都可能发生变化,但只要标准电阻 R_1 的阻值不变,就可以准确地测出热敏电阻的阻值。这就是采用"相对法"通过与对标准对象测量结果的比较,消除各种影响因素,而获得准确的测量结果的方法。采用图 3-22 所示的方式,被测热敏电阻只在放电过程中才有电流通过,并且随着电容上的电压升高电流逐渐减少。这样只要选择适当的标准电阻阻值,使被测电阻的放电时间在一个充放电周期中的比例不超过一定值,就可以有效控制测温元件的自热现象。

热敏电压型测温元件主要是热电偶类和半导体 PN 结类。这类测温元件可把温度的变化转换为微小的电压变化。热电偶的一致性很好,但对温度的灵敏度很差。对于室温范围内的温度变化，铜—康铜热电偶产生的电压变化仅为百微伏的数量级，这样需要用很好的放大器才能把信号放大到易于传输的范围。因此在建筑环境控制工程中，很少采用热电偶类温度传感器。半导体 PN 结产生的电压变化要大得多，但目前的工艺还很难保证元件的一致性，这就给直接使用带来一定的困难。

IC 型感温元件目前发展迅速。这就是把感温元件和变送电路共同集成在一颗芯片中，从而直接完成测温工作。IC 型感温元件可分为以下两类。

1) 直接电流形式输出的感温元件，例如 AD590，两线制接线，只要接入高于 4V 的直流电压，就可产生 0.218～0.423mA 的电流，其电流的变化与温度的变化成正比。只是为了避免自热，产生的电流只能是微安级（不然其本身必然消耗较大的功率），这就使得其输出信号不适宜直接传输，也不能直接接入单片机的 AI 通道，需要再连接电流—电流放大器。

2) 直接以数字通信方式输出测出的温度数据的感温元件。例如 LM75，只需要 4 线连接，其中两线为直流电源，两线进行双向数字通信。采用 I^2C 协议与外界通信。这种温度传感器的最大外形尺寸不超过 5mm，测温分辨度为 0.1K，经过标定后可以实现 0.25K 的准确性，其价格不超过 10 美元，因此很适合用于建筑环境控制系统中。这是典型的智能温度传感器，应该是今后传感器发展的主要方向。目前已经有了外形封装完全相同的温湿度测量元件 SHTXX 系列，外接线完全相同，可同时测量温度和相对湿度，测量结果以 I^2C 通信输出。相对湿度测量的分辨度为 1%。

其他的测量空气湿度的测量元件主要有：感应相对湿度的电容式湿度传感器，它需要专门的变送电路才能够把微小的电容变化转换为电流变化；感应相对湿度的氯化锂电阻式湿度传感器，它必须通过交流电流来测量电阻，因此也需要专门的变送器进行信号的转换；感应空气中绝对湿度或露点温度的氯化锂露点式温度计，它的原理是对一个表面涂有氯化锂的加热套通电加热，使其表面水蒸气分压力与被测环境的水蒸气分压力平衡，测出平衡温度，进而换算出空气的露点温度。由于实际的测量对象是温度，因此可以直接套用前面的测温方案。在环境控制中，涉及的空气参数有干球温度、湿球温度、露点温度、相对湿度、焓等多种参数。但实际上反映本质的独立参数只是干球温度和另一与湿度有关的参数。由于这些参数间的换算比较复杂，在采用没有计算机的电子控制系统时，只能是需要什么参数就采用什么传感器。但是现在计算机的强大计算能力处理这些参数的换算已经变为非常容易了，因此在选择湿度传感器时就不必再考虑需要哪种与湿度有关的参数，而只要选择容易连接、测量可靠和成本可接受的传感器就可以了。这三类湿度传感器都有以 4～20mA 形式输出的电流型变送器，以脉冲或频率形式输出的脉冲型变送器，或者前面介绍的直接数字通信输出方式的智能型传感器。

对于其他常用的压力测量和微压差测量，所面对的问题与前面的温度测量类似。压力感应元件目前可以把压力变化转变为电阻、电容或电感的变化。通过适当的变送器，可以同温湿度测量一样，把信号变为电流信号或脉冲信号送到单片机控制器；也可以做成智能型传感器，直接以数字通信的方式输出。

对于水流量测量和空气流量测量，由于测量原理复杂，目前越来越多的传感器是嵌入了单片机的智能型传感器。由于接口要求的不同，有电流、脉冲和直接数字通信输出的各种输出接口形式。然而既然在传感器内部已经是数字信号了，仅为了接口的要求再把数字信号变为模拟信号，不仅造成部分信息损失、增加了不必要的干扰，还降低了可靠性。因此在可能的条件下，这类传感器的接口方式应优先选择直接数字通信式。

3.4.2 开关型输出的传感器

直接测出物理量状态的数值，无论是采用常规的模拟量输出的传感器，还是直接数字输出的智能传感器，目前的市场价格温度传感器大约几百元，湿度传感器为千元，压力传感器为几千元，微压差传感器上万元，而各种流量传感器则都要几万元。这样，传感器构成控制系统成本中的很大一部分，在控制成本时往往要减少传感器的数量。然而，如果不要求准确的物理参数数值，而只希望了解所关心的物理量的变化是否超过一定限值，作为保护和报警的依据，就可以不采用昂贵的连续输出的传感器，而是采用仅输出"通"或"断"的开关型传感器就可满足要求。而其成本则不到同样参数的连续输出传感器的十分之一。在本章讨论的空调机组控制实例中，这样的传感器完成如下功能：

1) 制冷循环中的压力报警。当冷凝压力过高时输出报警信号；当油泵输出的油压过低时输出报警信号；这时都需要停止压缩机，以防出现事故。

2) 水路、风路中流速过低报警。冷凝器冷却水回路循环水流速过低时输出报警信号，停止制冷压缩机；电加热器附近风速过低时输出报警信号，停止电加热器。

3) 水位过高、过低报警。当加湿器水槽中水位低于最小水位时输出报警信号，以打开补水电磁阀；水位高于最高水位时输出报警信号，以关断电磁阀停止补水。

4) 空气过滤器两侧压差过大，输出报警信号，通知管理人员清洗和更换。

(1) 压力开关

压力感应元件把压力的变化转换为位移，利用霍尔元件可以将位移信号转换为电信号。在对灵敏度要求不高的场合，也有的产品采用简单的微动开关代替霍尔元件。调节微动开关触头的位置或霍尔元件的位置，可以改变压力开关报警输出时的压力设定值。一般来说，这种压力开关元件在使用前都需要通过压力标定装置与标准压力表进行比较标定，以保证准确的设定值。在电路中压力开关等效于一个开关，但必须注意它允许通过的最大电流，不能通过这种开关直接带动功率过大的电动设备（如交流接触器）。图3-23为控制器中这种开关的使用方式。注意这里直接用继电器逻辑的方式把压力报警继电器的触头串接在压缩机控制电路中，而不是靠计算机读出报警信号后通过软件关断压缩机。这样可以在出现报警事故时，无条件关断压机，实现保护，避免计算机受干扰或其他原因导致的动作不正常或延时而造成保护动作不及时引起的设备损坏。

(2) 流速开关

水的流动使传感部件产生位移，克服弹簧弹力推动微动开关闭合。当流速低到不足以克服弹簧弹力时，微动开关断开。风速开关也是类似的原理。这些保护或报警开关的联结方式同压力开关。这些流速开关一般也需要认真调整，才可使其在准确的设定值流速下动作，避免动作过早或过迟。

(3) 水位开关

自动补水的水箱中的浮球阀就是综合了机械式水位开关与阀门的水位控制系统。也可用浮球来推动微动开关成为开关型输出的水位传感器，只是有些场合体积过大，且动作不很灵敏。用电阻的变化做成电阻式水位开关可有很高的灵敏度，且体积小，但其缺陷是电阻测头的腐蚀和水质的变化易引起测量精度的下降。还可以根据水与空气介电常数的巨大差别做成的电容式水位开关或水对光的折射做成光电式水位开关。这类水位开关的等效电

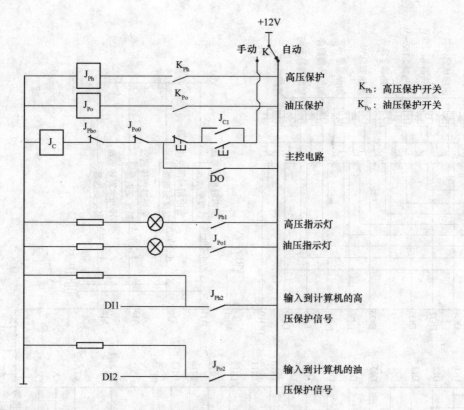

图 3-23 保护开关在控制电路中的应用

路不再是简单的开关,而成为有源器件。一般输出为电压信号,高电平时为"有水",低电平时为"无水"。图3-24为此类水位开关与计算机控制器连接时的原理图。

(4)微压差报警开关

这是又一种专门用来感测空气过滤器阻力的开关型传感器。由于它的动作压力一般要求仅在 100~200Pa,是压力开关的

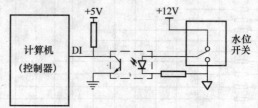

图 3-24 有源水位开关与计算机控制器连接电路图

千分之一,因此要求感压膜灵敏度很高才能动作可靠。这种微压差开关的安装和调整都有专门要求。

3.5 控制器外电路

汇总前面的讨论得到恒温恒湿空调机组控制器的硬件设计,见图 3-25。

控制器的各个 I/O 通道除了连接各种传感器和输出设备外,还安排了两个通道用于对外数字通信,以便与中央管理计算机连接;另有 8 个通道构成数字显示和简单的键盘,成为与操作人员的人—机接口。要使这样的控制器能够可靠工作,很重要的条件是要有好的供电电源。至少要提供两路可靠的直流电源,分别供单片机主机和外电路。既然采用了光电隔离使计算机与外围设备隔离,在供电电源上也应是完全独立的两路电源。

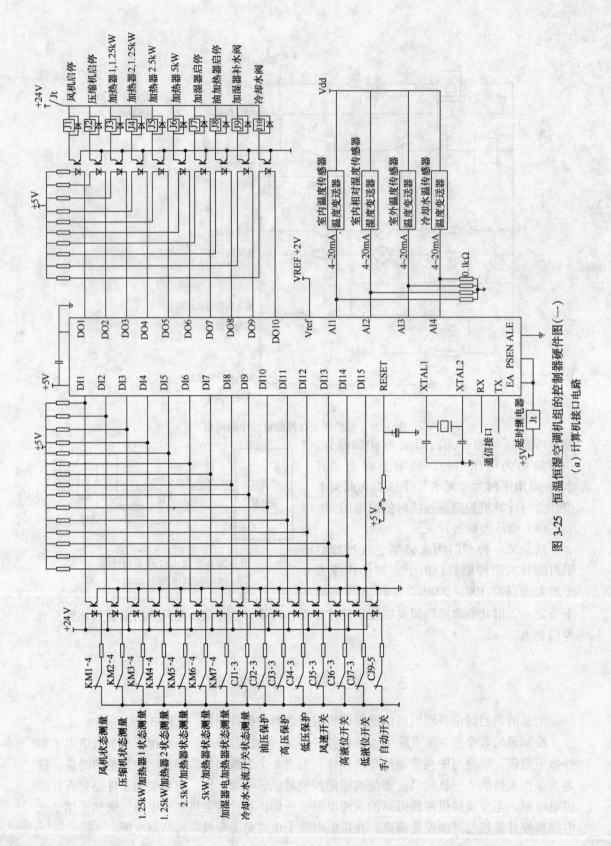

图 3-25 恒温恒湿空调机组的控制器硬件图（一）
(a) 计算机接口电路

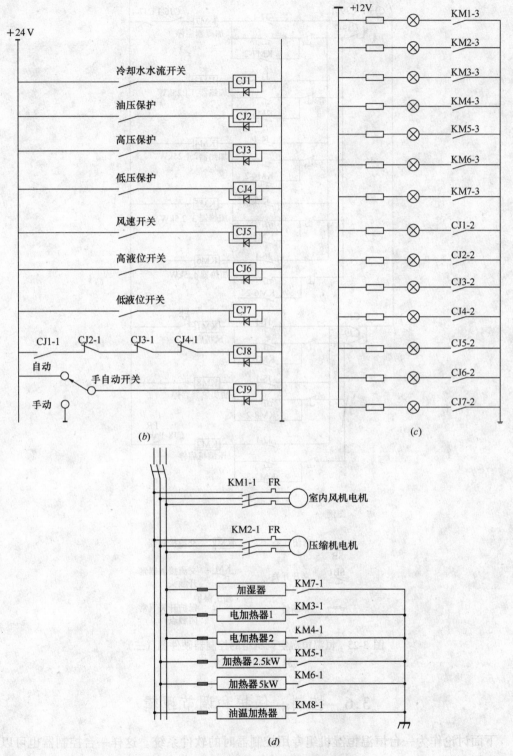

图 3-25 恒温恒湿空调机组的控制器硬件图（二）
(b) 保护电路；(c) 指示灯电路；(d) 强电电路

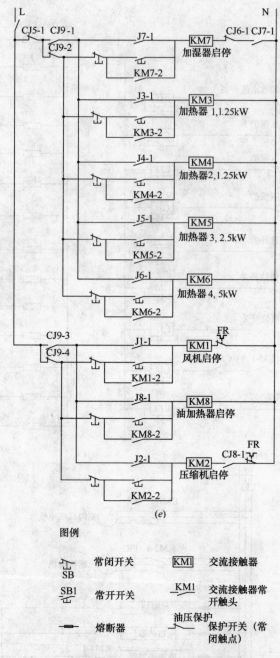

图 3-25 恒温恒湿空调机组的控制器硬件图（三）
(e) 手动控制电路

3.6 控制、保护和调节逻辑

下面讨论作为一台恒温恒湿机组专用控制器时的软件系统。这样一台控制器也可以成为通用控制器，但那是为了适应不同的控制与管理对象，满足各种编程要求。软件系统要复杂得多，同时还需要在某个操作系统平台下运行，例如 Linix、PSOS 等。这叫做"嵌入式操作系统",是目前发展各类嵌入式控制系统的主要趋势,本书鉴于篇幅,不对其做专门介绍。然而,如果仅是为了特定的控制对象、特定的功能而作为产品大批量生产,做成运行专门软件的专用控制器应该是成本低、可靠性高的方案。

图 3-26 为系统软件原理图。在初始化中,对各个 I/O 通道的使用模式进行定义、对设备的初始状态进行设置、对基本数据表中的数据给出初始值、对通信与时钟的中断进行初始化,并开启中断。由于各路安全保护都通过硬件电路逻辑直接实现,因此各个报警和

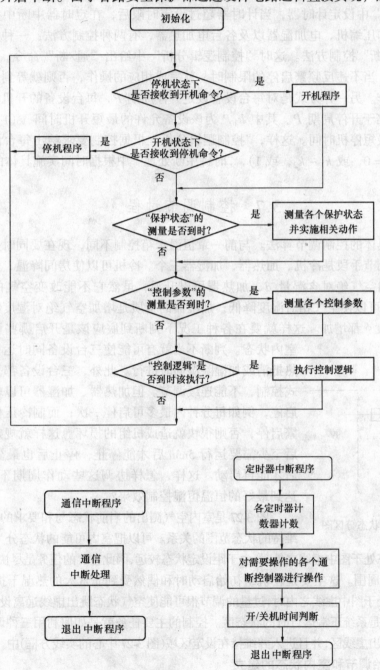

图 3-26 恒温恒湿空调机组控制系统软件框图

保护开关不必采用中断方式进行实时监测，而可以同常规传感器监测和控制逻辑一样，在主循环中定时轮询进行。对加湿器补水电磁阀的开闭控制安排在"保护状态测量与相应动作实施"这部分程序中。如果能保证每2秒钟运行此部分程序一次，就不会出现由于加湿器缺水或溢水造成的事故。风机的开停在开机和停机程序中完成，平时不对其进行控制。冷却水水路的电磁阀应该在开压缩机之前开启，停止压缩机之后延迟一段时间后再关闭。因此开启电磁阀的操作可以在"控制逻辑分析"这部分程序中完成，而停止的操作则是在"控制逻辑分析"中设定计时器，当计时器超过设定时限后，在定时器中断中实现。其他的控制设备，即压缩机、电加湿器以及各台电加热器，有两种控制方法：一种是按照上一章讨论的"通/断"控制方法。这时"控制逻辑分析"中给出"通/断"命令，"时钟中断处理"中检查。当不违反频繁启停的限制时，就完成相应的操作，否则就等到达到延时时间后再进行操作。另一种方式是对每台设备设定开停周期 P，每台设备的开机时间可以为 0、$k_1 \sim k_2$、1倍于开停周期 P。其中 $k_1 P$ 为该设备允许的最短开机时间，$(1-k_2)P$ 为该设备允许的最短停机时间。这样，"控制逻辑分析"根据控制要求给出每台设备的相对开机时间 k（$k=0$，或 $k_1 \sim k_2$，或1），"时钟中断处理"中根据时间实施具体的操作。

3.7 控制调节过程

本节讨论具体的控制调节算法。与前一章恒温水箱控制不同，现在要同时控制温度和湿度。我们的调节手段是冷机、加热器、加湿器三个。冷机可以使房间降温，也可以同时降温和降低室内空气绝对含湿量 d；加热器可以升温，虽然它不能改变空气的绝对湿度 d，但温度升高可以使空气相对湿度降低；加湿器的本质是增加空气绝对湿度 d，因此可使 d 和相对湿度 ϕ 都增加。这样就要在各种工况下判断到底应该是开启哪些设备来调节室内状态。判断不当就有可能使三台设备同时运行，造成冷热抵消或加湿除湿同时进行。此外，三台设备都采用通断方式控制，不能连续调节。但加热器、加湿器可以较高的周期启停，例如每分钟内最多可启停一次；而制冷压缩机却不能频繁启停，否则很快就造成机组的损坏。这样就规定冷机启动后至少需要运行 5min 后才能停止，停止后也最少需要 5min 后才能再启动。这样，怎样协调这些动作周期不同的设备，达到最好的恒温恒湿控制效果？

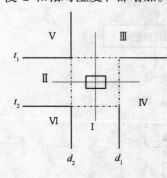

图 3-27 室内状态分区图

图 3-27 是室内空气测出的当前状态与和要求的室内温湿度维持的状态范围的关系。可以把室内可能的状态分为两个区域：(1)当温湿度状态处于图中虚线之外时，由于距设定状态较远，因此主要的任务是尽快使温湿度状态调整到设定值周围。这主要是在机组初始启动时和偶然受到非常大的热湿干扰时的状态。(2)当室内状态处于图中虚线之内时，过量的调节很可能使空气状态跳出虚线远离设定值。虚线之内的区域应该是系统正常运行时的状态区。控制的主要任务就是如何利用三种调节手段，使室内状态不再跳出虚线区，并且进入并维持在设定区域(图 3-27 中心的实线方框)中。

3.7.1 初始调节和室内状态的建立

此时室内状态处在图 3-27 的虚线区之外。为了尽快进入虚线区，建立室内要求的温湿度状态，应该是设备全容量投入。这时需要确定的就是投入制冷、加热、加湿中的哪些设备。当室内状态处于图中Ⅰ区时，为使室温升高而绝对湿度不变，一定是开加热器；当处于Ⅱ区时，则只要开启加湿器，就可以使室内空气等温加湿，使状态点向右移动；而当仅开冷冻机时，室温降低，绝对湿度 d 可能降低也可能不变，因此，只要处于图中Ⅲ就应该仅开冷冻机；而当空气状态处于Ⅳ时，要除湿，必须开冷冻机，而开冷冻机又导致温度降低，因此还要加热，所以就需要同时开启冷机和加热器。同样，当处于Ⅴ区时，为了降温必须开冷冻机，但这时还需要加湿，为此就必须同时开启加湿器。在Ⅵ区则要继续加湿，又需要加热，因此同时开启加热器和加湿器。这样全容量投入后，室内状态可能进入虚线区。但同时由于室内产热、产湿量的不同以及机组设备容量热湿比的不同，室内状态又有可能没进入虚线区，而是进入了邻近的另一个区。这时可按照变化了的状态，适当地启动或停止相关设备。此时出现启停冷机的需求有两种可能：在Ⅰ区和Ⅳ区间，当湿度高于和小于 d_1 时；以及在Ⅴ区和Ⅱ区间，当温度高于和低于 t_1 时。为了防止由于室内状态在 t_1 线或 d_1 线上频繁穿越，造成冷机相应的频繁启停，可以取 t_2 线为由Ⅴ区穿越Ⅱ区后停止冷机的界限，而 t_1 线为从Ⅱ区进入Ⅴ区冷机需要再次开启的界限。同样，d_2 线为由Ⅳ区进入Ⅰ区后停止冷机的界限，d_1 线为由Ⅰ区进入Ⅳ区需再次开启冷机的界限。这样经过有限的波动后，一定能使室内状态进入虚线内的准稳态区。

3.7.2 温湿度状态的维持和恒温恒湿的实现

进入图 3-27 中虚线围出的准稳态区后，如果仍然全容量投入和停止各台设备，就会使室内状态大幅度波动，不可能维持在要求的设定状态区，即图中的实线方框内。由于室内可能存在热负荷和湿负荷，因此当室内状态进入到要求的设定状态区后，如果像前一章讨论的通断控制，全部停止各台设备，那么室内状态很快就会变化到设定区之外，根本不能维持在要求的设定区。因此就应该试探着部分地投入设备，使投入的制冷量、除湿量尽可能接近实际的产热产湿量，这才能维持室内状态。给定设备的启停周期，在一个启停周期内，先开后关，取开启时间与启停周期之比为投入容量比，就可以按照容量的连续调节来考虑各台设备的控制。电加热器还可以通过对四组加热器的适当组合进行分档。这样，仅在 2.5kW 的范围内进行启停调节，并且调节周期仅为 1min，如果投入 2.5kW 后 1min 内室温仅能升高 0.1℃，那么利用这样的一组加热器在这种条件下就应该能实现 ±0.1℃ 的恒温控制。而本例所用的水槽式电加湿器就不一样了，当水槽中水温较低时，加湿量低。瞬态加大投入功率只能加快水槽内水温的增加速度，而不能同步的改变加湿量。当水槽温度升高，达到沸腾时，加湿量迅速提高，这时投入的功率基本能与加湿的能量相当。此时停止加湿器，由于水槽中水温还高，所以并不能马上停止加湿，只能使水温逐渐降低，同时加湿量同步地减少。这样，即使精确地连续控制加湿器的加热量，也不能精确控制室内绝对湿度。和加湿器相比，制冷机的可调节性更差。本例中的压缩机只能启停控制，并且启动后需要一段时间逐渐建立起制冷所要求的蒸发压力和冷凝压力，冷量也随之逐渐增加，逐渐达到额定的冷量。在压缩机停止时，冷凝器中的制冷工质还将继续进入蒸发器，使蒸发器继续输出冷量，直到两器间压力平衡，制冷才真正停止。并且，如果要求停机后至少 5min 后再启动，启动后至少 5min 才能停止，同时 5min 内冷机使房间温度降低 1℃，那么依靠冷机就很难使室温控制精度在 1℃ 以内。这样问题就成为怎样优化组合这三种设备来满足室内状态的控制要求。实际上，在需要恒温恒湿的工业和科研应用场合，往往仅对温湿度中的一个要求精度高，而另一个则相对较低。

例如机械加工和计量中的恒温室要求温度在±0.1℃，相对湿度则可以在±10%之间，而化纤、印刷、纸张检验等领域的某些工艺却要求相对湿度在±2%，温度却可以在±1℃之间。这样，恒温恒湿控制往往是高精度恒温和一般的恒湿，或者是高精度恒湿和一般的恒温。由于电加热器调节特性好，并且它既可以调节温度，又可以调节相对湿度，因此可以使用电加热器调节要求高精度的参数，而用制冷机或电加湿器调节另一个要求相对较低的参数。这样在进入了准稳态区后，调节方式为：

高精度恒温控制：

根据温度控制调节电加热器；

当从Ⅲ，Ⅳ，Ⅴ区进入时：根据相对湿度控制制冷机，湿度高则延长制冷机运行时间；
湿度低则缩短制冷机运行时间。

当从Ⅰ，Ⅱ，Ⅵ区进入时：根据相对湿度控制加湿器，湿度高则缩短加湿器运行时间；
湿度低则延长加湿器运行时间。

高精度恒定相对湿度控制：

根据相对湿度控制调节电加热器；

当从Ⅲ，Ⅳ，Ⅴ区进入时：根据温度控制制冷机，温度高则延长制冷机运行时间；
温度低则缩短制冷机运行时间。

当从Ⅰ，Ⅱ，Ⅵ区进入时：根据温度控制加湿器，温度高则缩短加湿器运行时间；
温度低则延长加湿器运行时间。

上述规则的最后一条，当用加热器控制相对湿度时，可根据温度控制加湿器。这时如果温度偏高，可以理解为使加热器为了降低相对湿度而投入较大的加热量所致。那么，减少加湿器加湿量，使绝对湿度降低，电加热器为了维持恒定的相对湿度，就会减少加热量，从而使温度也得以降低。

怎样根据实测的温湿度偏差具体改变设备的运行时间，将在以后的课程中讨论。在这里，先用仿真试验的方法，试着摸索一些可能的方法。实际上这也是人类摸索、探讨新的控制调节方法所走过的路。先根据定性的分析通过实验的办法"凑"出一些控制调节算法，然后再从理论上寻找规律，最终得到最好的算法。好的控制调节算法很难直接从理论推导计算得到，而都需要理论与实验的结合，经过理论与实验间的多次反复最终才能够得到。

可供下载的软件中给出了恒温恒湿机组的模型，并给出了8种不同的工作环境模型（房间模型及恒温恒湿机组模型的建立方法请参见软件）。恒温恒湿机组中包括一台冷机、一台蒸汽加湿的加湿器和一组电加热器。冷机的额定制冷量约为5000W；电加热器组中包括功率分别为1.25kW、1.25kW、2.5kW和5kW的四个电加热器。在8种工作环境下，在启动之前，空气温、湿度分别处于图3-27所示的Ⅰ~Ⅵ区内。8种工作环境状态分别表示在图3-28以及表3-1中。

恒温恒湿机组工作环境参数 表3-1

工况	干球温度（℃）	相对湿度（%）	工况	干球温度（℃）	相对湿度（%）
1	16.0	90	5	30.0	20
2	22.0	40	6	10.0	90
3	30.0	60	7	32.0	35
4	19.0	90	8	22.0	90

为实现恒温恒湿控制，选用温度传感器的精度为±0.1℃，相对湿度传感器的精度为

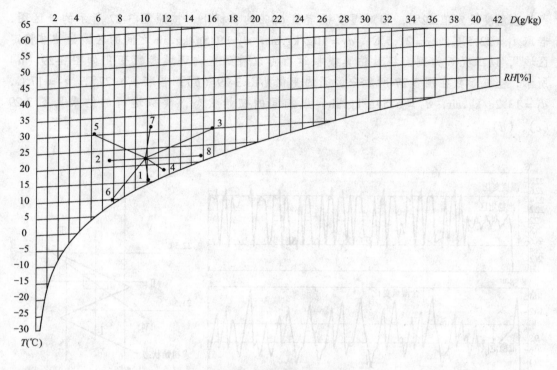

图 3-28 8 种工作环境参数

±1%。在这样的条件下,"高精度恒温、一般精度恒湿"要求的环境控制参数为:温度 22±0.3℃,相对湿度60%±10%;"高精度恒湿、一般精度恒温"要求的环境控制参数为:相对湿度60%±3%,温度 22±1℃。

利用仿真模型可以模拟恒温恒湿机组在各种工作环境下的运行情况,通过仿真实验找到合适的控制策略。

(1) 准稳定区域的划分以及初步调节过程的仿真

1) 准稳定区域的划分

根据上述讨论,当空气参数距离设定状态较远时,控制调节的目的是使空气参数尽快接近设定值;而当空气参数处于"准稳定区域"内时,调节的目的才是维持空气参数在设定状态附近。这里,首先讨论如何划分"准稳定区域"与"非准稳定区域"的界限。

基于前面的讨论可以确定当空气参数处于"准稳定区域"以外的不同分区时,各个设备的启停策略,如表 3-2 所示。为了使空气参数尽快接近设定状态,在"准稳定区域"外,各类空调设备一旦开启,就应该全功率投入。

恒温恒湿机组工作环境参数　　　　　　　　　　　表 3-2

分区编号	加热器启停状态	加湿器启停状态	冷机启停状态
Ⅰ	1	0	0
Ⅱ	0	1	0
Ⅲ	0	0	1
Ⅳ	0	0	1
Ⅴ	0	1	1
Ⅵ	1	1	0

注:表中"1"表示相应设备开启,"0"表示相应设备关闭。"加热器启停"状态表示所有加热器同时启停的状态。

在温度设定值22℃，相对湿度设定值60%的目标下，按照图3-27所示的分区图，若取 $t_1=22.5℃$，$t_2=21.5℃$，$d_1=10g/kg.air$，$d_2=9.5g/kg.air$ 之间的区域为"准稳定区域"，以工况6为例，经过仿真模拟运行可以看到室内环境参数变化如图3-29（a）所示，空气参数在图3-27所示分区间的变化见图3-29（b）；若取 $t_1=27℃$，$t_2=17℃$，$d_1=13.2g/kg.air$，$d_2=6.54g/kg.air$，以相同的初始状态，模拟运行的结果见图3-29（c）、（d）。

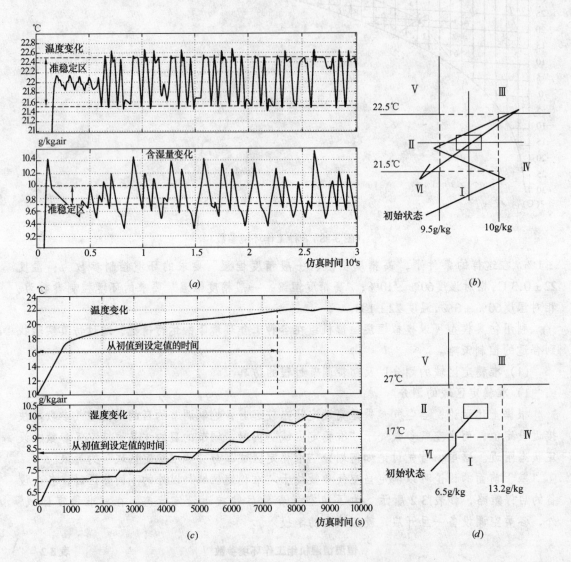

图3-29 准稳定区域大小不同对控制结果的影响

对比上述运行结果可以看到准稳定区域的大小将直接影响控制效果：当准稳定区域较小时，空气参数能够较快接近设定值，但是空气参数将总是"穿越"准稳定区域，在准稳定区域以外跳动。于是控制器将总是执行"非准稳定区域"的控制程序，无法实现将空气参数维持在"准稳定区域"的目标，准稳定区域的划分没有起到任何作用。当准稳定区域过大时，空气参数很快进入准稳定区域，但在准稳定区域内，由于各个空气设备不是全功率投入，到达设定值状态的时间会很长。利用仿真模型经过多次"试算"，可以在上述两种情况之间找到平衡，既使空气参数维持在准稳定区域内，又避免过长的过渡时间。经过针对各种工况的多次试算，在下面的模拟实验中，我们取温度设定值为 ±3℃，即 $t_1 = 25℃$，$t_2 = 19℃$，以及含湿量设定值在 ±3g/kg.air 左右，即 $d_1 = 12$g/kg.air，$d_2 = 7$g/kg.air 之间的区域为准稳定区域。

2) 准稳定区域外分区的界限

为了避免由于室内状态在 t_1、d_1、t_2、d_2 线上频繁穿越而造成冷机、加湿器以及加热器的频繁启停，准稳定区外各分区的界限不是一条等温或等湿线，而应是一个等温或等湿"带"。

为了避免冷机的频繁启停，首先考虑室内状态由V区穿越到Ⅱ区的情况。当温度大于设定值时，如果停止冷机，温度可能上升而远离设定值温度。这样当进入准稳定区域后，仍将开启冷机抵消这部分温升。因此可以将 t_{set} 所在的等温线作为由V区穿越到Ⅱ区后停止冷机的界限，而将 t_1 线作为从Ⅱ区进入V区开启冷机的界限。当室内状态由Ⅳ区进入Ⅰ区时，如果含湿量大于设定值而停止冷机，在进入准稳定区后，为了使湿度达到要求，还可能需要重开冷机除湿。因此，可以将 d_{set} 线作为由Ⅳ区进入Ⅰ区停止冷机的界限，而将 d_1 作为由Ⅰ区进入Ⅳ区开启冷机的界限。

为了避免加热器设备的频繁启停，考虑Ⅱ区和Ⅵ区的边界，在Ⅵ区需要加热而在Ⅱ区只需要加湿。当室内状态由Ⅳ区穿越到Ⅱ区，而室内温度小于设定值时，如果停止加热，当进入准稳定区域后，还将重新开启加热器。因此，可以用 t_{set} 等温线作为由Ⅵ区进入Ⅱ区停止加热器的界限，而将 t_2 线作为从Ⅱ区进入Ⅵ区开启加热器的界限。同样，可以将Ⅲ、Ⅳ区的边界稍作调整，将 t_{set} 作为由Ⅲ区进入Ⅳ区开启加热器的边界，而将 t_2 线作为由Ⅳ区进入Ⅲ区关闭加热器的边界。

为了避免加湿器的频繁启停，考虑V区和Ⅲ区、Ⅵ区和Ⅰ区的边界，可以将 d_{set} 线作为从V区进入Ⅲ区或从Ⅵ区进入Ⅰ区停止加湿器的界限，而用 d_2 作为从Ⅲ区进入V区或从Ⅰ区进入Ⅵ区开启加湿器的界限。

根据上面的分析，冷机、加湿器以及加热器的启停策略可以用图3-30表示出来。利用仿真模型，将室内初始状态设定在不同的分区，可以验证上述分区方式。

(2) 准稳定区域内的调节策略

当空气状态处于准稳定区域后，控制调节的目标是使空气状态尽可能保持在要求的状态。准稳定区域内的控制调节需要完成两个任务：首先，由于室内产热、产湿量的存在，进入准稳定区域后仍然需要持续对室内空气加热（降温）或加湿（除湿），才能维持室内空气状态在准稳定区域内；其次，室内产热、产湿量的波动可能会引起室内空气状态的波动，控制调节的另一个任务是消除空气状态的波动，维持室内状态在设定值。

恒温恒湿机组中冷机和加湿器的调节性能较差，而加热器有良好的调节性能。为了实现上述两个任务，可以用冷机、加湿器以及较大功率的加热器来满足室内产热产湿量的要求，持续对室内供热（供冷）、加湿（除湿），维持室内空气状态在设定点附近；在此基础上，用调节性能好的小功率加热器来抵消空气状态的波动，控制室内状态达到设定要求。基于这样的思路，下面分别讨论如何实现这两个控制任务。

1) 维持室内状态

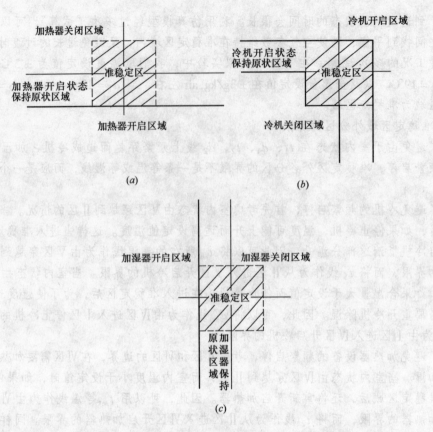

图 3-30 室内空气状态分区图
(a) 加热器启停策略; (b) 冷机启停策略; (c) 加湿器启停策略

如果能够估算出室内的产热产湿量,就可以投入相应的加热(制冷)、加湿(除湿)量,以维持室内状态不变。室内产热、产湿量通常是连续变化的,因此还需要空调设备有连续调节的能力。然而在本例的恒温恒湿机组中,能够直接测量的参数只有室内温度和湿度,冷机、加湿器以及加热器都只能通断控制。于是,为了实现"维持室内状态"的调节任务就需要解决以下两个问题:

——如何利用只能通断调节的设备,近似地实现连续的调节;

——如何根据测量到的室内温、湿度来判断室内需要的加热(制冷)、加湿(除湿)量。

对于第一个问题,可以通过改变设备的"启停比"来近似的实现连续调节。所谓"启停比"即在一定的周期内设备开启时间占周期的比例。以加热器为例,若在周期 τ 内,只有 $x\tau$ ($0 \leqslant x \leqslant 1$) 的时间内开启功率为 Q 的加热器,那么可以认为在这段时间内室内空气得到的热量与在启停周期内始终开启功率为 xQ 的加热器得到的热量相同。于是,以不同"启停比"来控制加热器、加湿器或冷机,就可以近似的得到不同供热(制冷)、加湿(除湿)能力的设备,从而用通断调节设备近似的实现连续调节。

那么如何来确定各个设备的启停周期呢?利用仿真模型,可以观察到冷机、加热器、加湿器作用于空调房间的调节效果。改动仿真模型,去除房间的产热、产湿量,使没有空调作用的情况下室内状态始终恒定在 22℃、60%。5kW 的电加热器和冷机、加湿器和冷机在30分钟时间内交替启停（即冷机开启15分钟后停机，同时开启加热器和加湿器。再过15分钟后关闭加热器和加湿器，同时重新开启冷机），可以观察到室内空气参数变化，如图3-31所示。

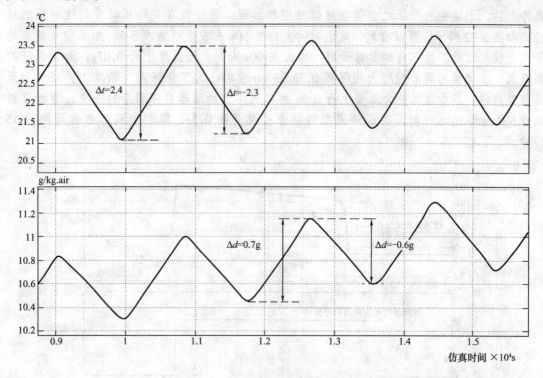

图 3-31 室内空气参数变化

各空调设备单独连续工作15分钟对室内空气参数的改变　　　　　　表 3-3

空调设备	温　度	等效加热能力或制冷量	湿　度	对应加湿能力
1.25kW 加热器	+0.6℃	1.25kW	0	0
2.5kW 加热器	+1.2℃	2.5kW	0	0
5kW 加热器	+2.4℃	5kW	0	0
冷机	−2.3℃	−4.5kW	−0.6g	−2.4g/h
加湿器	0	0	0.7g	2.8g/h

根据上述模拟运行结果，可以将在15分钟的时间内各空调设备改变室内参数的能力整理成表3-3。

根据图3-31以及表3-3，如果只有1.25kW加热器以50%的启停比工作5分钟，房间温度上升0.1℃，也就是说当加热器启停周期小于等于5分钟时，加热器对室温的调节精度小于0.1℃。基于调节精度的需要，并尽量避免加热器频繁启停，我们以5分钟作为加热器启停周期。

根据图3-31所示的模拟结果，如果只有冷机开启，5分钟内房间温度降低0.7℃。考虑到冷机开启后5分钟内不允许关，停机后5分钟内不允许关闭的限制，这也就是冷机调节室温的最高精度。冷机的启停周期较小可能导致冷机频繁启停，冷机启停周期较大则可能在局部时段内给房间带来过多的制冷量,而进一步降低冷机对温度的调节性能。经过对各个工况的试算,我们取冷机的启停周期为1800s,即半小时。

加湿器的电加热器开启后,水温升高到一定温度后才能对空气加湿;同样,当电加热器停止后,水温在未降低之前仍会继续对空气加湿。通过仿真实验可以看到这一延迟过程,如图3-32所示。可以看到,延迟时间大约在90s左右。根据表3-3,如果空气状态处于设定状态附近,且只有加湿器开启,那么在90s内,空气湿度上升0.07g。为了保证控制需求,含湿量的调节精度大约需要0.3g/kg.air左右。为了保证调节精度,并避免加湿器频繁启停,以加湿器使含湿量上升0.3g的时间作为加湿器启停周期的一半,使加湿器以0.5的启停比运行时,在启停周期内使含湿量升高0.3g,即取加湿器启停周期为15分钟。

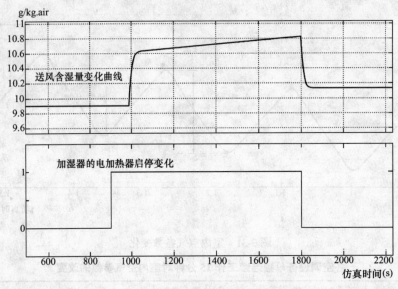

图3-32 加湿器启停延迟

为维持室内状态在设定状态,第二个需要解决的问题是如何根据室内温湿度判断房间需要的加热(制冷)、加湿(除湿)量。

我们可以定时测量房间温湿度参数,判断温湿度变化的快慢,从而修正空调设备的工作状态。为此,首先要确定修正设备工作状态的周期,也就是控制策略执行的周期。此周期过长,当空调设备提供的加热(制冷)、加湿(除湿)量不满足房间需求时,空气参数可能严重偏离设定状态;此周期过短,由于房间惯性的影响,空调设备运行状态的改变可能尚未对空气参数造成影响就被改变为新的运行状态,也难以得到好的控制效果。考虑上两个因素,经过仿真试算,取此周期为15分钟。

其次,再讨论如何根据温湿度状态与温湿度变化快慢,确定对房间加热(制冷)、加湿(除湿)量的修正。利用图3-31的实验结果以及进一步仿真试验,可以确定加热(制冷)量修正值与当前温度和设定值的差,以及与温度变化快慢的关系,如表3-4所示。同样,也可将加湿量的修正值、含湿量与设定值的差,以及含湿量变化值的关系整理成表3-5。将加热(制冷)、加湿(除湿)量的修正分别与上一次计算得到的加热(制冷)、加湿(除湿)量相加,就得到修正后的房间加热(制冷)、加湿(除湿)量需求。

温度、温度变化与加热量变化的对应关系 表 3-4

ΔQ (kW)	$t < t_{set} - 1$ (℃)	$t_{set} - 1 \leqslant$ $t < t_{set} - 0.3$ (℃)	$t_{set} - 0.3 \leqslant$ $t \leqslant t_{set} + 0.3$ (℃)	$t_{set} + 0.3 <$ $t \leqslant t_{set} + 1$ (℃)	$t > t_{set} + 1$ (℃)
$\Delta t > 0.6$ (℃)	0	0	-4	-1	-2.5
$0.3 < \Delta t \leqslant 0.6$ (℃)	+2	0	-0.2	-0.6	-2.5
$-0.3 \leqslant \Delta t \leqslant 0.3$ (℃)	+2	+0.6	0	-0.6	-1
$-0.6 \leqslant \Delta t < -0.3$ (℃)	+2.5	+1	+0.3	0	-1
$\Delta t < -0.6$ (℃)	+3.2	+1.8	+1.2	+1.8	0

含湿量、含湿量变化与加湿量变化的对应关系 表 3-5

ΔW (g/h)	$d < d_{set} - 0.6$ (g/kg)	$d_{set} - 0.6 \leqslant$ $d < d_{set} - 0.3$ (g/kg)	$d_{set} - 0.3 \leqslant$ $d \leqslant d_{set} + 0.3$ (g/kg)	$d_{set} + 0.3 <$ $d \leqslant d_{set} + 0.6$ (g/kg)	$d > d_{set} + 0.6$ (g/kg)
$\Delta d > 0.6$ (g/kg)	0	0	-0.2	-3.4	-4.4
$0.6 < \Delta d \leqslant 0.3$ (g/kg)	+1.6	0	-1.2	-0.6	-1.2
$-0.3 \leqslant \Delta d \leqslant 0.3$ (g/kg)	+1.6	+0.5	0	0	0
$-0.6 \leqslant \Delta d < -0.3$ (g/kg)	+2.6	+2	+1.2	0	0
$\Delta d < -0.6$ (g/kg)	+4	+3.4	+2.4	0	1.5

根据图 3-31 所示的实验结果，可以粗略地估算出各空气处理设备等效的加热（制冷）能力以及加湿（除湿）能力，见表 3-3。在此基础上可以估计出当冷机和各个加热器分别采取不同的"启停比"时恒温恒湿机组向空调房间的供热（制冷）量，如表 3-6 所示，以及冷机和加湿器分别采取不同的"启停比"时向房间的加湿（除湿）量见表 3-7。

供热（制冷）功率与冷机、加热器启停比对应关系 表 3-6

加热（制冷）功率（kW）	< -5	-5~-4	-4~-3	-3~-2	-2~-1	-1~0	0~1.25	1.25~2.5	2.5~3.75	3.75~5
冷机启停比	1	1	0.8	0.6	0.4	0.2	0	0	0	0
1.25kW 加热器启停比	0	0	0	0	0	0	0	0~1	0~1	0~1
2.5kW 加热器启停比	0	0	0	0	0	0	0	0	0.5	1
5kW 加热器启停比	0	0	0	0	0	0	0	0	0	0

注：表中，0~1 或 0~0.8 表示加热器可能的启停比范围。

加湿（除湿）能力与冷机、加湿器启停比对应关系 表 3-7

加湿（除湿）能力（g/h）	< -2.4	-1.9	-1.4	-1	-0.5	0	0.6	1.2	1.8	2.4
冷机启停比	1	0.8	0.6	0.4	0.2	0	0	0	0	0
加湿器启停比	0	0	0	0	0	0	0.2	0.4	0.6	0.8

当根据室内温湿度状态，以及温湿度变化快慢，确定了加热（制冷）、加湿（除湿）量后，可以对照表 3-6、表 3-7 得到加热器、加湿器以及冷机的启停比。

此外，根据制冷量对冷机启停比的需求与根据除湿量对冷机启停比的需求可能不相等。为了保证制冷量或除湿量，冷机应该按照较大的启停比运行。

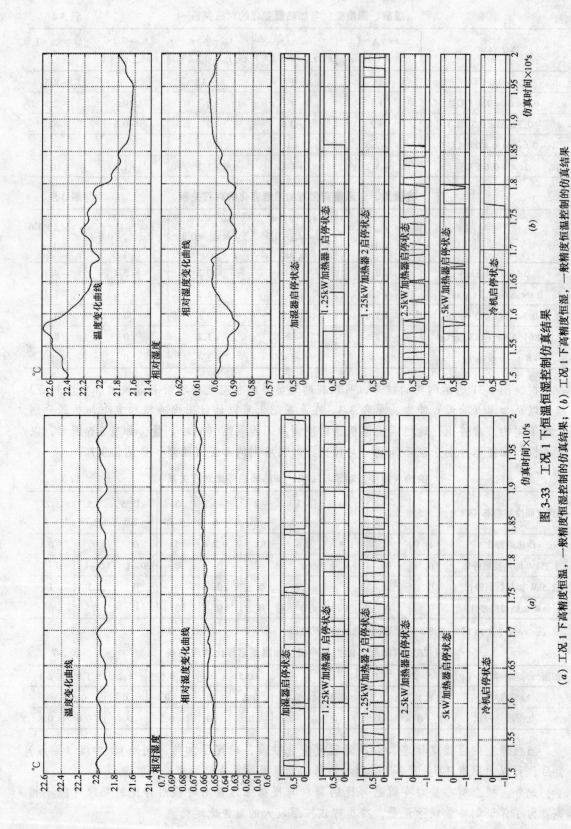

图 3-33 工况 1 下恒温恒湿控制仿真结果

(a) 工况 1 下高精度恒温、一般精度恒湿控制的仿真结果；(b) 工况 1 下高精度恒湿、一般精度恒温控制的仿真结果

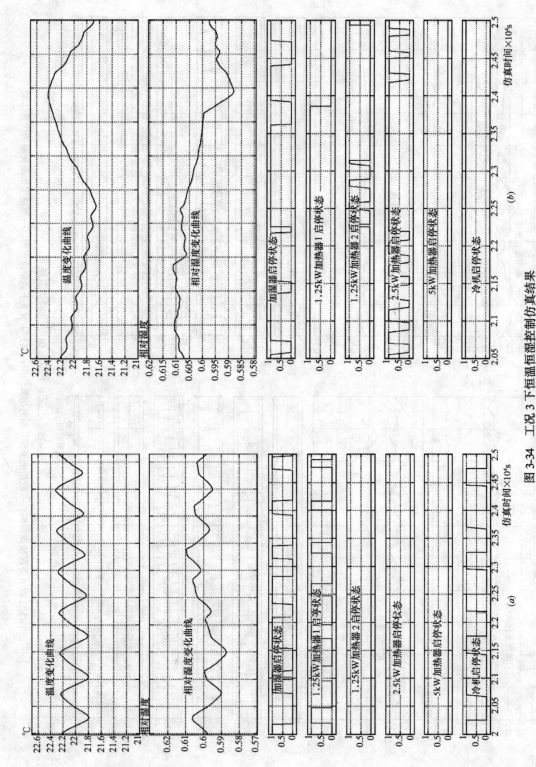

图 3-34 工况 3 下恒温恒湿控制仿真结果

(a) 工况 3 下高精度恒温、一般精度恒湿控制的仿真结果；(b) 工况 3 下恒温恒湿、一般精度恒温控制的仿真结果

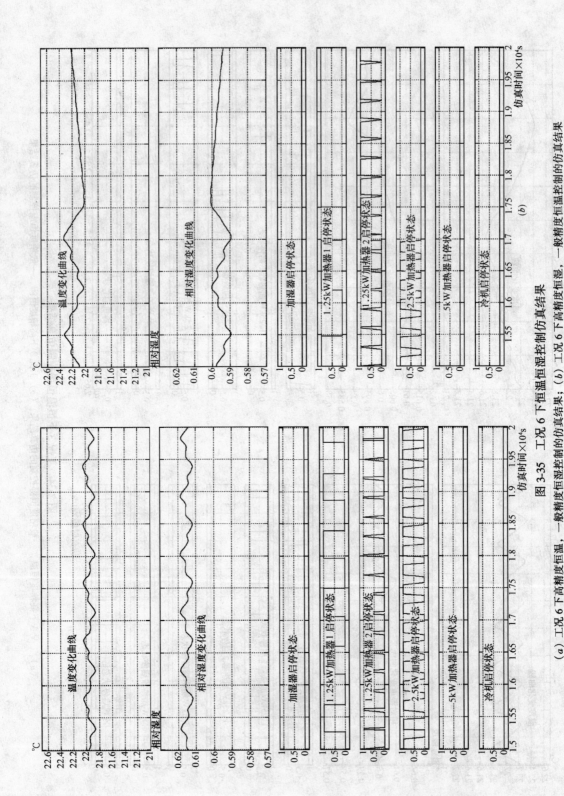

图 3-35 工况 6 下恒温恒湿控制仿真结果

(a) 工况 6 下高精度恒温、一般精度恒湿控制的仿真结果；(b) 工况 6 下高精度恒湿、一般精度恒温控制的仿真结果

2）消除波动

在室内空气参数已经被维持在设定值附近的基础上，可以采用一小功率加热器来消除波动实现高精度的恒温或恒湿控制。

开启小功率加热器会增加供热量。若其他设备已将空气状态维持在设定值，开启小功率加热器可能导致室内温度高于设定值，因此可以适当降低表3-4中加热器的启停比，或增加冷机的启停比。

室内空气参数控制可能要求"高精度恒温、一般精度恒湿"，或是"高精度恒湿、一般精度恒温"。若要实现高精度的恒温控制，则应该根据室内温度调节加热器。若要实现高精度恒湿控制，则应该根据室内相对湿度调节加热器：若相对湿度大于设定值，则开启加热器，相对湿度会相应降低；若相对湿度小于设定值，则关闭加热器，室内温度会相应下降，相对湿度升高。通过仿真模拟实验，可以试验不同的通断控制回差，使之既满足各种工况恒温或恒湿控制的要求，又尽量降低加热器的启停频率。在高精度恒温控制时，取温度回差为 ± 0.1℃；在高精度恒湿控制时，取相对湿度回差为59%~60%。图3-33、图3-34、图3-35分别为在1、3、6工况下的控制仿真结果。

本 章 小 结

本章通过介绍恒温恒湿空调机组的控制装置，希望能掌握如下知识：

1. 基于单片机的控制器的基本原理，包括接口电路、主要功能、软件结构等，可以使用简单的单片机控制器设计建筑设备的控制装置；
2. 初步掌握各类常用的传感器的原理，选择原则，连接和使用方式；
3. 初步掌握各类常见的末端设备的控制调节方式，包括接口电路、驱动方式、状态监测和安全保护；
4. 初步掌握基于通断调节的温湿度控制装置的控制调节方法；
5. 初步尝试通过仿真试验手段并能利用这一手段研究控制调节过程。

第4章 散热器实验台的控制系统

本章要点：对于可连续调节的闭环调节系统，其动态调节过程是怎样随调节器参数变换的。什么是闭环调节系统的稳定性，为什么闭环调节系统会出现不稳定现象。通过本章的学习，还要求了解 PID 调节器的基本知识和整定方法。

上一章的仿真实验表明，如果被控装置的容量能够连续调节，例如恒温恒湿空调器中的电加热器，不同的调节算法可能导致完全不同的调节结果。怎样根据被调节参数的变化，科学地改变调节控制装置的输出以克服各种外界因素的干扰所导致的被调节参数的变化，使其维持于工程所要求的恒定状态，这是控制调节领域必须解决的一个基本问题，也是这一领域多年来研究发展的重要方向。本章通过采暖散热器性能实验台中控制调节回路的调节算法的讨论，与读者一起探讨这一问题，并对目前单回路连续调节的常见控制调节方法作初步介绍。

4.1 采暖散热器性能实验台

图 4-1 是 ISO 国际标准的采暖用散热器热工性能实验台原理。

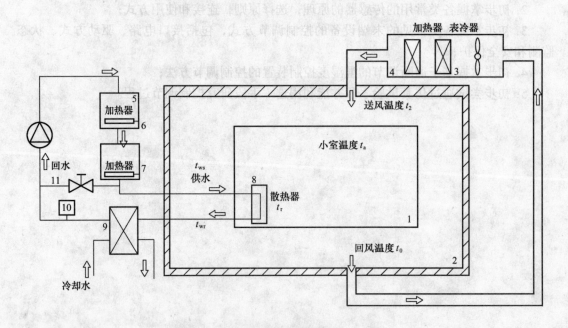

图 4-1 散热器热工性能实验台原理图

散热器置于一个与标准房间同尺寸的金属箱 1 中，金属箱 1 又设置在金属箱 2 中。通过向两个金属箱间的夹层中通风换气，控制金属箱 1 中的空气温度恒定于测定要求的温度。根据标准，其温度波动应不大于±0.1℃。为此，从夹层流出的空气先经过制冷机的蒸发器3降温，再通过电加热器4调温，然后送入夹层。这样，金属箱1恒温的实现是依靠对电加热器4的调节来实现。被测的散热器要通入要求的恒定温度的热水，然后测量其散热量。水箱5中设有前置预加热器6，通过控制使其维持于恒定温度，水从管道通过加热器7加热，使其温度控制在设定值的±0.1℃，然后进入被测的散热器8，散热后经换热器9降温后，经流量计10测出流量，然后回水箱。为了便于流量的调节，另有旁通管11分流一部分水直接返回水箱，调节阀通过调节两路水量之比来保证通过散热器的流量。这个实验装置的关键是提供高精度的恒温空间，即金属箱1内的测试空间以及高精度的控制进入待测散热器中的水的温度。根据测试标准，要测出散热器在不同的流量下，在从95℃到50℃的多种供水温度下的散热能力。这样，当完成一个工况的测量后，怎样能够通过控制系统的调节，迅速进入另一个新的工况，又成为提高散热器性能实验台工作效率的关键。在早期的清华大学散热器实验台，从一种稳定工况调整到另一个稳定工况一般需要4h，作一组全工况实验需要24h，经过精心调整后，工况稳定时间从4h降到2h，测试效率增加一倍，每台散热器测试耗电量也降到了一半。这就是优良的控制方法对实验可靠性的保证，对工作效率的提高以及对运行能耗的节约。

本章先分别讨论单一的闭环控制系统，然后对整个实验系统的各个控制环节进行仿真实验，研究系统真实工况下的控制调节特性。

4.2 比例调节器的调节特性

简单起见，先回到第2章所讨论过的集总参数的水箱的温度控制。仍忽略水温的分层现象、电加热器与水之间的温差和温度传感器的惯性，这时水温的变化可描述为：

$$C\frac{\mathrm{d}t}{\mathrm{d}\tau} = U_0(t_0 - t) + Q$$

可写作：
$$T_\mathrm{W}\frac{\mathrm{d}t}{\mathrm{d}\tau} = t_0 - t + Q/U_0$$

其中 $T_\mathrm{W} = C/U_0$，是水箱的时间常数。此问题的初值为：

$$\tau = 0, \quad t = t(0)$$

Q 为常数，一直投入时的解称系统的开环解：

$$t = t(0)e^{-\frac{\tau}{T_\mathrm{W}}} + \left(1 - e^{-\frac{\tau}{T_\mathrm{W}}}\right)\left(t_0 + \frac{Q}{U_0}\right) \tag{4-1}$$

图4-2为根据此解得到的水箱温度的上升过程。这一过程还可以通过拉氏变换得到。可以有图4-3那样的系统传递函数图，其对应的解为：

$$t = \left(t_0(s) + \frac{Q(s)}{U_0} + t(0)\right)\frac{1}{T_\mathrm{W}s + 1} \tag{4-2}$$

其中 $t_0(s), Q(s)$ 是拉氏变换后在 s 域下的函数，$t(0)$ 是水温的初值。根据拉氏反变换公式，如果在 s 域中 $F(s) = G(s)W(s)$，则可得到 $F(s)$ 在时域下的反变换 $f(\tau)$ 为

$$f(\tau) = \int_0^\tau g(\xi)w(\tau - \xi)\mathrm{d}\xi$$

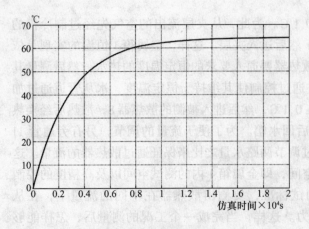

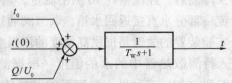

图 4-2 水箱温度上升过程曲线　　　　　图 4-3 传递函数

其中，$w(\tau)$ 为 $W(s)$ 在时域下的反变换，$g(\tau)$ 为 $G(s)$ 在时域下的反变换。根据拉氏反变换公式，可得到 $1/(Ts+1)$ 的反变换为：

$$\frac{1}{Ts+1} \rightarrow \frac{1}{T}e^{-\frac{\tau}{T}} \tag{4-3}$$

因此，由式（4-2）通过反变换可得到水的升温过程为：

$$t(\tau) = \int_0^\tau \left(t_0(\xi) + \frac{Q(\xi)}{U_0} + T_W\delta(t(0))\right)\frac{1}{T_W}e^{-\frac{\tau-\xi}{T_W}}d\xi \tag{4-4}$$

式中 $\delta(t(0))$ 是狄拉克函数，是作为常数的初值经过拉氏反变换后的结果。它与另一个函数的乘积对时间的积分等于这个函数在初值时刻的数值。当周边环境温度 t_0，加热量 Q 都为常量时，上面的积分结果为：

$$t(\tau) = \left(t_0 + \frac{Q}{U_0}\right)\left(1 - e^{-\frac{\tau}{T_W}}\right) + t(0)e^{-\frac{\tau}{T_W}} \tag{4-5}$$

这就得到了和式（4-1）完全相同的结果。

现在来看，当 Q 不是常数，而是根据水箱温度和设定值之差变化，见式（4-6）

$$Q(\tau) = -K_Q(t(\tau) - t_{\text{set}}) \tag{4-6}$$

这样水箱温度似乎能够得到较好的控制，式（4-6）中，K_Q 为投入加热量关于温差的系数。这时加热量根据被控参数与被控参数的设定值之差变化，而不再是常数，一般称这样的控制为闭环反馈控制。由于式（4-5）中控制器输出的加热量值与水温的偏差成比例变化，所以称比例调节。图 4-4 为加入反馈后的传递函数框图。在图中为了简单起见略去了初值的影响，这可以看成经过了很长的时间，初值影响已经消失时的情景，这时 $\tau \rightarrow \infty$，$t(0)e^{-\frac{\tau}{T_W}} \rightarrow 0$。

由图 4-4 可以直接写出拉氏变换下水温在比例调节时的变化：

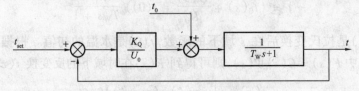

图 4-4 加入反馈后的水箱系统传递函数

$$t = \left((t_{set} - t)K_Q \frac{1}{U_0} + t_0\right)\frac{1}{T_W s + 1}$$

可以解出水温 t 为：

$$t(s) = \frac{1}{T_W s + \frac{K_Q}{U_0} + 1}\left(t_0 + \frac{K_Q}{U_0}t_{set}\right) \tag{4-7}$$

取 $K = K_Q/U_0$，为比例调节的比例系数，无因次。这相当于用使水箱温度能够升高 1℃ 所需要的热量为加热量的度量单位。如果环境温度 t_0 不随时间变化，可取其为参考温度，则

$$t(s) - t_0 = \frac{K}{T_W s + K + 1}(t_{set} - t_0) = \frac{K}{K+1}\frac{1}{\frac{T_W s}{K+1} + 1}(t_{set} - t_0) \tag{4-8}$$

从上式可以看到如下现象：

(1) 与开环的加热过程式 (4-2) 比较，可以看出采用了比例调节器后，仍然是一个同样的升温过程。只是式 (4-2) 中的稳定值为 Q/U_0，而这时的稳定值成为 $\frac{K}{K+1}(t_{set} - t_0)$；并且原来的时间常数为 T_W，而现在成为 $T_W/(K+1)$。

(2) 当时间无穷长以后，$\tau \to \infty$，即 $s \to 0$，有 $t - t_0 \to \frac{K}{K+1}(t_{set} - t_0)$。这就是说，水温最终并不能控制到设定值 t_{set}，而是差 $1/(K+1)$ 倍于 $(t_{set} - t_0)$。一般称这一极限偏差为"静差"，是调节器最终稳定后，被调对象与设定值之间仍然存在的差。根据比例调节公式 (4-6)，当水温与设定值没有温差时，加热量也就成为零。要维持一定的加热量以维持水箱温度，必须有一定的温度偏差。此偏差随比例系数 K 的增加而减少，当 $K \to \infty$，偏差趋于零。

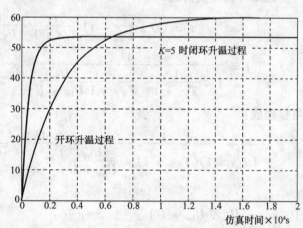

图 4-5 开环、闭环升温过程比较

(3) 时间常数由 T_W 减小到 $T_W/(K+1)$；这表明升温过程加快。只需要使原来的 $1/(K+1)$ 的时间，就可以使系统达到稳定。图 4-5 同时给出了开环升温过程和 $K=5$ 时的闭环升温过程。图中的温标采用以初值与稳定温度之差度量的相对温标。

(4) 由式 (4-7) 还可以得知，

$$t(s) = \frac{1}{T_W s + K + 1}(t_0 + Kt_{set})$$

这就表明，外环境温度变化对水温的影响仅为设定值对水温影响的 $1/K$。只要 K 大于 1，则设定值对水温的影响就大于环境温度的影响。K 越大，设定值的影响就越大，这就是闭环控制的作用。它使得系统的状态更依赖于设定参数，而较少地受外界扰量的影

响。这是为什么能够通过闭环控制克服各种扰量，使系统状态维持于设定状态的原因。

然而，闭环控制仅只这样一些内容吗？我们对被控对象作了许多简化和近似，这些简化和近似是否会丢失某些因素的影响，使调节过程产生质的变化？采取一些简化，是为了抓住主要规律，更清楚地看到事物的本质。如果由于简化丢掉了某些重要现象，就应该试着把模型再细化些，以找回一些丢掉的现象。

先看一种简单的情景，认为加热器温度不等于水温，把加热器的热惯性考虑进去：

$$c_h \frac{dt_h}{d\tau} = U_{hw}(t - t_h) + Q$$

$$c \frac{dt}{d\tau} = U(t_0 - t) + U_{hw}(t_h - t)$$
(4-9)

采用拉氏变换，同时不考虑初值的影响，引入时间常数 $T_w = c/(U + U_{hw})$，$T_h = c_h/U_{hw}$，并对所有的温度进行坐标平移变换，令 $t_0 = 0$，可以直接得到系统开环的传递函数框图，如图4-6所示。

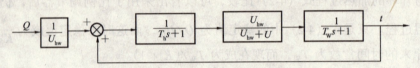

图4-6 考虑加热器热惯性后的开环传递函数框图

由该图可以直接得到：

$$t = \left(Q \cdot \frac{1}{U_{hw}} + t\right) \frac{1}{T_h s + 1} \cdot \frac{U_{hw}}{U_{hw} + U} \cdot \frac{1}{T_w s + 1}$$

$$t = \frac{1}{1 - \frac{1}{T_h s + 1} \cdot \frac{1}{T_w s + 1} \cdot \frac{U_{hw}}{U_{hw} + U}} \cdot \frac{Q}{U_{hw} + U} \cdot \frac{1}{T_h s + 1} \cdot \frac{1}{T_w s + 1}$$
(4-10)

又可整理成：

$$t = \frac{1}{(T_h s + 1)(T_w s + 1) - \frac{U_{hw}}{U_{hw} + U}} \frac{Q}{U_{hw} + U} = \frac{Q}{U} \cdot \frac{1}{\frac{T_h T_w}{1 - k_{hw}} s^2 + \frac{T_h + T_w}{1 - k_{hw}} s + 1}$$
(4-11)

式中，$k_{hw} = U_{hw}/(U_{hw} + U)$。

我们现在通过作拉氏反变化，试图得到时域下式（4-11）所描述的开环过程。为此，设法通过分解部分分式的方法把式（4-11）带有 s 的传递函数分解成分母只有 s 的一次项的部分分式。其分母所对应的关于 s 的二次方程的根为：

$$s_0 = \frac{-(T_h + T_w) \pm \sqrt{(T_h + T_w)^2 - 4T_h T_w (1 - k_{hw})}}{2T_h T_w}$$

$$= -\frac{T_h + T_w}{2T_h T_w} \pm \sqrt{\left(\frac{T_h + T_w}{2T_h T_w}\right)^2 - \frac{1 - k_{hw}}{T_h T_w}}$$

令

$$\omega = \sqrt{\frac{1 - k_{hw}}{T_h T_w}}, \quad \xi = \frac{T_h + T_w}{2\sqrt{T_h T_w}\sqrt{1 - k_{hw}}}$$
(4-12)

其中 ω 的量纲为时间的倒数，ξ 无量纲。则式 (4-11) 的分母关于 s 的二次方程的根 s_0 为：

$$s_0 = -\omega\xi \pm \omega\sqrt{\xi^2 - 1} \tag{4-13}$$

利用式 (4-13) 可以把式 (4-11) 的解分解成部分分式：

$$t = \left(\frac{1}{s + \omega\xi - \omega\sqrt{\xi^2 - 1}} - \frac{1}{s + \omega\xi + \omega\sqrt{\xi^2 - 1}} \right) \frac{Q}{U} \frac{\omega}{2\sqrt{\xi^2 - 1}} \tag{4-14}$$

这样利用前面的反变换公式，就可以得到当加热量 Q 为常数时的开环过程：

$$t = \frac{Q}{U} \left[\frac{\xi + \sqrt{\xi^2 - 1}}{2\sqrt{\xi^2 - 1}} (1 - e^{-\omega\xi\tau + \omega\tau\sqrt{\xi^2 - 1}}) - \frac{\xi - \sqrt{\xi^2 - 1}}{2\sqrt{\xi^2 - 1}} (1 - e^{-\omega\xi\tau - \omega\tau\sqrt{\xi^2 - 1}}) \right] \tag{4-15}$$

于是，有

$$t = \frac{Q}{U} \left\{ 1 + \frac{e^{-\omega\xi\tau}}{2\sqrt{\xi^2 - 1}} \left[(\xi - \sqrt{\xi^2 - 1})e^{-\omega\tau\sqrt{\xi^2 - 1}} - (\xi + \sqrt{\xi^2 - 1})e^{\omega\tau\sqrt{\xi^2 - 1}} \right] \right\} \tag{4-16}$$

因为

$$\xi = \frac{T_h + T_W}{2\sqrt{T_h T_W}} \frac{1}{\sqrt{1 - k_{hw}}}, \quad 0 < k_{hw} = U_{hw}/(U_{hw} + U) < 1, \quad \frac{T_h + T_W}{2\sqrt{T_h T_W}} > 1$$

所以 $\xi > 1$，这样，$\xi^2 - 1 > 0$，式 (4-16) 给出的升温过程仍是一个渐进的升温过程，与前面的简化解式 (4-5) 没有什么本质区别。

现在来看闭环控制过程。取 $Q = K_Q(t_{set} - t)$ 带入，闭环传递函数成为：

$$t = \frac{K_Q f(s)}{1 + K_Q f(s)} t_{set}$$

其中 $f(s)$ 为原来开环的传递函数。这样整理后可得到：

$$t = t_{set} \frac{K_Q/(U_{hw} + U)}{(T_h s + 1)(T_W s + 1) - k_{hw} + \frac{K_Q}{U_{hw} + U}}$$

注意到 $(1 - k_{hw})(U_{hw} + U) = U$，有

$$t = t_{set} \frac{K}{1 + K} \cdot \frac{1}{\frac{T_h T_W}{k_{hQ}} s^2 + \frac{T_h + T_W}{k_{hQ}} s + 1} \tag{4-17}$$

其中

$$K = K_Q/U$$

$$k_{hQ} = 1 - k_{hw} + \frac{K_Q}{U_{hw} + U} = \frac{U + K_Q}{U_{hw} + U} = \frac{1 + K}{U_{hw}/U + 1}$$

比较式 (4-17) 和开环时的解式 (4-11) 比较，可以看出，

(1) 只是由 $t_{set}K/(1 + K)$ 替代了原来的 Q/U，这就是稳定后的水温不再由加热量 Q 和散热系数 U 决定，而主要是由设定值 t_{set} 决定，K 越大，稳定值越接近 t_{set}。这与原来集总温度模型时得到的解所反映的现象完全一致。

(2) 开环解中的 $1 - k_{hw}$ 被换为闭环解的 k_{hQ}。这二者的区别是：

$$k_{hQ} = 1 - k_{hw} + \frac{K_Q}{U_{hw} + U} = (1 - k_{hw})(1 + K) \tag{4-18}$$

这就使得原来开环式中 $1-k_{hw}$ 换为闭环的 $(1-k_{hw})(1+K)$,其放大倍数可以根据比例放大倍数自行调整。这时的 ω、ξ 分别成为:

$$\omega = \sqrt{\frac{(1-k_{hw})(1+K)}{T_h T_W}}, \xi = \frac{T_h + T_W}{2\sqrt{T_h T_W}\sqrt{(1-k_{hw})(1+K)}} \tag{4-19}$$

当 K 被调大,就有可能存在 $\xi<1$,这样 $\sqrt{\xi^2-1}$ 成为虚数,这就会产生完全不一样的解,此时的解可写为:

$$t = t_{set}\frac{K}{K+1}\left\{1 + e^{-\omega\xi\tau}\left[\frac{\xi}{\sqrt{1-\xi^2}}\cdot\frac{j}{2}(e^{\omega j\tau\sqrt{1-\xi^2}} - e^{-\omega j\tau\sqrt{1-\xi^2}})\right.\right.$$
$$\left.\left. - \frac{1}{2}(e^{-\omega j\tau\sqrt{1-\xi^2}} + e^{\omega j\tau\sqrt{1-\xi^2}})\right]\right\} \tag{4-20}$$

式中的 j 为虚数单位。

这时,根据 ξ 数值的不同,存在如下四种情景:

(1) $\xi=0$:这是在 $K\to\infty$ 时的现象。此时由欧拉公式 $\frac{e^{\omega j\tau}+e^{-\omega j\tau}}{2} = \cos\omega\tau$ 有

$$t = \frac{K}{1+K}t_{set}(1-\cos\omega\tau) = t_{set}(1-\cos\omega\tau) \tag{4-21}$$

这时水温以设定值为中心,以 t_{set} 为模,以 ω 为角频率,等幅振荡。正因为此,ω 称为系统的固有频率。

(2) $0<\xi<1$ 时,

$$t(\tau) = t_{set}\frac{K}{K+1}\left\{1 - e^{-\omega\xi\tau}\left[\frac{\xi}{\sqrt{1-\xi^2}}\sin(\tau\omega\sqrt{1-\xi^2})\right.\right.$$
$$\left.\left. + \cos(\tau\omega\sqrt{1-\xi^2})\right]\right\} \tag{4-22}$$

这是一个欠阻尼过程。随着时间的增长,振荡幅度逐渐减小,最终趋于稳定。衰减速度与振荡周期都与 $\omega\xi$ 有关,$\omega\xi$ 越大,衰减越快,同时振荡周期也越长。图 4-7 给出 ξ 为不同数值时,水温的变化情景。

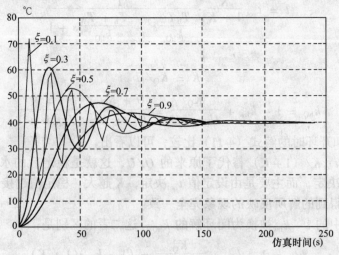

图 4-7 不同 ξ 下水温波动曲线

(3) $\xi = 1$ 时。此时需对 ξ 求导,以得到 $\xi = 1$ 时的极限:

$$t(\tau) = t_{set}\frac{K}{K+1}[1-(\omega\tau+1)e^{-\omega\tau}] \tag{4-23}$$

此时已经不再波动,而是逐渐升温,最终接近 $t_{set}K/(K+1)$。

(4) $\xi > 1$ 时。可以把解写成:

$$t(\tau) = t_{set}\frac{K}{K+1}\left[1-e^{-\omega\xi\tau}\left(\frac{\xi}{\sqrt{\xi^2-1}}\mathrm{sh}\tau\omega\sqrt{\xi^2-1}+\mathrm{ch}\tau\omega\sqrt{\xi^2-1}\right)\right] \tag{4-24}$$

这时成为过阻尼过程,其中 sh、ch 是双曲函数。

由于取消了加热器与水温间无温差的假设,开环传递函数的分母成为 s 的二次函数,才出现 s 的两个根和出现虚根时的这些现象。这样的系统称二阶系统。前面集总热容的系统,由于其传递函数为一次函数,因此称一阶系统。作为被控制对象的水箱是一个物理系统,它的性能并不因为研究者如何描述、如何简化而改变,因此其被控制被调节的性能也是不变的。对其描述的不同,导致反映出的性能的全面程度与深入程度不同。简化的结果就是保留主要的基本性能,丢失其他一些次要性能。对被控制对象描述的越全面,揭示出的性能也就越全面。下面通过进一步比较采用一阶和二阶模型得到的结果来说明这一点。

系统静差:采用反馈方式后,系统最终的稳定状态为 $t_{set}K/(K+1)$。无论是一阶还是二阶系统,此结果完全相同。反馈控制使被控制系统较少地受外界干扰因素的影响,能自动调整到设定值附近。这就是反馈控制的目的,是反馈控制最重要的性质。

调节过程:在采用一阶近似时,调节过程只能是一个阻尼过程,而当采用二阶近似后,其过程取决于系统的特征参数 ξ。

$\xi > 1$,是缓慢变化的阻尼过程;

$\xi < 1$,是欠阻尼过程,或可称为是缓慢衰减的振荡过程;并且随 ξ 减小,衰减变慢;当 $\xi < 0.2$ 以后,可以认为调节过程成为一个振荡过程。一般为了实现较好的调节效果,通过调整比例放大倍数,使 $\xi = 0.7$ 左右。

调节过程的性质是采用一阶系统近似时所不能反映出来的。只有准确地反映了加热器本身的热惯性后,才揭示了实际系统中存在的这些现象。

利用反映实际调节过程的欠阻尼振荡过程的式 (4-22),还可以得到许多描述系统调节性能的参数。

衰减速率:由于欠阻尼过程是以负指数函数规律衰减,其衰减速率与 $\omega\xi$ 成正比,而

$$\omega\xi = \sqrt{\frac{(1-k_{hw})(1+K)}{T_hT_w}} \cdot \frac{T_h+T_w}{2\sqrt{T_hT_w} \cdot \sqrt{(1-k_{hw})(1+K)}}$$

$$= \frac{T_h+T_w}{2T_hT_w} = \frac{T_h+T_w}{2\sqrt{T_hT_w}} \cdot \frac{1}{\sqrt{T_hT_w}} \tag{4-25}$$

上式中 $\sqrt{T_hT_w}$ 为等效的时间常数,这样,衰减速率就和两个惯性环节时间常数 T_h、T_w 的算术平均数与几何平均数之比有关,此比值越大,衰减越快。由于算术平均数永远大于几何平均数,只有在两个环节的时间常数相等时,二者才相等。因此,T_h、T_w 越接近,系统衰减越慢;T_h、T_w 差别越大,系统衰减越快。

超调率:在初期水温会超过设定值,这在有些场合不希望发生。为此定义超调率为(最高值 − 设定值)/设定值,即:$(t_{max}-t_{set})/t_{set}$。通过对式 (4-22) 求导,可得到在欠

阻尼振荡区的超调率为：

$$\frac{t_{\max} - t_{\text{set}}}{t_{\text{set}}} = e^{-\frac{\xi\pi}{\sqrt{1-\xi^2}}} \quad (4\text{-}26)$$

衰减比：还可以用第二个峰值与第一个峰值之比来评价阻尼振荡过程各个振荡波形间的衰减速度。可以得到这两个峰值之比为：

$$\text{峰}_2/\text{峰}_1 = e^{-\frac{2\pi\xi}{\sqrt{1-\xi^2}}} \quad (4\text{-}27)$$

上面分析的是二阶系统例子。如果再考虑传感器的惯性，就可能是三阶系统，当考虑更多的其他因素后，有可能是更高阶的系统。随着对实际系统刻画得更准确，阶数增加，前面的各项性能将直接或间接的继承，同时又会陆续反映出新的一些特征来。例如，对于二阶系统，极端情况系统发生等幅振荡，但不会发散，然而当考虑三阶系统时，在某些特定参数下，系统将有可能出现发散的现象。

当三阶系统时，传递函数的分母为 s 的三次方程。这时至少有一个实根，当出现一个正实根和一对共轭复根时，系统就将发散。这时可以理解为具有很大热惯性的温度传感器作为水箱温度的测温元件。当水温已经达到设定值时，由于大的热惯性，传感器仍然报告温度偏低，从而继续加热，直到温度很高时，传感器才能指挥控制器停止加热。但此后由于传感器和加热器的热惯性，传感器测出的温度还会不断升高，按照理想的比例控制器，控制器就会发出制冷的命令，由加热器提供"负的热量"。待传感器测出水温已经低于设定值，需要加热了，水温可能已经降到很低了。这样往复循环，水温振荡，且越来越烈。图 4-8 为采用 Simulink 仿真得到的这样的一个过程。

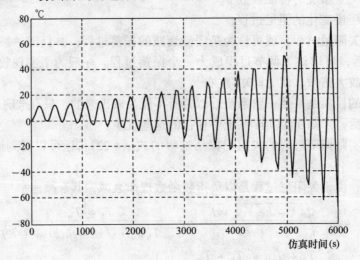

图 4-8 三阶系统发散现象示意图

真实的热力系统往往是多阶的。对于图 4-1 中散热器实验台的水系统，如果电加热器安装位置距散热器入口有一定的距离，而温度传感器安装于散热器入口时，加大电加热器加热量，温度传感器当时不可能有任何反应，必须经过一定的延迟时间 $\Delta\tau$，待水从电加热器流到散热器入口时，温度传感器才可能有反映。这种现象称作纯失滞环节。这个环节的输出与输入的关系为：

$$y(\tau) = x(\tau - \Delta\tau) \quad (4\text{-}28)$$

带动电加热器的交流接触器线包磁场的建立和触头的移动时间也都是纯失滞环节。在这一时间到来之前输出端无任何响应。

许多热力系统用一个一阶惯性环节和一个纯失滞环节来近似实际的系统，如图4-9所示。式（4-28）的延时在拉氏变换后就成为 $\exp(-\Delta\tau s)$。由于这一指数函数的有理展开为无穷项，这就意味着这将对应着高阶系统。在开环状态，由于热力系统本身固有的稳定性，其分母的根都将是负实数。但是当采用闭环反馈控制后，其闭环传递函数分母的根的分布就与调节器参数（例如比例调节器的放大倍数）有关了。因此调节器整定不当，参数选择不合适时，不仅难于得到好的控制品质，还存在振荡和发散的危险。

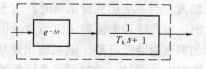

图4-9 一阶惯性环节与纯失滞环节近似实际系统

4.3 PID 调节器

上一节深入讨论了比例调节器的调节特性，主要目的是为了介绍闭环反馈调节的一些基本原理和特性，以及分析研究这些问题的一些基本方法。本节介绍在热力系统控制调节中应用最广泛的 PID 控制。这里，"P"是指前节所讨论的比例调节器，"I"指积分调节，"D"指微分调节。这些方法是在20世纪40年代陆续发展起来的。60多年来，尽管控制理论有了极大的发展，但 PID 控制仍是热力系统中最常见和应用最广泛的控制调节方式。

4.3.1 积分调节

研究比例调节器时，由于控制器的输出与系统偏差成正比，偏差为零时输出为零，而系统本身为维持稳定又必须投入，这就导致静差的出现。比例调节器的静差为 $(t_{set} - t_0)$ 的 $1/(K+1)$ 倍。尽管增大比例放大倍数可以减少静差，但 K 的增加将严重影响控制器的其他性能，甚至导致振荡。因此为了实现准确的控制，必须寻找更好的控制方法。当水温被加热到设定值时，为了维持这一水温，必须继续投入一定的热量，而当水温被冷却到设定值时，为了维持其温度，可能就需要继续制冷。尽管此时系统状态已无偏差，但系统仍需要投入，其投入量与以前的历史，即系统状态是怎样达到当前状态的这一过程有关。取当前的输出量正比于对历史上偏差的积分，就是积分调节器：

$$Q(\tau) = K_I \int_0^\tau (t_{set} - t(\xi))d\xi \tag{4-29}$$

其中 K_I 为积分放大倍数，量纲为 W/(K·s)。当在 τ 时刻系统已无偏差时，由于以往存在偏差，因此式（4-29）的积分不为零，系统仍然存在输出。根据式（4-29），积分控制器的输出量逐渐增大。在开始阶段，尽管系统偏差很大，但由于历史短，输出也小，这样就导致调节过程很缓慢。为此，积分控制很少单独使用，而是与比例调节共同使用。这样就成为如下形式：

$$Q(\tau) = K\left[t_{set} - t(\tau) + \frac{1}{T_I}\int_0^\tau (t_{set} - t(\xi))d\xi\right] \tag{4-30}$$

式中的 T_I 称积分时间，量纲为时间。它给出积分作用的强弱，积分时间越长，积分作用越弱。按照式 (4-30)，可以想像，在水箱开始加热时，由于温度偏差大，主要是靠比例调节作用。随着时间的加长，偏差逐渐减小，比例的作用也逐渐减小，而积分作用则逐渐加大。当系统达到设定值时，由于无偏差，比例调节的作用消失，而积分调节作用仍有输出，由此维持系统稳定。当然，很难保证此时积分的输出作用正好使系统维持于设定值。如果水温继续升高，则系统出现负偏差，从而使积分输出减少，这样当调节参数 K、T_I 适宜时，经过一段时间，系统能够无静差地稳定在设定值处。

对式 (4-30) 作拉氏变换，可得：

$$Q(s) = K\left(1 + \frac{1}{T_I s}\right)(t_{set} - t) \tag{4-31}$$

这时的传递函数框图为图 4-10，其中为简单起见，对系统的开环传递函数作了一些简化。

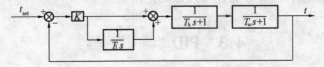

图 4-10　加入积分控制后的闭环传递函数框图

按照这一框图，可写出：

$$t = (t_{set} - t)K\left(1 + \frac{1}{T_I s}\right) \cdot \frac{1}{T_h s + 1} \cdot \frac{1}{T_w s + 1}$$

$$t = \frac{K(T_I s + 1)}{T_I s(T_h s + 1)(T_w s + 1) + K(T_I s + 1)} t_{set} \tag{4-32}$$

从式 (4-32) 可看出，当时间趋于无穷后的稳定解，即 $s \to 0$ 时，$t = t_{set}$。系统的极限状态确实是没有静差地趋于设定值。

考虑散热器试验台中，用电动阀门控制水系统的水量使其达到额定水量，如图 4-1 所示。假设电动阀门电机的转速能够连续调节，直接控制阀门电机的转速，使其与流量的偏差呈正比，即：

$$\frac{dk_v}{d\tau} = K_I(G_{set} - G) \tag{4-33}$$

式中，k_v 是电动阀门的开度，G 为流过阀门的实测水量，G_{set} 为水量的设定值。对式 (4-33) 积分可得：

$$k_v(\tau) = \int_0^\tau K_I(G_{set} - G)d\xi \tag{4-34}$$

可知，此时阀门的开度就是根据流量的偏差，进行积分控制。当流量不等于设定值时，阀门根据流量的偏差决定开大或关小，并且其开大或关小的速度还由偏差大小来决定。当流量达到设定值时，阀门停止运动，维持在原来的阀位处，流量也就会同时维持于设定值。这就是一个典型的积分控制的例子。现在假设控制目标不是流量，而是如图 4-11 所示的冷热水混水装置出口的水温。阀门开度不同，热水流量也就不同，从而与冷水混合后，

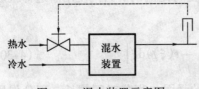

图 4-11　混水装置示意图

出口的水温不同。考虑这样的情景：测量出口水温的传感器没有安装在混水装置的出口，而是距混水装置有一定距离，混合后的水需要时间 $\Delta\tau$ 才能从混水器出口流到传感器。此时，混水器出口温度已经达到设定值，但传感器不能感受到，于是就导致阀门继续运动。如果积分放大倍数 K_I 足够大，也就是小的温度偏差可产生足够大的阀门运动速度，则经过 $\Delta\tau$ 时间后，当传感器发出温度适宜的信号，控制器停止阀门的运动时，阀位已经超出要求值。随着偏离水温要求的水流经传感器，控制器开始指挥阀门反向运动，且运动速度越来越快，直到超出要求的阀位。当测出的水温达到设定值时，又会随着水温的超调而再次正向运动。这样阀门会反复开关振荡，水温也会随之振荡，系统永远不会达到稳定。如果积分放大倍数 K_I 非常小，以至阀门变化速度很慢，在 $\Delta\tau$ 时间内阀位的变化量几乎为零，则系统有可能稳定，只是调节速度非常慢。这就是单独使用积分调节器的效果：相对于被调系统的惯性，单独的积分调节必须非常缓慢（积分作用必须很弱），否则很容易造成振荡。图4-12给出不同的放大倍数时的调节过程。由于积分调节的这一特点，一般情况下积分调节都需要和比例调节联合使用，在开始被控参数远离设定值时，主要靠比例调节器的作用以加快调节速度，而当被控参数接近设定值时，比例调节器的作用越来越小，而积分作用可以继续进行调节，直到消除静差，使系统稳定在设定值。

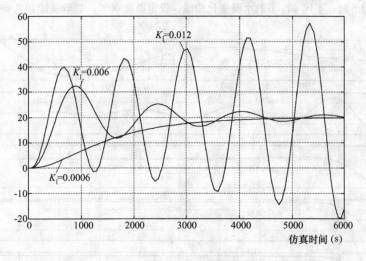

图4-12　不同积分放大倍数下的调节结果，三阶系统，$T_1 = 20s$，$T_2 = 100s$，$T_3 = 300s$

如果一个可以稳定的比例调节器，增加了积分调节作用后，虽然可以消除静差，使系统能够准确地稳定于设定值，但如果积分作用太强（也就是积分时间太短），很有可能造成系统不稳定，产生振荡甚至发散。这一点从前面的定性分析可以得到，从增加了积分调节后闭环传递函数式（4-32）分母的根的可能分布中也可严格的定量得出。这里不再做深入推导，而是改用仿真试验的方法来研究。在计算机和计算技术充分发展的今天，数字试验也是一种非常有用的认识客观规律、寻找解决方案的方法。仍然看一个二阶系统，当采用比例控制器，调整放大倍数 K，使得 ξ 为0.5，这时再加入积分环节。图4-13给出当 ωT_I 分别为0.1、1、10、200和无穷时（这相当于没有积分环节，只是一个单纯的比例调节器）系统的调节过程。图4-14给出当 ξ 为0.7时不同的 ωT_I 将出现的调节过程。从图中可以看出：ωT_I 的数值不断减小，积分作用不断增强。在积分作用较小时，积分调节可以

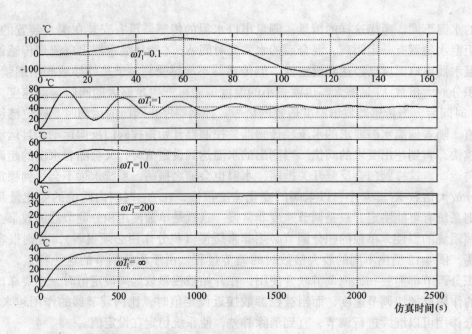

图 4-13 ξ 为 0.5 时，不同 ωT_I 下的水温变化曲线，设定温度 40℃，二阶系统，$T_1 = 900s$，$T_2 = 20s$

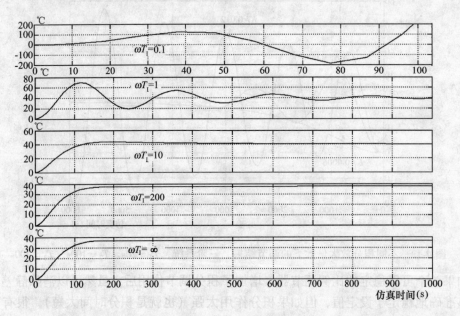

图 4-14 ξ 为 0.7 时，不同 ωT_I 下的水温变化曲线，设定温度 40℃，二阶系统，$T_1 = 900s$，$T_2 = 20s$

消除系统静差，改善调节效果；但当积分作用过强会导致系统振荡加剧，甚至发散。

4.3.2 微分调节

增加了积分调节后，可以有效地消除静差，但对于热力系统控制，却还需要在如下方面能有进一步完善。

（1）希望加快调节速度，使系统更快地达到设定值。例如本章给出的采暖散热器性能实验台，当完成一种工况后，改变系统设定值，希望系统尽快地调整到新的设定状态。稳定得越快，实验台的利用效率越高。增大比例放大倍数，可加快开始时的升温过程，但同时也使ξ减少,减慢了欠阻尼振荡的衰减过程。增加积分环节,也不能缩短稳定时间。

(2) 当处于稳定的系统突然受到外界干扰,使状态偏离设定状态时,希望控制系统立即反应,尽快调节系统状态回到设定状态。例如本章的散热器实验台中,如果由于某种原因突然打开恒温小室的照明灯或有人进入恒温小室,导致室温升高,此时就希望控制系统能很快反应,通过减少空气加热器加热量,重新使室温回到设定值,此时积分环节几乎不起作用,靠比例调节器产生的正比于室温偏差的调节量也难以起到迅速调节的作用。

(3) 热力系统都存在较大的纯失滞环节。本章的实验台中,恒温小室的温度是靠改变空气夹层的温度来调节。而空气夹层温度又靠循环空气处理系统中的空气加热器来控制。加大空气加热器加热量不能马上升高小室温度,而只有延迟一定时间后小室温度才有反映。当延迟时间较大时,比例调节、积分环节都难以产生好的调节效果,而且很容易产生振荡。

为了解决上述问题,加快控制系统反应速度,并改善系统稳定性,可引入微分调节作用:

$$Q(\tau) = -K_D \frac{dt}{d\tau} \tag{4-35}$$

其中 K_D 为投入加热量关于温度微分的比例系数。当被调节参数突然变化时,控制器产生较大的输出,以抑制被调参数的变化。由于微分环节调节公式 (4-35) 中未出现系统设定值,因此微分调节只能抑制系统状态的突然变化,而没有使系统回到设定状态的机制。因此微分控制不能单独使用,而只能与比例调节器一起组成比例微分调节器 PD 或与比例积分调节器一起,组成比例积分微分调节器 PID。式 (4-36) 为 PD 调节器的拉氏变换式:

$$Q(s) = K(1 + T_D s)(t_{set} - t) \tag{4-36}$$

其中 T_D 称微分时间,量纲为时间,它反映了微分作用的强弱。和积分时间不同,微分时间越长,则微分作用越强。

把式 (4-36) 带到一个二阶系统中,如图 4-15 所示,有

$$t = \frac{K(1 + T_D s)}{(T_h s + 1)(T_w s + 1) + K(1 + T_D s)} t_{set} \tag{4-37}$$

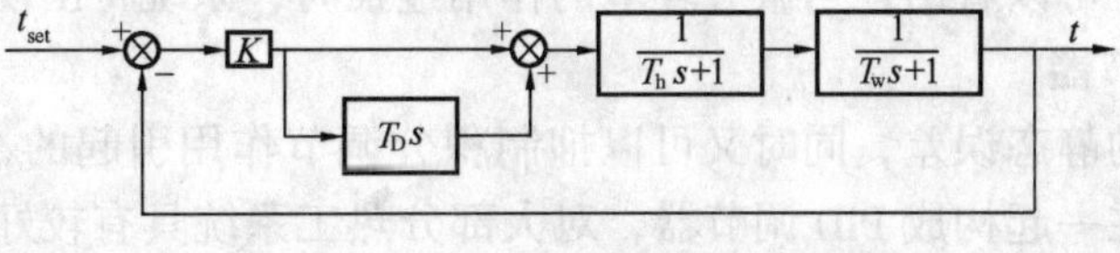

图 4-15 PD 调节器控制二阶系统框图

此时当 $s=0$ 时,得到的稳定解为 t_{set} 的 $K/(K+1)$ 倍。这表明增加了微分环节后不能消除静差,稳定解与比例调节时相同。但是传递函数分母关于 s 的二次方程的一次项系数由 $T_h + T_w$ 增加到 $T_h + T_w + T_D$,这将导致系统的稳定性有很大改善。此时的 ξ 为:

$$\xi = \frac{T_h + T_w + KT_D}{2\sqrt{T_h T_w}\sqrt{K+1}} \tag{4-38}$$

而 ω 不变。ξ 的增加意味着系统产生振荡的可能性减少，$\omega\xi$ 的增加又使得衰减速率增加，从而加快了调节过程，ξ 还导致调节过程的超调率 $e^{-\frac{\xi\pi}{\sqrt{1-\xi^2}}}$ 减小，这也有利于系统的稳定性。

图 4-16 给出采用 PD 调节器控制二阶系统时的调节过程。选择比例放大倍数 K，使得在纯比例调节时 ξ 为 0.3，分别给出 ωT_D 为 0（无微分作用的比例调节）、0.1、1、10、100 时的 PD 调节器调节过程。图 4-17 为纯比例调节时 ξ 为 0.7，ωT_D 分别为 0、0.1、1、10 和 100 时的 PD 调节器的调节过程。与图 4-13、图 4-14 的比例积分调节过程相比，可以清楚地看出微分调节作用的特性。从图中可以看出，微分常数的增加可以抑制水温的波动，加速水温的稳定。

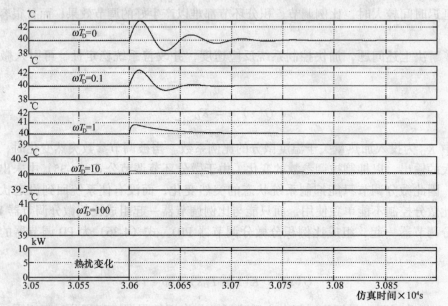

图 4-16 ξ 为 0.3 时，不同 ωT_D 下的水温变化曲线，设定温度 40℃，二阶系统，$T_1 = 900s$，$T_2 = 20s$

图 4-18 为一个一阶环节与一个纯失滞环节构成的系统。实际工程中遇到的被控系统大多能用这样的模型来近似。图 4-19 给出此时的比例调节器和比例微分调节器在 $T_D/\Delta\tau$ 分别为 0、0.1、0.2、0.5 时系统的调节过程。图中，当 $T_D/\Delta\tau = 0$ 的情况就是只有比例调节器的情况。从图中可以看出，当微分环节的作用过强时，系统将出现振荡。

4.3.3 PID 调节器

为了消除系统的静态误差，同时又可以抑制积分调节作用引起的不稳定性，把比例、积分、微分调节合在一起构成 PID 调节器，对大部分热工系统具有较好的适应性。此时的调节器传递函数为：

$$Q(s) = K\left(1 + \frac{1}{T_I s} + T_D s\right)(t_{set} - t) \tag{4-39}$$

这就是最常见的 PID 调节器。不同的 K、T_I、T_D 可实现不同的调节特性，不同的被控系统开环传递函数特性，也需要调节器具有不同的 K、T_I、T_D 整定值。这样在实际控制过程中，根据对调节性能的要求和系统本身的开环特性，确定适宜的 K、T_I、T_D 参数，成

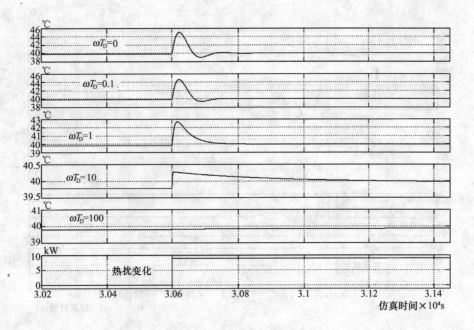

图 4-17 ξ 为 0.7 时，不同 ωT_D 下的水温变化曲线，设定温度 40℃，二阶系统，$T_1 = 900s$，$T_2 = 20s$

为一项重要工作。

对于如图 4-18 所示的由一个一阶惯性环节和一个纯失滞环节构成的系统，如果取其时间常数 T 为系统的特征时间，其开环特性可以用延迟时间 $\Delta\tau/T$ 来描述，调节器参数可以用 K、T_I/T、T_D/T 来表示，图 4-20 ~ 图 4-23 分别给出当 $\Delta\tau/T = 0.1$，$K = 10$，$\Delta\tau/T = 1$，$K = 1$，$\Delta\tau/T = 0.1$，$K = 5$ 和 $\Delta\tau/T = 1$，$K = 2$ 时，T_I/T、T_D/T 为各种不同参数时的调节过程。可以看出，不同的调节参数可使系统处于过阻尼状态、阻尼振荡状态和发散振荡状态。

从文献资料中可以找到许多关于如何整定 PID 参数的方法。实际上这些方法都包括两个步骤：(1) 识别被调节系统的开环特性；(2) 根据识别出的开环特性，确定适宜的 PID 参数。对于常见的热力系统，其开环特性一般都可用图 4-18 那样的一阶惯性环节和一个纯失滞环节来近似。这样，就可以通过实验的方法，

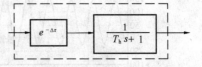

图 4-18 一阶惯性环节与纯失滞环节构成的系统

测出当投入一个固定的调节作用（例如投入给定的电加热器加热量）后，系统状态参数的变化过程曲线，根据这一实测曲线拟合出等效的一阶惯性系统的时间常数 T，纯失滞时间 $\Delta\tau$，以及投入的控制量与被控参数间的放大倍数 K_Q 从而得到系统近似的开环特性。根据这些特性参数，可以通过仿真试验的方法观察不同的 PID 参数整定值时系统的闭环调节特性，从而确定合适的整定参数。

可供下载的软件中有采暖散热器性能实验台的开环仿真模型。利用这一模型，在 Simulink 平台上可以模拟出当夹层的循环风系统的电加热器投入 1kW 时，小室内空气温度的升温曲线，如图 4-24 所示。这相当于在现场做开环特性试验测出的曲线。将飞升曲线对时间进行求导，分别求出一阶导数和二阶导数。找到二阶导数为零的拐点，过此点作飞升曲线的切线，与初始温度和稳定温度两条直线相交。两个交点和拐点在横坐标上各对应

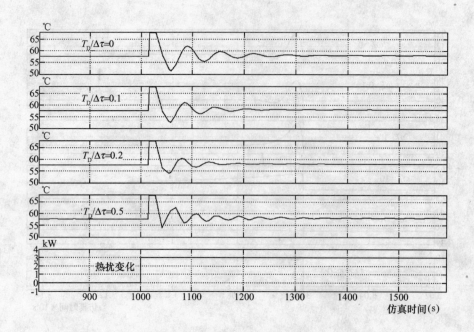

图 4-19 由一阶惯性环节、纯失滞环节构成的系统，在不同微分系数下的调节曲线，设定温度 60℃

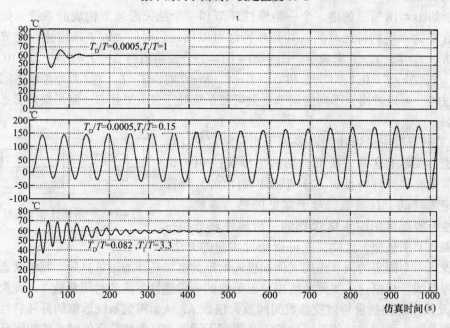

图 4-20 $\Delta\tau/T = 0.1$，$K = 10$ 时系统变化曲线，设定温度 60℃

一个时间，在时间轴上划分出两个时间段，分别代表纯失滞时间 τ 和当量时间常数 T_P。K_Q 等于房间温升与投入热量之比。拟合得到的时间常数、纯失滞时间以及放大倍数分别为：$T_P = 4317s$，$\tau = 1335s$；投入 1kW 加热量的温升为 2.6℃，计算得到 $K_Q = 0.003$。

根据 Ziegler-Nichols（尼柯尔斯）PID 参数调整的经验公式：

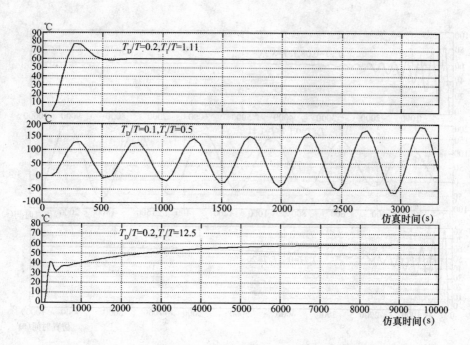

图4-21 $\Delta\tau/T=1$,$K=1$时系统变化曲线,设定温度60℃

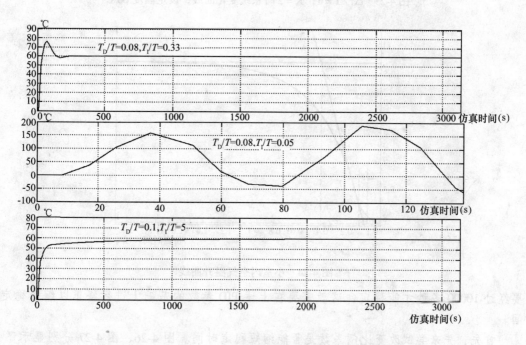

图4-22 $\Delta\tau/T=0.1$,$K=5$时系统变化曲线,设定温度60℃

$$K_\mathrm{p} = \frac{1.2}{k_\mathrm{Q}} \cdot \frac{T_\mathrm{p}}{\tau}, T_\mathrm{I} = 2\tau, T_\mathrm{d} = 0.5\tau$$

可以算出PID的调节参数:$K_\mathrm{p}=1302.4$,$T_\mathrm{I}=2689.5$,$T_\mathrm{d}=672$。将这些参数输入仿真程序可以看到按照这组PID参数对室温的控制结果,如图4-25所示。当散热器供水温度在60±1℃波动时,按照上述调节的结果,室内温度最终稳定在设定值20℃,但是调节过程需

87

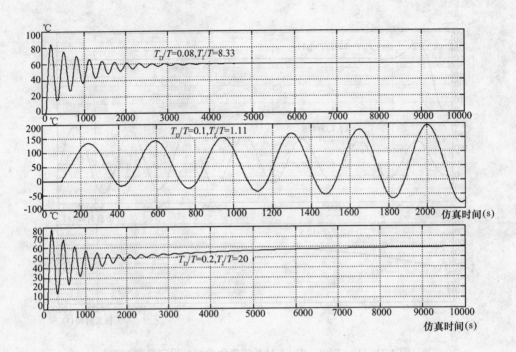

图 4-23 $\Delta\tau/T=1$，$K=2$ 时系统变化曲线，设定温度 60℃

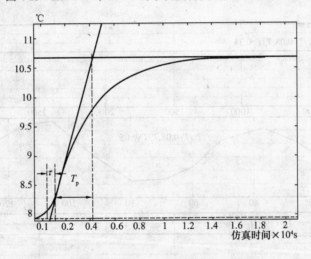

图 4-24 小室内空气温升曲线

要经过 10000 多秒才能稳定，这就需要在上述 PID 参数的基础上进行修正以缩短稳定时间。

首先，先来尝试改变比例系数是否能缩短稳定时间。图 4-26、图 4-27 分别显示了 $K_p=500$、$K_p=10000$ 的情况。可以看出当比例系数减小时，系统变化更加缓慢。但是当比例系数增加时，稳定时间缩短的效果也并不明显。

图 4-28~图 4-30 分别为其他参数不变，$T_d=200$、$T_d=1$、$T_d=1000$ 的情况。可以看到降低微分时间对缩短稳定时间作用不大；而且当微分时间过小，微分作用不能起到抑制系统波动的作用，温度将产生波动，反而会增加过渡过程时间；提高微分时间同样不会缩短稳定时间，而且当微分作用增强时可能导致系统不稳定，增加温度的波动。

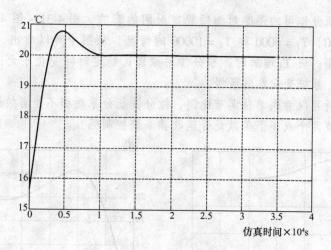

图 4-25 $K_p = 1302$，$T_I = 2690$，$T_d = 672$ 的 PID 参数下的控制效果

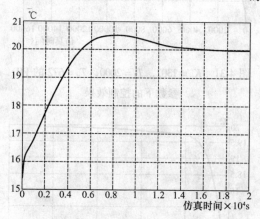

图 4-26 $K_p = 500$，$T_I = 2690$，$T_d = 672$ 的 PID 参数下的控制效果

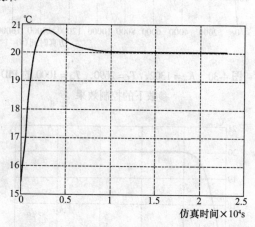

图 4-27 $K_p = 10000$，$T_I = 2690$，$T_d = 672$ 的 PID 参数下的控制效果

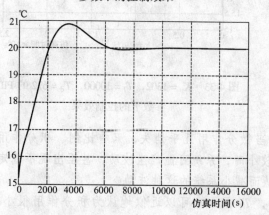

图 4-28 $K_p = 1302$，$T_I = 2690$，$T_d = 200$ 的 PID 参数下的控制效果

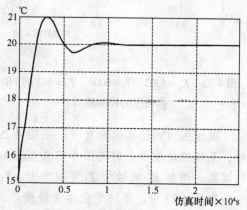

图 4-29 $K_p = 1302$，$T_I = 2690$，$T_d = 1$ 的 PID 参数下的控制效果

再讨论改变积分作用的强度对缩短稳定时间的影响。图 4-31～图 4-33 分别为其他参数不变，$T_I = 2000$、$T_I = 6000$ 和 $T_I = 10000$ 的情况。从图中可以看出，当积分作用增加时，系统波动加剧；当 T_I 增加时，积分作用减弱，稳定时间变化不大；而当 T_I 很大时，积分作用非常弱，系统变化非常缓慢。

从上面的分析可以看到单独调节比例、微分、积分系数都不能有效地降低系统稳定时间。那么同时调节两个或多个参数是否能改善系统控制呢？

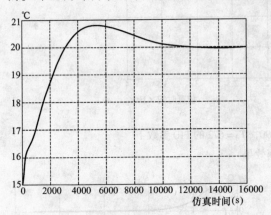

图 4-30　$K_p = 1302$，$T_I = 2690$，$T_d = 1000$ 的 PID 参数下的控制效果

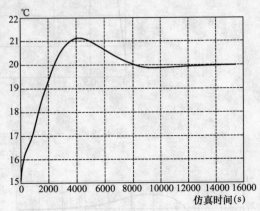

图 4-31　$K_p = 1302$，$T_I = 2000$，$T_d = 672$ 的 PID 参数下的控制效果

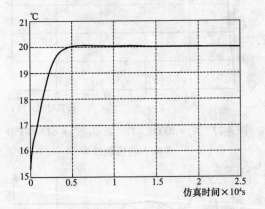

图 4-32　$K_p = 1302$，$T_I = 6000$，$T_d = 672$ 的 PID 参数下的控制效果

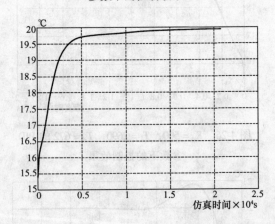

图 4-33　$K_p = 1302$，$T_I = 10000$，$T_d = 672$ 的 PID 参数下的控制效果

通过上面的仿真试验发现：在图 4-29 中当微分作用几乎消失，只有比例、积分作用时，系统波动增加。对比图 4-13 发现，ωT_I 较小时，系统可能产生波动，甚至出现不稳定的现象。增加 K_p 或增加 T_I 可以加大 ωT_I，从而减小系统的这种波动。

在图 4-33 中，系统变化非常缓慢。此时，T_I 很大，可以近似地认为积分作用很小。对比图 4-16 可以发现此种情况与 ωT_d 较大的情况类似。当 ωT_d 较大时，系统变化缓慢。适当降低 K_p 或降低 T_d 可以实现降低 ωT_d 的目的。

另外，从图 4-25～图 4-33 中还可以看到：增加微分时间或者将微分时间减小太多都有可能导致系统不稳定；降低比例系数可能导致系统响应变慢，增加稳定时间；降低积分系数，增强积分作用可能导致系统不稳定。于是为了不使系统过渡时间增加，可以调节的手段只有增加 K_p 和 T_I，或者适当降低 T_I。

综合这些分析可以确定调整的方向，即增加 T_I 的同时适当增加 K_p，并降低 T_d，或者保持 K_p 不变，增加 T_I，降低 T_d。图 4-34、图 4-35 为按照这两个调整仿真调整后得到的仿真试验结果。可以看到这两种方式都能够有效的缩短稳定时间，并且保证控制参数精度。

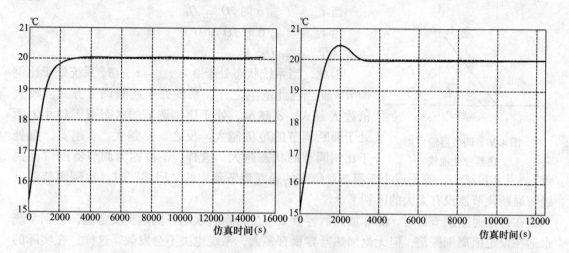

图 4-34　$K_p = 1302$，$T_I = 5380$，$T_d = 400$ 的 PID 参数下的控制效果，稳定时间约 3000s

图 4-35　$K_p = 6510$，$T_I = 10480$，$T_d = 400$ 的 PID 参数下的控制效果，稳定时间约 3200s

在设计散热器实验台控制系统的实际工程中，按照上述方法，利用仿真软件就可以根据对响应时间、精度、静差等的具体要求逐步找到控制恒温房间空气温度恒定的合适 PID 参数。用同样的方法也可以分别设计出控制两个供水水箱出水温度恒定的 PID 控制器。除了飞升曲线法，常用整定 PID 参数的方法还有临界比例度法，ISTE 最优设定法等各种经验方法，而且对 PID 参数整定方法的研究目前还在继续，在这里不一一详细介绍。在上述仿真试验中，假设散热器供水温度维持在 60℃ 附近，从而忽略了水箱温度波动对室温控制效果的影响。而实际上，供水水温的波动会影响室温控制效果。当分别独立完成三个 PID 控制器的设计后，还要将房间和水箱模型连接起来。观察在三个 PID 控制器的共同作用下整个系统的稳定性，并修正 PID 参数。另外，散热器实验台需要改变散热器供水温度，测试不同供水温度下散热器的性能，因此还需要验证 PID 参数在不同设定值下的鲁棒性，通过进一步修正 PID 参数缩短工况间相互转化的过渡时间。

4.4　PID 调节的实现和实际工程中的问题

4.4.1　比例调节时的比例带

按照 PID 调节器计算，其输出值可以是正负无限大。但实际的调节手段却是有限度的。例如，本章讨论的电加热器控制温度一例，电加热器只能加热升温，而不能制冷降温；并且即使加热升温，加热量最大也只能投入到最大装机容量，而不能无限加大。这样就会使得实际调节过程出现不同于前一节讨论的性能。

当电加热器的容量为 Q_0 时，如果要求的输出低于 Q_0，则可以按照要求的热量输出，如果要求的热量高于 Q_0，则只能输出 Q_0 的热量。这样，对于采用比例调节器调节的电加热器，其实际的热量输出与被控状态参数的偏差就不再永远是正比，而成为图 4-36 所示曲线。

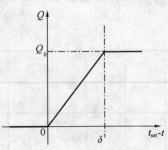

图 4-36 调节器输出加热器变化曲线

当 $0 < t_{set} - t < \delta$ 时，$Q = K(t_{set} - t)$

当 $t_{set} - t \geq \delta$ 时，$Q = Q_0$

当 $t_{set} - t \leq 0$ 时，$Q = 0$

这里，$\delta = Q_0/K$

因此，当系统状态处于 $0 < t_{set} - t < \delta$，系统处于比例调节，而当在此范围之外，系统处于通断调节方式。放大倍数 K 越大，δ 越窄，处于比例调节的状态范围越小，而处于通断调节的范围越大。反之，K 越大，δ 越宽，则处于比例调节的状态越大。这样，δ 被称为调节器的"比例带"。当 δ 足够小，等于或小于第 2 章研究的通断调节器中的"回差"时，比例调节器已经与通断调节器没有太大的区别了。

在讨论通断调节器时，除非加热器容量太小使得系统永远不能达到设定值，否则系统永远在设定值周围振荡，但无论加热器容量有多大，系统也决不会发散。这样，在实际的 PID 调节时，随放大倍数 K 加大，系统也只能成为通断控制，而只要容量有限就不会发散。因此，通断调节是 PID 调节器失去稳定后的极限状态。当然，为了获得系统具有优良的调节性能，一定要使调控手段（如电加热器）的容量足够大，这样才能实现快速调节。而容量越大，同样放大倍数 K 对应的比例带 δ 就越大，这就使系统调节不当时可能的波动振荡范围越大。所以尽管由于设备容量限制不会使系统发散，但精心选择调节器的 PID 参数，对获得良好的调节效果还是很重要，否则还不如直接采用通断控制。

采用电加热器控制温度，调节设备只能向水箱提供"正"的热量，不能提供"负"的热量。而比例调节器当出现 $t_{set} - t < 0$ 时，需要负输出。这说明比例带 δ 并非对称地存在于设定值两侧，而由于调节设备的限制，往往是不对称的。这样导致的调节品质也会与前面的理论分析结果有很大不同。一般当对调节品质要求较高时，总要设计整个系统在稳定状态两侧都具有有效的调节手段。例如，当采用电加热器作为主要调节手段时，当达到设定值状态时，应该需要足够大的电加热功率来维持，稳定值不可能设在不需要加热的自然平衡态。如果采用带有积分作用的调节器，积分器就会记忆系统进入设定值范围的过程，从而保持一定的"正输出"，使主要的调节过程处于 δ 给出的范围内。

4.4.2 积分饱和问题

由于调节设备输出容量的限制，当积分的作用大于最大容量时，实际输出容量也只能等于最大容量。这时如果系统状态仍持续低于设定值，则积分调节的输出将继续加大，但实际设备的输出却不变。以后当系统状态高出设定值，积分调节的输出开始减少，但由于原来累计的积分量太大，在相当一段时间内，积分的输出值仍高于设备的最大输出，这就使得实际的输出不变，系统较长时间失去控制。这种现象称为"积分饱和"，它是由于调节设备容量的有限和被控系统的惯性造成。这样就需要在设计实际的调节器中设法消除这种积分饱和现象，例如把实际的 PID 调节算式改为差分形式：

$$\Delta Q = K\left(-\Delta t + \frac{1}{T_I}(t_{set} - t) - T_D \Delta \frac{\mathrm{d}t}{\mathrm{d}\tau}\right) \tag{4-40}$$

式中的符号 Δ 为该参数随时间的变化量。这样，ΔQ 就会直接作用在系统的实际输出上，当温度低于设定值，积分作用马上会使当前的实际输出减少，而不再持续减少不存在的"理论输出"。

4.4.3 微分调节的噪声影响

由于系统状态是由传感器测出，而实际的传感器的输出又往往带有一些噪声，这些噪声是由于电信号或各种处理过程的干扰所形成，与系统的实际状态无关。但当采用微分调节时，直接计算微分，尤其是按照式（4-40）那样计算传感器输出的导数的差分时，这种噪声有时成为微分结果的主要部分。这样，微分给出的就不是系统的实际变化，而主要成为无任何意义的噪声。不把这部分噪声的影响去掉，就无法产生有效的微分调节作用，而只能使其成为对正常调节的干扰。这时就需要根据系统本身的固有特性，通过滤波器对参与微分计算的信息进行滤波，尽可能消除各种高频噪声。

4.4.4 数字控制带来的新问题

在采用计算机控制之前，基于模拟电路的控制器是采用电阻电容网络和放大器配合，构成 PID 调节器。目前这种产品已很难再见到。PID 控制在计算机控制器中是通过数字计算实现。与模拟电路不同，由于计算机中的计算是通过程序一步一步进行，因此实际的控制调节就不可能按照前面分析的那样真正连续地进行，而只能如同第 3 章所述，按照一定的时间步长，一步一步进行。相比于前面的连续调节过程，这样一步步进行的方式称"离散控制"。由于对时间的离散，也引出一些新的特性，需要深入研究。随着计算机技术的发展，离散系统已成为系统的理论，本书不可能全面介绍，只能把某些重要概念和一些工程中的主要做法作简要介绍。

由于计算机程序是按照某个时间步长 $\Delta \tau$ 一步一步进行，时间步长 $\Delta \tau$ 的大小也会影响控制调节品质。时间步长 $\Delta \tau$ 成为离散控制系统的一个重要参数。控制系统是按照时间步长进行，但被控制调节的物理过程本身仍是一个连续过程，它不会因为控制系统的不同而不同。这样就要充分认识连续的被控系统与离散的控制系统之间的关系，从而获得好的控制调节效果。

考虑一个传统的智力测验题目：一座桥步行需要 10min 通过，一名哨兵看管，不许任何人通过。但这个哨兵只是每隔 5min 来检查一次，发现有人在桥上就把人赶回去。这时，只要在哨兵刚离开时上桥，到达桥中间时向后转，哨兵误认为是从另一个方向来的，于是就会把人赶到要去的一侧，这个行人就可以实现过桥的目的。这个问题形象的说明了连续系统与离散系统的关系，从中可得到如下启发：

（1）如果哨兵永远守在桥边，那么任何人也不可能过桥，这就相当于一个连续的控制系统。

（2）如果哨兵检查的间隔时间小于 5min，而过桥的时间最少也需要 10min，那么任何人也不可能过桥。把哨兵检查的时间间隔看作控制系统测量被控系统的采样时间间隔，或称采样的时间步长,那么被观测系统中变化周期大于两倍采样时间间隔的信息就都会被有效地观测到。

(3) 如果哨兵检查的间隔时间为 5min,而行人跑步过桥的时间只需要 8min,8/2 < 5,那么哨兵就无法检查到这一位行人的过桥行为。这表明被观测系统中变化周期小于两倍的采样间隔时间的信息是无法有效地观测到的。

前面第一条给出了连续观测系统和离散观测系统的重要区别,第二、三条则阐述了离散的观测系统的采样定理,即香农(Shannon)采样定理:只有变化周期为采样周期的两倍和两倍以上的信息才能够有效地通过离散的采样方式得到并还原。

监测到系统信息后,需要按照离散的算法计算调节输出量。对于 PID 调节,可以对式 (4-40) 进行离散,得到:

$$Q_\tau = Q_{\tau-\Delta\tau} + K\left[t_{\tau-\Delta\tau} - t_\tau + \frac{\Delta\tau}{T_I}(t_{set} - t_\tau) - \frac{T_D}{\Delta\tau}(t_\tau - 2t_{\tau-\Delta\tau} + t_{\tau-2\Delta\tau}) \right] \quad (4-41)$$

这里,下标 τ 表示当前时刻的状态,$\tau - \Delta\tau$ 是一个时间步长前的状态,$\tau - 2\Delta\tau$ 为两个时间步长前的状态。由式 (4-41) 又可得到:

$$Q_\tau = Q_{\tau-\Delta\tau} + K\left(1 + \frac{\Delta\tau}{T_I} + \frac{T_D}{\Delta\tau}\right)(t_{set} - t_\tau) - K\left(1 + 2\frac{T_D}{\Delta\tau}\right)$$

$$\cdot (t_{set} - t_{\tau-\Delta\tau}) + K\frac{T_D}{\Delta\tau}(t_{set} - t_{\tau-2\Delta\tau}) \quad (4-42)$$

采用式 (4-42) 时,必须注意:

1) 各项系统状态偏差所乘的系数,除了与 PID 参数有关,还都是控制时间步长 $\Delta\tau$ 的函数,不同的时间步长对应的系数完全不同。在计算机控制器中,如果时间步长可以自行设定和改变,那么这些控制器调节参数就必须进行相应的调整。

2) 有时系统的设定值也会突然改变(例如本章实例中,当系统要调整到另一个实验工况时),此时上述各项系统不同时刻的状态偏差应为与当前时刻设定值的偏差,而不是与当时时刻($\tau - \Delta\tau$ 和 $\tau - 2\Delta\tau$ 时刻)的偏差。因此在按照式 (4-42) 实施实际的控制算法时,计算机应储存各时刻系统状态的绝对值,而不应该是各时刻与设定值的偏差。否则在设定值突然改变时,就不能进行正确的调整。

式 (4-42) 采用了二阶差分的方法计算微分调节量。当时间步长很小时,系统变化很小,二阶差分得到的很可能仅仅是传感器噪声,而无任何其他有用信息。这样,这种微分调节作用只能是对系统正常工作的干扰。所以在采用这一方法进行控制调节时,应该注意:

1) 选择适当的采样时间步长。如果在采样时间步长内被控系统可能产生的最大变化值与传感器测量的随机误差接近,那么采用上式得到的微分作用中传感器随机误差造成的成分就很大,这就使微分作用反而成为对系统的干扰。这需要仔细研究被控系统的动态特性,根据它可能的变化频率,合理的确定采样时间间隔,这一时间间隔决不是越小越好。

2) 为了尽量减少各种传感器的随机误差和对测量信号各种干扰,往往还设计一些专门的数字滤波器,首先对测量到的数据进行处理,尽可能去掉各种干扰成分。最简单的滤波器就是采用"滑动平均"的方式,取滤波器的输出信号 y 为:

$$y_\tau = \frac{1}{N} \sum_{k=0,N} x_{\tau-k\Delta\tau} \tag{4-43}$$

这样可以由测量出的时间序列 x_τ 中，通过滤波产生一个新的时间序列 y_τ，然后再以其为依据，进行控制调节。由于传感器的随机误差和各种干扰的频率都往往高于被控系统的变化频率，因此式（4-43）的时间步长可以采用较小的时间步长，得到反映系统状态的时间序列 y_τ 后，再采用另一个大得多的控制调节用时间步长重新构成系统状态参数的时间序列，带入式（4-42）进行控制调节计算。

式（4-43）仅是一种最简单的滤波方法，根据被控系统的特征，可以得到更可靠的数字滤波方法，这方面的内容可以参考有关的专著和文献。

4.4.5 控制系统的鲁棒性

根据前面分析，PID 调节器的整定参数取决于被控系统的特性，例如系统的时间常数/失滞时间等。而对于有些被控系统，这些特征并非不变，很有可能随工况或时间而改变。例如，电加热器控制水箱中的水温，当不断地补充凉水，对外供应热水时，其时间常数 T 为：

$$T = C/(Gc_p + U_w)$$

式中 G 为经过水箱的质量流量，c_p 为水的比热，U_w 为水箱与外环境的传热系数。当流量 G 变化时，系统的时间常数 T 也就相应变化。

如果在距离电加热器水箱出口 5m 处的采暖散热器入口测量入口水温，以此调节控制加热器，当水流量大，水从电加热器流到传感器测量处需要 3s 时，可以认为被控系统的纯失滞时间为 3s，当水量减小一倍时，流速仅为一半，纯失滞时间就相应加大了一倍。

当这些被控系统特征参数有较大变化时，如果控制器参数不能进行相应的调节，有时也不能获得好的控制调节效果。这样就要求控制算法具有较好的普适性，又称"鲁棒性"（Robust）。例如通断控制器的调节品质就与被控制系统的特性关系不大，应认为具有较好的鲁棒性。与现代的一些其他控制算法相比，PID 调节当参数整定合适时，也可以具有较好的鲁棒性。我们可以利用仿真的方法，观察当一个热力系统在整定好的 PID 调节器下的工作品质，然后改变被控系统的特征参数，看其对系统结构变化的适应能力。

获取更好的鲁棒性的方法是采用"自适应"方式，根据识别出的系统特征的变化，在线自动地修正调节器参数，例如 PID 参数。识别的过程不应破坏或干扰系统的正常工作，正确有效地识别出系统特征的变化是这种自适应方法的难点。本书不可能详细介绍各种自适应控制方法，仅简单的介绍一个自适应的 PID 调节器的基本思路。

对被控的系统状态不断地进行分析，在一个分析周期内得到：

1）系统状态与设定状态的平均误差，Δx；
2）系统状态参数波动的主导频率，f；
3）系统状态参数的最大波动幅度，P。

根据主导频率的高低可适当地修正比例放大倍数 K，根据静差 Δx 的大小可适当修正积分时间，根据最大波动幅度 P 可适当地修正微分时间。这些修正过程都可以通过控制器中的控制算法，在控制调节的过程中自动进行。找到一种普适的自适应算法是很困难的事，但根据被调节对象可能发生的结构参数的变化，得到特定系统的自适应算法，却是有可能的，其困难程度也大大减小。这时可采用仿真试验的方法，对被控系统可能产生的各种变化进行模拟,尝试各种可能的修正方法,最终找到适宜的自适应算法。

4.5 其他的单回路闭环控制调节方法

随着计算机技术的发展和对各种控制调节方法需求的增加,近年来又陆续发展出许多新的单回路闭环控制的调节方法。下面仅简单介绍其中的一些例子。

4.5.1 模糊控制

总结人根据经验对过程控制调节的方法,模拟人的方法,用计算机来实现这一调节过程。仍以水温控制一例来说明。把水温与设定值之间的关系分为:过高、较高、适宜、较低、过低五种状态,把水温的变化同样分为:快速升高、缓慢升高、基本稳定、缓慢降低、快速降低五种状态,对于加热器输出的热量可以分为:全部投入、快速增加加热量、缓慢增加加热量、维持加热量、缓慢减少加热量、快速减少加热量、停止加热七种。表4-1列出根据人的经验总结出的怎样根据水温与设定值的关系及水温的变化情况决定输出的加热器容量的变化。

模 糊 控 制 规 则　　　　　　　　　　表 4-1

温度变化＼温度偏差	水温过低	水温较低	水温正好	水温较高	水温过高
快速升温	维持加热量	缓慢减少	快速减少	停止加热	停止加热
缓慢升温	缓慢增加	维持加热量	缓慢减少	快速减少	停止加热
基本稳定	快速增加	缓慢增加	维持加热量	缓慢减少	快速减少
缓慢降温	全部投入	快速增加	缓慢增加	维持加热量	缓慢减少
快速降温	全部投入	全部投入	快速增加	缓慢增加	维持加热量

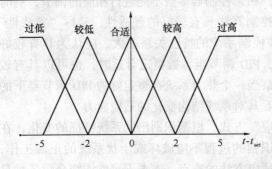

图 4-37　水温与设定值的隶属函数

要能够按照表 4-1 的模糊规则进行控制,就首先要把实测的系统状态变化"模糊化"。这就是根据实测温度和温度的变化情况确定水温及水温的变化属于哪种状态。这可以根据"隶属函数"去辨识。例如图 4-37 给出根据温度确定水温与设定值关系的隶属函数。对于某个温度偏差,隶属于不同的偏差状态的隶属度不同,隶属度最大的状态就认为是实际的状态。这样可以把连续的 $t - t_{set}$ 模糊化为表 4-1 的五个状态之一。同样对于温度的变化,也可以设计出隶属函数,把复杂的温度的变化特点转换为表 4-1 中的五种状态之一。这样,根据温度的偏差及温度变化情况,可以从表 4-1 的模糊控制规则中得到此时控制的"模糊输出",即"快速增加",或"缓慢增加"等。这时又要把这一模糊输出"清晰化",具体的做法就是定义一个清晰化换算表。例如:

"全部投入":投入全部加热量;

"快速增加":当目前加热量小于全部容量的 50% 时,增加全部容量的 25%;已有加热量等于或大于全部容量的 50% 时,增加已有容量的 50%;

"缓慢增加":当目前加热量小于全部容量的 50% 时,增加全部容量的 12.5%;已有加热量等于或大于全部容量的50%时，增加已有容量的25%；

"维持加热量"：加热量输出不变；

"缓慢减少"：当目前加热量大于全部容量的50%时，减少已有容量的12.5%；已有加热量等于或小于全部容量的50%时，减少全部容量的25%；

"快速减少"：当目前加热量大于全部容量的50%时，减少已有容量的25%；已有加热量等于或小于全部容量的50%时，减少全部容量的25%；

"停止加热"：停掉全部加热量。

根据调节结果，可以修改模糊规则，但更多的是修改隶属函数或输出的清晰化换算表。一般情况下，这种模糊控制方法都比较稳定，并且鲁棒性也较好。但是，这种模糊的办法很难实现非常精细的调节。在需要高精度恒温恒湿控制时，可能还需要基于调节理论的方法。

4.5.2 神经元方法

单回路的闭环控制过程如果将其在时间上离散，每个时间间隔下控制系统需要做的工作可以理解为两项：预测在下一步系统状态将变到何处；计算要使系统状态下一步直接达到设定值所需要的控制输出。如果能很好地根据历史过程，准确地预测系统状态的变化，并能预测出系统状态怎样随控制输出的变化而变化，就可以在每个时间步长下确定控制输出值。神经元方法就是一种根据历史过程的经验预测未来变化的方法。可以构造一个预测时间序列的神经元网络，在实际运行中，不断"训练"这一网络，使其自动修订其内部参数，从而能够根据实测的被控状态的历史（在本章实例中就是被控的温度）和控制器输出的历史（加热器加热量）预测出被控状态在下一个时间步长的变化。这样就可以找到一个合适的输出值，使被控状态正好达到设定值。如果这个要求的输出值处于调节控制器可能实现的输出范围（对于电加热器来说，就是$[0, Q_{max}]$），实施这一输出就恰好可使系统达到要求状态；如果这一要求的输出值超出可实现的范围，则实际输出值只能取可实现的边界，系统状态等待继续逐步调整。

与模糊控制不同，当被控状态已接近要求的设定值时，这种方式可以通过精细调节实现较精确的控制。当然，这取决于神经元网络的种类和采样与控制的时间步长。详细方法和原理可参考有关文献和专著。

4.5.3 控制论方法

实际上如果能清楚地了解被控对象的详细结构，写出被控系统开环的数学模型，完全可以根据经典的控制论原理，设计一个闭环调节器，使系统的性能满足我们需要的各种要求。例如最快速达到并稳定于设定值的调节；超调量最小的调节；作为调节手段的电动阀门阀位移动距离累计最少的调节等。这是调节原理和控制论主要涉及的问题。本书对于这些深入的问题很少涉及。其原因是因为对于建筑环境控制的大部分系统，被控对象的开环数学模型都很难准确得到，这就导致这些理论方法很难在实际工程中直接应用。通过闭环的反馈控制，可以把被控对象不确定性的影响限制到很小，这就使得在大多数工程中用通断控制、PID控制、类似于模糊控制的规则控制这三类方法已经可以解决大多数问题。然而事物总需要从两方面看，控制论和调节原理是研究这些调节过程的基础理论，它对于进一步深入认识调节过程，解释各种实际中和实验中出现的现象，开发新的控制算法，都具有重要的指导意义。这就是理论和工程应用间相互依存，相互转换的关系。

本 章 小 结

本章解决的是控制系统中最重要的基础问题之一：单回路闭环系统的调节。作为工程应用性质的课程，本章尽量避免深入的理论推导，而着重于讲明原理，给出解决工程问题的方法。读者应该掌握如下内容：

1. 为什么闭环控制系统可能出现振荡甚至发散，了解闭环调节过程的各种特性和影响各特性的主要因素。

2. 了解 PID 调节器的原理、特性和各调节器参数对调节过程特性的影响，能够利用仿真的手段整定 PID 调节器。

3. 了解由于设备容量有限，数字控制时对时间的离散以及传感器噪声等因素导致实际的调节过程与连续的理想系统的理论分析结果的差别，以及解决问题的实际方法。

4. 能够利用仿真手段设计出满足性能要求的单回路控制调节器。

思 考 题 与 习 题

1. 计算电加热水箱采用比例调节器时，当 $T_h = 20s$，$T_w = 900s$，$K_{wh} = 0.7$，$K = 5$、10、50、100 时，作为二阶系统，ξ、ω 分别为多少？

2. 用 Simulink 仿真，观察习题 1 中系统的动态调节过程。此时当温度高于设定值时，按照理想比例调节器的原理，电加热器应提供"负热量"。可在本题和以下各题中，引入这种具有"负热量"提供能力的加热器，以观察这种理想过程，然后再考虑实际上不存在"负热量"和加热器加热量存在上限的情况，观察这样的实际的调节过程与理想过程的差别。

3. 用 Simulink 仿真，研究当同时考虑传感器热惯性时的三阶系统的动态过程，并观察传感器时间常数增大后系统调节性能的变化。

4. 用第 2 章的水温分层分布的模型，通过 Simulink 仿真采用比例调节器时的变化。

5. 对于一个 $T_1 = 100s$、$T_2 = 400s$ 的二阶系统与一个 $\Delta \tau = 20s$ 的纯失滞环节构成的系统，在 Simlink 上模拟其开环特性，并分别尝试：1) 采用比例调节时，最快地实现稳定时 K 的取值；2) 采用 PI 调节器时，要使系统无静差，且能最快地实现稳定时，K 和 T_I 的取值。3) 采用 PID 调节器时，K、T_I、T_D 分别为何值时，可以获得更好的调节性能？

6. 可供下载的软件中有散热器热性能实验台的水系统温度控制仿真模型。利用这一模型在 Simulink 平台上模拟出水温的开环温升曲线，并根据这一曲线拟合出近似的传递函数。利用这个拟合的传递函数模型在 Simulink 平台上确定采用 PID 调节时的调节器参数。

7. 取时间常数为 100s，纯失滞时间为 10s 的系统，采用 PID 调节器，通过仿真试验，找出其合适的整定参数。

8. 在前面这个控制回路的输出中串入一个 [0, 3] 的限幅器，使控制器输出只能在这个范围内变化。通过仿真试验，看采用与上面同样的调节器参数时，调节效果的变化。尝试采用消除积分饱和的措施改善调节性能。

9. 在前面的系统中，在系统状态测量上叠加一个强度为 0.1 的随机噪声，看这时的控制效果。设计一个滤波器试图消除这个噪声，尝试在测量回路中串联这个滤波器后的控制效果。

10. 取时间常数为100s，纯失滞时间为10s的系统，控制调节的输出范围是 [0，3]。设计一个模糊控制器对其进行控制，并在 Simulink 平台上进行仿真实验。

本 章 大 作 业

设计用于采暖散热器热性能实验台的控制系统的控制调节算法。包括水箱预加热器的控制，供水精调加热器的控制，以及空气循环侧空气加热器的控制。为了不使问题太复杂，空气侧制冷机处于常开状态，并近似地认为空气经过后湿球温度降低8℃，在本作业中就不用再考虑它的控制调节。调节算法可以采用PID控制，也可以采用模糊控制或其他方法。为了满足实验要求，进入被测散热器的水温应控制在 ±0.1℃，小室的空气温度应该控制在 20±0.1℃。要求的实验工况是散热器进口水温分别为 50±0.1℃，70±0.1℃和90±0.1℃。当各参数连续30分钟稳定地处于要求工况时，就可以认为系统达到稳定，开始工艺测量。测量后希望尽快地调节到另一工况，以尽快地完成测量任务。由于是用来测定各种类型的采暖散热器，因此不同型号的散热器的时间常数相差10倍之多，传热系数也相差5倍之多。但不能在测定每台散热器时和每个工况下都重新调整调节器参数，希望设计出的调节器适应于各种不同型号的散热器和如上三种不同的实验工况。

可供下载的软件中有在 Simulink 环境下运行的采暖用散热器热工性能实验台仿真软件，可以直接使用这一软件，在 Simulink 环境下设计各路调节器，并通过仿真试验，得到最佳的控制参数。

第5章 空调系统的控制调节

本章要点：研究如何调节控制空调系统，使其管理的建筑空间环境能够达到并维持所要求的温湿度状态。本章主要涉及由各种末端和空调机组构成的空调系统，不涉及空调冷源、热源及水系统的控制。本章将讨论各种空调系统的控制策略，空气处理室的控制调节方法，以及变风量系统、风机盘管加新风系统等典型系统的控制问题。学习本章后希望能够掌握空调系统控制调节原理，能够配合自控专业正确地设计空调的自控系统，设计适合空调系统实际运行状态的控制策略。本章还利用 Simulink 模拟，具体演示和讨论了典型的空气处理室的控制和变风量箱的控制。

5.1 单房间全空气系统的温湿度控制

5.1.1 单房间的室温调节

先讨论一个最简单的全空气系统的室内温度控制。如图 5-1 所示，一台空气处理装置（AHU）负责一个环境控制空间（一个房间）的温度控制。

由 AHU 处理得到的温度为 t_s、风量为 G 的送风进入室内，吸收室内热量，再以室温 t_r 下的温度返回到 AHU。这样，空调系统吸收的室内显热量 Q 为：

$$Q = Gc_p(t_s - t_r) \tag{5-1}$$

式中，c_p 为空气的比热，G 为送风的质量流量。由于 Q 的进入，导致室温的变化，因此 Q 是调节量，室温 t_r 为被调节对象。图 5-2 为这一调节过程的框图。

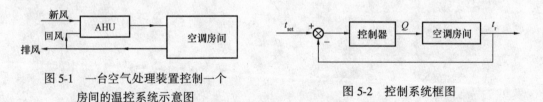

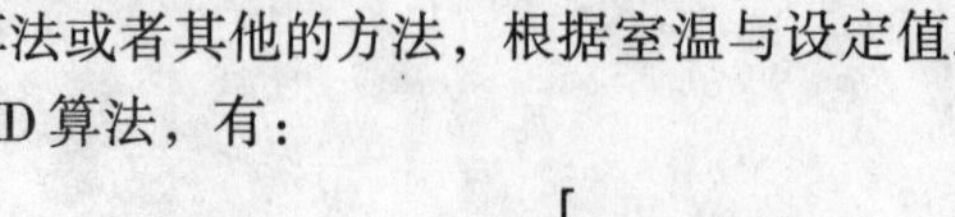

图 5-1 一台空气处理装置控制一个房间的温控系统示意图

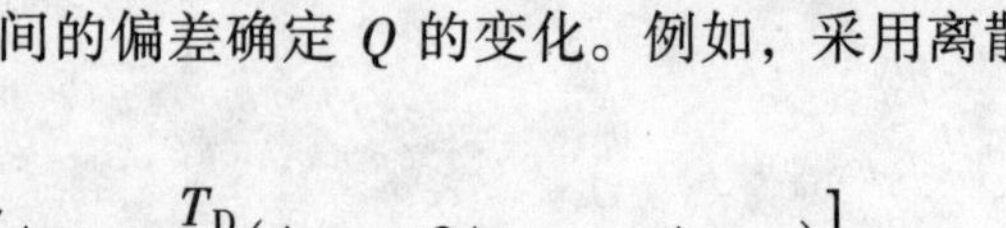

图 5-2 控制系统框图

上一章已讨论过如何根据温度偏差确定供热量（或供冷量）Q。这可以使用 PID 调节算法或者其他的方法，根据室温与设定值之间的偏差确定 Q 的变化。例如，采用离散的 PID 算法，有：

$$Q_\tau = Q_{\tau-1} + K\left[\Delta t_{r\tau} - \Delta t_{r\tau-1} + \frac{\Delta\tau}{T_I}\Delta t_{r\tau} + \frac{T_D}{\Delta\tau}(\Delta t_{r\tau} - 2\Delta t_{r\tau-1} + \Delta t_{r\tau-2})\right]$$

式中，$\Delta t_{r\tau-j} = t_{set,\tau} - t_{r,\tau-j} \quad j = 0,1,2$

把式 (5-1) 代入，可以得到：

$$t_{s,\tau} = t_{s,\tau-1} - t_{r,\tau-1} + t_{r,\tau} + \frac{K}{Gc_p}\left[\Delta t_{r\tau} - \Delta t_{r\tau-1} + \frac{\Delta\tau}{T_I}\Delta t_{r\tau} + \frac{T_D}{\Delta\tau}\right.$$

$$(\Delta t_{r,\tau} - 2\Delta t_{r,\tau-1} + \Delta t_{r,\tau-2})] \quad (5\text{-}2)$$

如果在这一个时间步长间,室温设定值 t_{set} 没有改变,则室温的变化和室温与设定值偏差的变化相同,于是式(5-2)又可以写成:

$$t_{s,\tau} = t_{s,\tau-1} + \frac{K}{Gc_p}\left[\left(1 - \frac{Gc_p}{K}\right)(\Delta t_{r,\tau} - \Delta t_{r,\tau-1}) + \frac{\Delta\tau}{T_I}\Delta t_{r\tau} + \frac{T_D}{\Delta\tau}\right.$$

$$\left.(\Delta t_{r,\tau} - 2\Delta t_{r,\tau-1} + \Delta t_{r,\tau-2})\right] \quad (5\text{-}3)$$

这表明,当风量不变时可以把送风温度设定值作为调节量来分析室温的调节过程,与把 Q 作为调节量相比,只要适当地修改 PID 参数就可以了。

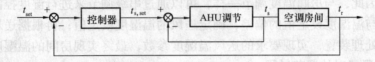

图 5-3 串级控制调节

送风状态是通过调节空气处理装置 AHU 中的处理过程而改变的。例如,当需要降温时,调节通过表冷器的冷水水量;当需要升温时调节通过加热器的热水水量;当采用室外新风降温时调节回风与新风的比例等。AHU 的调节过程视处理工况不同而异,并且由于 AHU 中的各个设备的时间常数都远小于房间的时间常数,因此 AHU 处理空气的调节特性与房间温度的调节特性有很大不同。这样就需要把这两个调节过程分开,形成如图 5-3 那样的"串级调节"过程。由室温与室温设定值间的偏差,通过适当的调节算法,确定送风温度的设定值 $t_{s,set}$,再根据 $t_{s,set}$ 调节 AHU,使其处理出要求的送风温度,再送到室内。整个的室温控制调节就由这样两个调节过程构成。由于室温调节过程的时间常数远大于 AHU 内对送风温度调节的时间常数,因此相对于室温的调节过程,AHU 对送风温度的调节过程可在很短的时间内完成。在室温调节这个大调节回路中,送风温度调节过程的时间几乎可以忽略,其调节过程完全可以按照式(5-3)进行。而相对于室温的缓慢调节过程,AHU 中对送风温度的调节又非常快,进入 AHU 的回风参数和室外新风参数在调节过程中又都可以看成不变的参数。这样,采用串级调节,把调节过程分解为两个相互影响很小的调节过程,就可以更好地实现控制调节。

5.1.2 房间的湿度调节

在很多情况下还需要对房间的湿度进行控制。无论是人的舒适要求还是产品的生产过程,一般都要求相对湿度在一定的范围内。然而相对湿度与温度并非相互独立的物理参数。当室内空气中的水分含量不变时,温度升高就可以导致相对湿度降低,反之,温度降低又可导致相对湿度增加。真正反映空气中含水量的应该是空气的绝对湿度(在湿空气热力学中的符号为"d"),其含义为每千克干空气中所含的水蒸气的质量。当温度不变时,d 的变化就导致相对湿度的变化。如果能准确地控制空气温度 t 和湿度 d,也就控制了空气的相对湿度。室内空气的绝对湿度 d 的变化可以描述为:

$$V\rho\frac{dC}{d\tau} = G(C_s - C) + W \quad (5\text{-}4)$$

式中 V 为房间空气的体积,ρ 为空气的密度,C 为空气的绝对湿度,W 为人体或其他房间产湿源产生的水蒸气量，C_s 为送风的绝对湿度。当送风量 G 不变时，送风空气的绝对湿度 C_s 可以看作是对房间湿度的调节手段。与温度控制完全一样，可以设计一个 PID 调节器或其他调节器，根据房间的绝对湿度与湿度设定值之差确定送风的绝对湿度 C_s。只要空气处理装置 AHU 能够根据这一设定值把送风湿度迅速地处理到 C_s，就可以实现室内空气的湿度控制。

考虑房间湿度调节时的时间常数。由于室内各类表面的吸湿能力一般都很小，因此此时可忽略室内湿度变化导致表面吸湿或放湿量的变化。于是湿度调节的时间常数 T_h 为：$T_h = V\rho/G$，即房间换气次数的倒数。当换气次数为 5 次/h，时间常数为 720s。这与房间空气温度调节的时间常数处于同一数量级，与空气处理装置 AHU 的处理过程相比，都属于缓慢过程，因此，与房间温度调节一样，可以通过串级调节来进行湿度控制。根据房间的温度和湿度与温湿度设定值的偏差，确定送风的温湿度设定值；再根据送风的温湿度设定值调节空气处理装置，实现要求的送风温湿度参数，最终实现房间的温湿度环境控制。

5.1.3 变风量时的调节过程

以上讨论都针对送风量不变的情况。实际上还可以根据室内状况改变房间送风量来实现温湿度调节。先考虑通过变风量对温度的调节。从式（5-1）知，送风量 G 的改变可同样改变送入房间的热量，从而实现对温度的控制。此时，送入房间的热量 Q 还与送风温度与房间温度的差成正比。当送风温度不变，而房间温度在室温设定值附近时，如果室温的变化与送风温差（一般在 5~10℃）相比，小一个数量级。可以认为送风量与送入室内的热量成正比。这样，用前面同样的 PID 调节器（例如式 5-3）即可通过对风量的调节来实现对室温的控制。如果送风参数不变，室温随风量变化，室内相对湿度和绝对湿度也随风量同步变化，此时可以反过来通过对送风参数调节来实现室内的湿度控制。对于除湿过程，如果是冷凝除湿，在不采用再热器时，送风温度接近于露点。这时调节送风温度与调节送风的绝对湿度是同一过程。因此可以通过对送风状态的调节实现房间湿度的控制。如果是冬季的加湿处理，加湿方法的不同，湿度的控制对送风温度的影响也不同。图 5-4 为这种方式下的室内温湿度调节过程。

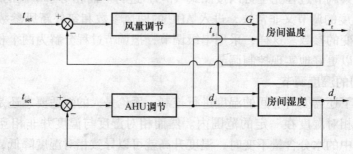

图 5-4　变风量调节室内温湿度控制系统图

可以看到，这时已不再是串级调节过程，而是根据房间温度或湿度的直接闭环反馈调节。但是，由于温度控制时改变了风量，就对湿度控制造成影响；而湿度控制时改变了送风温度，从而也对温度控制造成影响。这种互相影响的现象称温湿度的互相耦合。为此，如果同时要对温湿度进行高精度控制，就要采取温湿度解耦的调节方法，当为了调节温度而改变风量 G 时，同时修订送风参数的设定值，当为了调节湿度而改变送风参数设定值时，同时修订风量的输出量：

$$G = f_{G,PID}(t_{set}, t_r) + \alpha(t_{s,set} - t_{s,set0})$$
$$t_{s,set} = f_{ts,PID}(d_{set}, d_r) + \beta(G - G_0)$$

(5-5)

式中 $f_{G,PID}$ 和 $f_{ts,PID}$ 分别是根据单回路调节器得到的为了控制温度所要求的风量的输出值和为了控制湿度所要求的送风温度的设定值，α、β 则分别为送风温度变化对风量的修正系数和送风量变化对送风温度的修正。这两个修正系数的取值可以根据实际系统的性能通过分析或实验确定。

5.2 多房间的全空气控制

实际工程中更多的情况是一台空气处理机组承担多个房间的环境控制。例如图5-5所示，空调机组处理出的空气通过风道送到多个房间，从各个房间引出的回风则又通过走廊回风回到空调机组，实现空气在各空调房间和空调机组间的循环。各个空调房间由于各种原因，其产生的余热各不相同，并且各房间之间的余热之比也各不相同，而空调机组处理出的空气却只能处于同一的送风状态。这时如果送往各房间的风量不变，则不可能在任何时候都能对各房间温度或湿度实现要求的控制调节。这时可以取某一主要房间作为调控的参照房间，根据该房间测出的温度或湿度，确定空调机组的设定送风参数。再一种方式是可以测出所辖各房间的温度，并计算出各房间此时所需要的送风温度，将其平均作为空调机组的送风温度设定值。这样做可以尽可能照顾大多数房间的状态，但当各个房间的实际热状态差别较大时，也不可能实现各个房间都满意的控制调节效果。

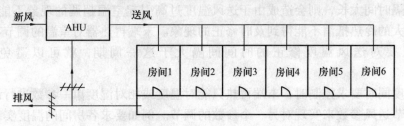

图5-5 一台空气处理机组承担多个房间的环境控制系统

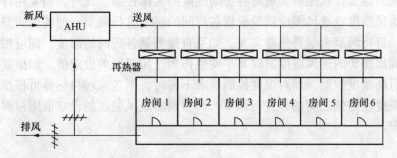

图5-6 一台空气处理机组承担多个房间，末端有再热的环境控制系统

北美在早期采用双风道方式，一条风道供应热风，另一条送冷风，在各房间通过调节这两路风量的比值，得到要求的送风温度，实现各房间的温度和湿度控制。这样做存在多

处冷热风混合，冷热抵消的现象，用能效率很低，因此已很少使用。在一些需要分别控制各房间温湿度状态的场合，有时采用如图5-6所示的末端再热的方式。由空调机通过风道统一向各个房间送风，风量不变。同时在各个房间送风口安装电或热水型再热器，通过调节再热器，实现对各个房间的单独控制。对于这种系统，我们先来讨论只要求温度控制时的情景。这时为了满足各个房间温度控制的需要，空调机组的送风温度就要控制得比较低。各个末端再分别根据各自的温度控制要求，调整加热器。当空调机是通过冷却降温得到低温的送风时，过多的再热就造成冷热抵消，能耗增加。因此合理地确定送风温度，使得各房间的温度控制需求都能够得到满足，同时又使系统的冷热抵消现象最小，对降低能耗有较大意义。这时的原则应该是尽可能提高送风温度以减少再热量。因此系统在各个时刻都应该设法使至少一个房间的再热器关闭，同时各房间温度都能满足系统需求。可以根据各房间再热器的状态和房间温度的状态不断修正空调机组的送风温度设定值。下面是从这一原则出发，动态修正空调机组送风参数设定值的示例。

(1) 末端再热器开度最小的房间，再热量大于20%，则送风温度设定值提高0.5℃；

(2) 存在一个或一个上的房间，末端再热器全关，且室温超过设定值0.5℃以上，则送风温度设定值降低0.5℃；

(3) 不存在上述两种现象，则送风温度设定值不变。

按照上述方式不断修正送风温度设定，可以在保证对各个房间实现较好的室温控制的前提下使系统的冷热抵消损失较小。但是，这样的修正应以何种时间间隔进行还需要进行仔细分析。如果时间间隔过小，对送风温度设定值修正得太频繁，末端再热器的调节过程造成的室温波动就会引起对送风温度的不必要的修正，这就有可能导致送风温度的振荡。而修正的间隔时间太长，则会造成由于送风温度过高引起室温超调的现象不能及时纠正，或者出现较大的冷热抵消不能得到及时修正的现象。末端再热器对室温的调节有其调节稳定周期，只要对送风温度修正的时间间隔大于这一周期，就可以避免振荡现象出现。

当温湿度同时要求控制时，末端再热只能对温度或相对湿度单一参数进行调节，这时只能通过调节送风参数来实现对另一个参数的调节。例如要求各房间的温度实现高精度控制，而湿度则只需要在一定范围内控制。由于各房间室内产湿量相差不会太大，因此通过调节送风的绝对湿度，就能够实现对各房间湿度的大体控制。此时，当采用冷凝除湿，露点送风时，送风温度或送风湿度就要根据各房间的湿度进行调节，而各房间温度则根据各自房间状态，自行调节末端再热器实现。如果直接测量各房间的湿度，则可根据各房间湿度设定值计算出需要的送风湿度，取其平均值作为送风湿度的设定值。如果要求对末端的相对湿度进行高精度控制，而对温度控制要求不高时，则各末端再热器可根据实测的相对湿度与相对湿度设定值之间的差进行调节，而空调器送风温度的设定值则根据各房间的温度状态来确定。

5.3 空气处理过程的控制

根据前面的讨论，不论何种系统，全空气系统的多数控制调节都可归纳为两个过程：

(1) 根据末端的各种要求，确定空气处理装置需要得到的送风状态设定值，包括送风温度和送风湿度；

(2) 空气处理装置根据要求的设定值，调节各部分装置，实现要求的送风温湿度状态。

本节讨论空气处理装置如何根据送风参数设定值完成这一调节。

5.3.1 空气处理装置的调节策略

给定了要求的送风温湿度，空气处理装置的调节任务就是处理出所要求的送风状态的空气。空调处理装置一般由多个空气处理段构成，每个处理段可能有几个调节手段，例如：

(1) 通过热水实现对空气进行加热的水—空气加热器，见图5-7。可通过装在热水回路上的电动阀门调节水量，实现对加热量的调节，当阀门开大使水量加大时，出口空气状态沿等湿线上升。图5-7同时给出了在 I-D 图上此过程空气的过程线。

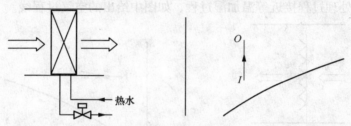

图5-7　水—空气加热器示意图及其加热过程在 I-D 图上的过程线

(2) 通过冷水对空气进行冷却和降湿的水—空气冷却器，如图5-8所示。可通过调节冷水回路上的电动阀1调节水量，实现对冷量的调节，也可以在风侧安装旁通风阀2，通过调节空气旁通量，改变空气出口状态。当调节水阀逐渐加大冷水量时，表冷器侧的出口空气状态先是等湿的降温，然后近似地沿等相对湿度线减湿降温，见图5-8中的 I→L→O 线。当开大旁通阀时，表冷器侧出口的 O 点空气与进口的 I 点空气混合，混合后的状态处于图5-8的 I→O 线上。旁通阀开度越大，混合后的点越接近点 I。

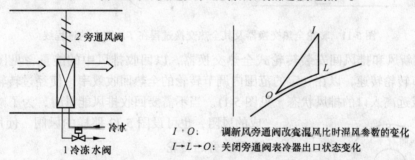

I·O:　调新风旁通阀改变混风比时混风参数的变化
I→L→O:　关闭旁通阀表冷器出口状态变化

图5-8　带旁通的水—空气换热器示意图及其冷却除湿过程在 I-D 图上的过程线

(3) 使空气流过通有循环水的填料，通过水蒸发对空气加湿，如图5-9所示。调节循环泵转速或调节循环水回路上的水阀，改变循环水量，可以在一定程度上改变加湿量。图5-9同时给出调整循环水量时空气处理过程线的变化。一般情况下，空气出口的状态应落在进口空气状态的等焓线上，随循环水量加大，出口状态相对湿度加大，温度降低。当由于进口空气状态变化，导致循环水水温高于或低于进口空气湿球温度时，随循环水量的变

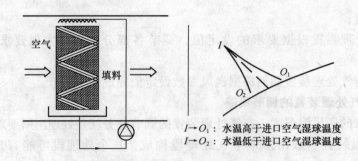

$I→O_1$：水温高于进口空气湿球温度
$I→O_2$：水温低于进口空气湿球温度

图 5-9 空气加湿设备示意图及其加湿过程在 I-D 图上的过程线

化，出口状态将沿图中的 $I→O_1$ 线或 $I→O_2$ 线向饱和方向移动。

（4）通过调整蒸汽加湿器上的电动阀，改变通入的蒸汽量，实现对空气的加湿，见图 5-10。此时空气处理过程接近等温加湿过程，如图中给出的空气过程线。

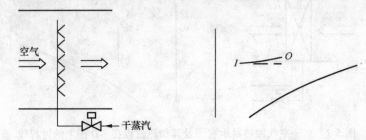

图 5-10 等温加湿设备及其在 I-D 图上的过程线

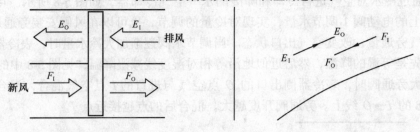

图 5-11 转轮全热交换器及其全热交换过程在 I-D 图上的过程线

（5）在新风和排风间安装转轮式全热交换器，以回收排风中的能量，见图 5-11。这时，可调节转轮转速，以在一定的范围内调节转轮的全热回收效率，使经过转轮后的新风更加接近或远离入口的排风状态，见图 5-11。当不需要回收排风能量时，为了减少转轮造成的风阻，也可设图 5-12 那样的风阀，使风阀 A、B 全开，旁通转轮。

（6）如图 5-13 所示，在新风入口处和送风回路上都安装空气—水换热器，通过水泵带动乙二醇溶液在这两个换热器间循环，以实现新风的预冷和再热。调整水泵转速，可以在一定范围内改变送风温度或送风相对湿度。这时，水泵转速高，水量大，则预冷量和再热量都大，出口温度高，相对湿度低；减小水泵转速使循环水量减少，就可降低预冷量和再热量，使出

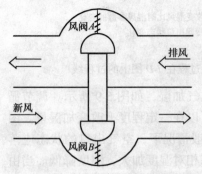

图 5-12 带旁通的转轮全热换热装置

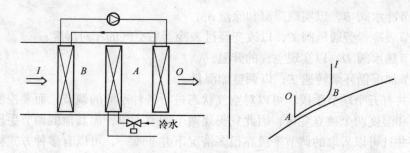

图 5-13 新风入口、送风出口增加换热器的系统及其空气处理过程
在 I-D 图上的过程线

口温度降低,相对湿度提高。

(7)对新回风比可变的空调箱,还可以同时调整新风阀、排风阀与混风阀,以改变新回风比,如图 5-14 所示。

这里只是简单地介绍了一些典型的空气处理手段和各自可能的调节手段。随着空气处理技术的不断发展和创新,还不断有新的空气处理方式出现,实现不同的处理过程和调节性能。为了满足全年不同季节对空气处理的不同要求,一般的空气处理装置都由若干个空气处

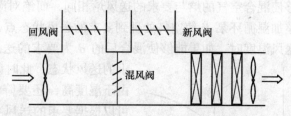

图 5-14 新回风比可变的空调箱示意图

理段组成,在不同的工况下,仅使用其中的几个处理段,而不是使用所有的空气处理段。这时,空气处理装置的控制器就必须根据要求的送风状态点和新风、排风状态,确定使用哪几个处理段进行空气处理,并确定所使用的空气处理段中的各个调节手段(阀门、水泵转速等)应根据哪个空气状态参数进行调节。这就是空气处理过程的调节策略。确定了调节策略后,各个空气处理段上的各个调节手段才能根据这一确定的调节策略进行调节。

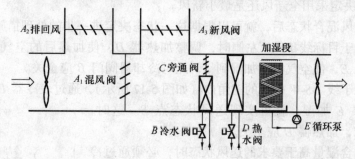

图 5-15 空气处理设备示意图

下面以图 5-15 所示的空调处理装置为例,进一步讨论调节策略的确定。根据图示,这一空气处理装置的调节手段有:

(1)同时调节混风阀 A_1、排风阀 A_2、新风阀 A_3,以改变新回风混合比。在严寒冬季和酷热的夏季实行最小新风运行,而在过渡季则可在需要的时候加大新风量,利用室外新风中可能的冷量;

(2) 调节冷水阀 B，以实现降温和除湿；
(3) 调节表冷器旁通风阀 C，以改变经过表冷器后空气的相对湿度；
(4) 调节热水阀 D，以实现空气的升温；
(5) 调节加湿循环泵转速 E，以调整加湿量。

这样，共有五个调节手段，可以对空气状态进行各种不同的调节，而要控制的送风参数只有温度和湿度两个独立变量，因此只需要两个调节手段，而其他的调节手段就应该全开或全闭。并且可以采取的调节手段在很多情况下并非唯一，可以有多种方式得到同样的送风温湿度。例如，可以开冷水阀 B 降温，同时通过旁通阀 C 调整相对湿度；也可以关闭旁通阀 C，调整热水阀 D 通过再热调整相对湿度。而这两种方式虽然可得到同样的送风参数，但处理能耗却有很大差别。好的控制策略不仅是要得到要求的送风状态的调节方法，还应是最节能的处理方案。

首先讨论新风利用问题。由于存在等焓加湿的调节手段，因此如果通过新回风混合能够使混合空气的焓与要求的送风焓相同，而绝对湿度低于送风湿度，就可以混风后通过调整加湿循环泵 E 使空气处理到要求的送风状态点 S。而如果新回风混合后温度低于要求的送风温度时，如果能够使混合后的 d 为要求的送风状态 d，则可以通过加热器 D 得到要求的送风状态，此时如果混合到与要求的送风状态相同的焓，由于湿度高，还要降温除湿，因此不是省能的方式。这样，可以根据要求的送风状态点 S，得到图 5-16 那样的新回风混合目标线 I-S-D。如果新回风状态的连线横跨目标线 I-S-D，则应调节新回风的比例，使混风状态达到目标线 I-S-D 上；如果新回风状态都处在目标线 I-S-D 的左侧，则取最接近目标线 I-S-D 的点为混风目标，也就是说，如果室外新风状态更接近目标线 I-S-D，采用最大新风，如果回风状态更接近目标线 I-S-D，则采用最小新风。如果新回风状态都在目标线 I-S-D 的右侧，则同样根据接近目标线 I-S-D 的程度决定采用全新风还是最小新风。

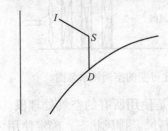

图 5-16 新风利用界线图

确定了新回风混合状态后，就可以根据这一状态决定进一步的处理措施。

当混合点处于目标线 I-S-D 左侧时，调整加热器 D，使加热后的空气达到线 I-S 上，再调整循环水泵 E，使空气等焓加湿到 S，此时冷却器阀门 B 应全关。

当混合点处于线 I-S-W 构成的三角内（如图 5-17 所示），通过表冷器 B 降温后，再通过调整循环水泵 E 加湿，就可实现送风状态点 S。这时，冷却器旁通阀 C，加热器 D 应全关。

当混合点的含湿量高于要求的送风状态时，必须通过冷却器降温除湿。此时调节出口相对湿度的手段有两种：调整旁通风阀 C，调整再热器 D。调整旁通风阀可以避免再热造成的冷热抵消，但这要求通过表冷器处理后的空气具有较低的露点，才能再与经过旁通阀未处理的空气混合后，达到送风状态。而对于某确定的冷水温度，通过表冷器后的空气最低也只能达到图 5-17 的 D_L 点。这样延长 D_L 点和 S 点的连线到 H，当混风后的状态处于图 5-17 的 W-S-H 构成的三角

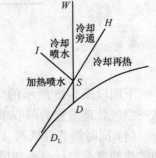

图 5-17 空气处理设备运行策略分区图

区内时，通过调整冷水阀 B 和表冷器旁通风阀 C，就可以使空气处理到要求的送风点 S。这时加热器 D 和循环水泵 E 应全关。

当混风后的状态点处于线 D-S-H 以下时，就只能开加热器 D，冷却除湿后再加热。此时一定是使通过表冷器的空气处理到 D_L 点，再通过混风阀混合到线 S-D 上，然后再加热才可以使再热量最小，从而也就最省能。因此，这时应全开冷水阀 B，尽量使表冷器表面温度低，同时调整表冷器旁通阀 C，使旁通后的混风点落在线 S-D 上，然后调整加热器 D，使空气达到要求的送风点 S。循环水泵 E 应全关。此时全开冷水阀，只是希望获得最低的空气露点温度。由于通过表冷器的风量减少，所以并不会增加冷量的消耗，只是会使冷水回水温度降低，供回水温差减小。

实际上当新回风连线跨越线 H-S 时，应使混风点处于线 H-S 以上，这样才可以尽可能避免采用冷却再热方式造成的冷热抵消损失。

5.3.2 各空气处理段闭环调节的实现

以上按照新回风混合后的状态点与要求的送风状态点之间的关系，确定了各种情况下应采用的调节手段和各调节装置应处的位置。当具体进行控制调节时，需要了解各设备出口空气状态。但在实际系统中，各个空气出口的状态都很不均匀，不同位置可能会测得很不相同的状态，这是因为空气处理装置断面上空气状态的不均匀所致，因此很难直接在这些设备后面安装传感器，根据这些传感器对相应的设备进行控制。工程上可行的测量位置是送风机后面风道中的空气状态。经过风机的混合，空气的热湿状态在此点变得很均匀。这时的问题就成为怎样根据这一点的空气状态控制调节前面的各个装置？

当通过调节新回风比可以使空气混合到线 I-S 时，采用调新回风比阀 A 和循环喷水泵 E 的方案，这时调节新回风比，会导致出口空气的焓值变化，而调节循环喷水量只会改变出口温度或相对湿度，不会改变焓。因此，这种状态下，根据送风的焓调节混风阀 A，根据送风温度调节循环水泵 E。

当采用最大或最小新风，使混风点处于线 I-S-D 的左侧时，调节加热器 D 可改变送风空气的焓，调节循环泵转速只能改变送风的相对湿度。此时，根据焓调节加热器 D，根据相对湿度调节循环水泵 E。

当采用最大或最小新风，使混风点处于 I-S-W 构成的三角区中，关闭表冷器旁通阀，调节表冷器水阀 B，会改变送风状态的焓，而调循环水泵转速 E，只能改变送风的相对湿度。因此此时根据送风的焓调冷水阀 B，根据送风的相对湿度调循环水泵转速 E。

当混风后的状态点处于线 W-S-H 构成的三角区中，表冷器冷水阀 B 将影响送风湿度 d，而旁通阀 C 将影响送风温度。此时，可出送风的 d 调表冷器水阀 B，根据送风温度调旁通风阀 C。

当混风后的状态点处于线 D-S-H 右下方时，表冷器冷水阀全开，调整旁通阀 E 以满足送风的 d，调整再热器 D 以满足送风温度。

确定了上面这样的一对一的调节方案后，就可以按照第 4 章讨论过的单参数闭环控制的方法进行闭环调节。例如采用 PID 调节方法或其他的调节算法实现。此时的控制是调整各空气处理设备对空气进行加工，影响调节的惯性只是空气处理设备本身。与房间和风道相比，空气处理设备的惯性要小得多，因此这一调节过程与室内温湿度调节过程相比要快得多。而此时出现的问题是各个调节手段的严重的非线性特性。例如混风阀、排风阀、

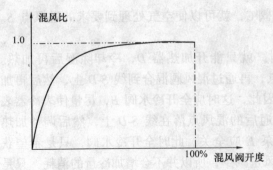

图 5-18 混风比与阀门开度关系

新风阀构成的新回风混合调节，由于阀门本身的结构特点以及风道阻力的不均衡，在混风阀开度很小时就已达到较大混风比，而再进一步开大混风阀，实际的混风比就增加很少，混风比与混风阀之间的关系如图 5-18 所示。

直接对具有这种特性的执行机构进行 PID 控制，一般不容易得到好的调节效果。这时可以对阀门开度进行线性化修正，例如，对阀门开度 X 取对数，有：

$$X' = \ln(X)$$

按照 X' 进行 PID 运算，得到的调节命令结果再通过 $\exp(X')$ 而得到阀位的调节值。当构成空气处理装置的处理段不同时，上面分区的方式和各区内控制参数与调节手段的对应关系也各不相同，需要根据空气处理装置结构的不同，确定不同的控制策略。

5.3.3 水-空气换热设备的调节特性

作为典型的被调节对象，本节专门讨论一下水—空气换热设备的调节特性，这包括冷冻水通过表冷器对空气的降温除湿调节，也包括用热水通过加热器对空气的升温调节。

图 5-19 为典型的通过两通式调节阀调节水量对换热器进行调节的系统结构。可以看出，由于换热是通过换热器表面，在空气与水之间的温差驱动下进行，当不出现湿度的变化，仅存在显热换热时，其换热量 Q 为：

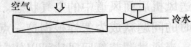

图 5-19 空气-水换热器

$$Q = KF\Delta T = KF \frac{t_{a1} - t_{w2} - (t_{a2} - t_{w1})}{\ln\left(\dfrac{t_{a1} - t_{w2}}{t_{a2} - t_{w1}}\right)} \tag{5-6}$$

式中，KF 为换热器换热系数，是由换热器结构决定，一般情况下很难调节；因此要调节换热量，只有调节传热驱动力 ΔT，也就是两介质间的对数温差。式中下标 a 指空气，下标 w 指水，1 为进口，2 为出口。

由此式可得到出口空气温度：

$$t_{a2} = \frac{t_{a1}\left(\dfrac{m_a c_a}{m_w c_w} - 1\right) - t_{w1}\left(1 - e^{KF\left(\frac{1}{m_a c_a} - \frac{1}{m_w c_w}\right)}\right)}{e^{KF\left(\frac{1}{m_a c_a} - \frac{1}{m_w c_w}\right)} + \dfrac{m_a c_a}{m_w c_w}} \tag{5-7}$$

从式 (5-7) 可看出，出口空气温度与入口空气温度、入口水温、换热器的换热系数，以及两侧的风量、水量有关。对于实际的调节过程，来流空气温度不变，换热器换热系数随水量变化不大；如果风量、入口水温也都不能变化的话，可调节的参数就只是通过换热器的水量。

图 5-20 给出在不同 KF 下和不同风量下，出口空气温度随水量的变化。图中 $m_a c_a$ 表示风量。从图中可看出，空气出口温度随通过换热器的水量呈非线性变化。当水量很小时，出口空气温度随水量的增加变化很快；而随着水量的加大，出口空气温度变化逐渐减慢；最后当水量足够大以后，出口空气温度接近稳定，不再随水量增加而进一步变化。

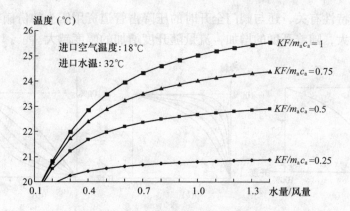

图 5-20 不同 KF 下，不同风量下出口
空气温度随水量的变化

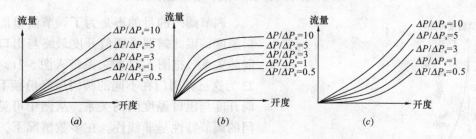

图 5-21 不同管路压力下流量与开度关系
(a) 线性阀门；(b) 快开阀门；(c) 对数特性阀门

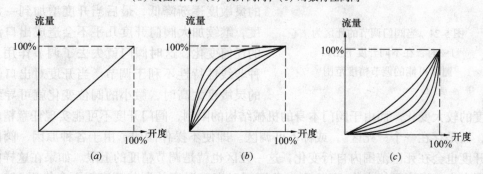

图 5-22 相对流量下流量与开度关系
(a) 线性阀门；(b) 快开阀门；(c) 对数特性阀门

如果是如图 5-19 那样通过调节水阀来改变水量，则还要考虑阀门开度对水量的调节。当供回水管道间压差不变时，图 5-21 给出采用三种不同调节特性的调节阀时水量随开度的变化。图中的不同曲线对应于不同的换热器阻力系数。或者可以看成在管道中还接着一个阀门，图中的不同曲线对应于这个阀门的不同开度。图中 ΔP 为阀门压降，ΔP_s 为管道压降。这样考虑是因为实际的管网状况不同，管道和换热器水阻不同，这样才能考虑各种实际情况。由于其他管道的阻力不同，调节阀全开后的流量不同。为了便于比较，图 5-22 为取阀门全开时的相对流量为 100% 时，这三种阀门在不同开度下相对流量的变化。从图 5-21 和图 5-22 可看出，通过换热器的流量与阀门开度间的关系也是非线性的，并且这一

关系不仅与阀门特性有关，还与阀门全开时的压降占管道资用压头的份额有关。阀门全开时的压降份额越大，随着开度的增加，流量随开度增加的幅度越大。

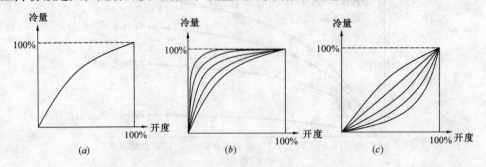

图 5-23　阀门压降在管路中占不同比例时流量与开度关系
(a) 线性阀门；(b) 快开阀门；(c) 对数特性阀门

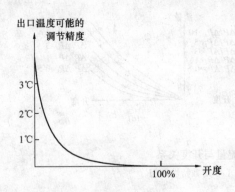

图 5-24　当阀门调节的死区为 1%时，在不同开度下出口温度可能的调节精度范围

调节阀门的目的不是为了调节流量而是出口温度，因此需要看阀门开度最终与出口温度间的关系。把图 5-22 的关系带入图 5-21，图 5-23 为这三种阀门在不同的阀门压降份额下，阀门开度与出口温度间的关系。从图中可见，阀门的调节特性呈非线性。在多数情况下，在开度很小的时候，随着开度增加，出口温度变化很大；随着开度的增加，开度对调节出口温度的灵敏度逐渐降低，最后当开度增加到一定程度，继续加大阀门开度几乎不会造成出口温度的任何变化，这时阀门就失去了调节作用。这种非线性特性不利于调节。当开度对出口温度的灵敏度太高时，微小的阀位变化就可导致出口温度的较大变化。而由于阀门本身的机械结构的限制，阀门开度不可能实现任意精度的调节，而是存在一个"死区"，或称不可调区。即使不操作阀门，由于各种原因，阀门实际的开度也会在死区范围内自行变化，这一死区也就是调节精度的上限。如果在这样的死区范围内出口温度可能变化 1℃，则在此区间对出口温度的调节精度就不会优于 1℃。图 5-24 给出某一条件下，当阀门调节的死区为 1%时，在不同开度下出口温度可能的调节精度范围。在另一方面，当阀门开度较大时，阀位开度的变化不再对出口温度造成影响，这样此段范围也就失去了调节作用。如果某个系统的阀门当阀位大于 50%以后就失去调节作用的话，这个阀门的调节范围只能为 0~50%，这也减少了阀门调节范围，降低了可能的调节精度。

由此可知，要获得好的调节效果，希望阀门开度与出口温度间越接近线型关系越好。而其接近线性的程度既与阀门本身的调节性能有关，还与阀门压降在所处管道中的比例有关。同时，系统的热工况，也就是换热器的换热能力，风侧参数以及风水间的温差等都对调节的线性程度有很大影响。

当对图 5-19 那样的系统由阀门开度对出口温度进行 PID 调节时，由于这种非线性，很难获得好的调节效果。这是由于处于不同的阀门开度，对出口温度的调节灵敏度都不相同。这就需要采用不同的 PID 参数。这对控制器来说就太复杂，因此，可行的方法是根据这一非线性情况设计一个线性化变换：

$$K_l = f(K)$$

把实际开度经线性化函数 f 变换为线型开度，使 K_l 与出口温度间呈较好的线型关系。这样就可以获得大为改进的调节效果。然而如前所述，阀位与出口温度的关系除了与阀门特性有关外，还受系统的水力工况和热力工况的影响。怎样能够识别变化了的水力和热力工况并根据其变化自动修正线性化函数 f，就成为获取良好的单回路换热过程调节性能的途径。

当换热过程不仅是显热，同时还存在对空气的冷凝除湿时，通过阀门调节冷水量实际就是同时调节空气出口的温度和湿度。空气中的水蒸气凝结到表冷器的表面的推动力是空气与表冷器表面的水蒸气分压力差，水蒸气表面的水蒸气分压力也就是表面温度对应的常压下的饱和水蒸气分压力。图 5-25 为传递显热的推动力温差与传递水分的推动力水蒸气分压差的关系。从图中可以看出，随着表面温度的升高，除湿能力迅速降低，而降温能力下降的则相对缓慢。当表面温度上升到图中的 s 点，

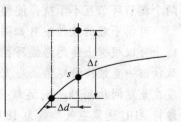

图 5-25 传递显热的推动力温差与传递水分的推动力水蒸气分压差的关系

表面的饱和水蒸气分压力等于空气的水蒸气分压力时，湿传递停止，显热传递继续进行。因此表面温度的升高，不仅减少了总的冷量，同时还加大了空气处理过程的热湿比，即除湿量相对减少得多，显热量相对减少得少。

实际上进口的水温不变时，是通过调整通过表冷器的冷水水量来调节表面温度的。冷水量减少，就使得水温升温幅度增加，从而使得部分表面温度升高得幅度加大。如上面分析可知，此时相对于总冷量的减少，除湿量下降得更快。对于那些温度已高于空气露点温度的表面，就不再有除湿，而成为只有显热传递的干工况。

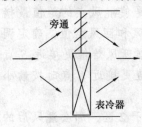

图 5-26 带旁通的表冷器

另一种调整方式是让部分空气从表冷器旁通，如图 5-26 所示。如果水量不变，减少通过表冷器的风量，则水温升高的程度降低，从而使表冷器表面温度降低，可除湿的表面增加，除湿量不变或降低得很少，而除显热则降低得多。因此，调整旁通风量，是对热湿比非常有效的调节手段。

由此可知，当空气来流状态不变、风量不变时，通过调整冷水水量和进口水温都能进行温湿度调节。但通过改变水量对湿度进行的调节非线性程度更严重。当水量减少到一定程度后，水量的变化就对湿度的调节失去作用。改变水温可以获得对湿度更好的调节效果。而再一个调节热湿比的手段是调整旁通风量，通过减少经过表冷器的有效风量来减少显热消除量而维持除湿量不变或减少不大。

如上讨论了全空气系统的控制调节过程，它是由如下三个步骤构成的：

（1）根据房间的温湿度状态与设定值之差，确定送风温湿度的设定值。此时可采用 PID 等算法完成这一任务；

（2）根据实测的室外空气状态、回风空气状态以及要求的送风温度设定状态，确定空

气处理装置的调节策略，也就是对装置中的每个调节手段，给出"全开"、"全关"、或"根据送风状态的某种参数进行调节"的命令；

(3) 对空气处理装置中的每个调节装置具体实施上述调节命令，实现送风参数的调节。

在上述调节过程中，房间的热湿惯性很大，室外新风和室内回风的变化也很缓慢，而相比之下空气处理装置的惯性小，调节速度快。这样，上述第一、第二两个调节的时间步长可以较大，例如3~5min，而第三个调节步骤的时间步长就应该快得多，应该是在3~5min内已经完成了设定的调节过程，使送风参数达到了设定值。只有这样，才能使得这两个调节环节互不干扰，使整个过程稳定进行。

可供下载的软件中有如图5-15所示的空气处理状态的仿真模型。在此仿真模型的基础上可以根据上述思路编写控制程序，试验在如何控制AHU的各个空气处理单元，使送风状态一直维持设定值。当室外温度从16℃在5个小时中连续变化到30℃，室外绝对湿度在此期间从8g/kg.air连续变化到23g/kg.air，而回风一直为24℃、14g/kg.air时，需要维持AHU送风空气参数为18℃、12g/kg.air。

实际AHU中，阀门的非线性以及传感器噪声等问题都可能影响实际调节效果。通过仿真可以看到这些问题，并设法降低这些问题对控制效果的影响。在仿真过程中，为了使问题清晰，先假设系统中所有的阀门都是线性的，假设传感器能及时准确的反映被测参数状态，研究在理想情况下根据上述思路确定的控制策略是否能够实现送风状态点的控制。

(1) 新风比控制调节策略，以及混风状态点分区策略的仿真

首先讨论新风比调节策略的具体实现方法。结合图5-16、图5-17可以发现，I-S-D线以及S-H线将I-D图划分为3个区域，新风和回风状态点落在这3个区域中的可能性共有6种，如图5-27所示。

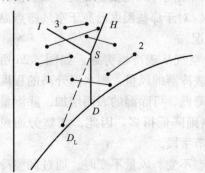

图5-27 新、回风状态点与分区的关系

1) 如果新、回风状态同时处于1区，那么混风后的状态也在1区，需要等焓加湿到S-D线并再热后才能到S点。因此，混风的目标是使混风点的焓值最接近S点焓值。此时需要根据新风和回风焓值，确定调节目标是最小新风或全新风，当新风焓值更接近S点时按全新风运行；当回风点焓值更接近S点时按最小新风运行。

2) 如果新、回风状态同处于2区，那么混风后的状态也在2区，需要冷却除湿再热才能处理到S点。因此，此时可以比较新风和回风的含湿量来确定混风点，采用最小新风或全新风使混风后的状态点更接近SD线。

3) 如果新、回风状态同处于3区，那么混风后状态点也在3区，需要冷却措施才可能处理到S点。依次可以比较新、回风的焓值确定混风点，采用最小新风或全新风使混风后的状态点更接近IS线。

4) 如果新、回风状态分处1、2区，并且二者的连线不跨越3区，混风的目标是使空气状态点落在SD线上；如果二者的连线跨越3区，混风的目标是使空气状态点落在IS

线上。

5) 如果新、回风状态分处 1、3 区，混风的目标是使空气状态点落在 IS 线上。

6) 如果新、回风状态分处 2、3 区，当新回风的含湿量都大于设定点含湿量时，使混风落在 HS 线上；然后通过表冷器即可处理到送风状态。

如果新风的含湿量小于设定点则运行全新风；如果回风的含湿量小于设定点则运行最小新风。除新风阀外，其他参数的调节是根据混风状态点在图 5-17 中的位置来确定控制策略的。实际情况下很难在 AHU 中准确测量空气状态，因此只有根据上述新风比控制策略判断混风状态点，认为新风阀控制能够使混风状态落在设想的区域内。根据上述新风控制策略，混风后的状态有以下几种可能，相应的设备启停策略也列举如下（见图 5-28）：

——假设混风点落在 1 区，用加热器控制焓值，用加湿器控制相对湿度：空气焓值小于设定点焓值越多，加热器投入功率越多；相对湿度小于设定点相对湿度越多，加湿器水泵转速越高。此时其他设备都关闭。加热器水阀和加湿器水泵变频器都是可以连续调节的，可以设计两个 PID 控制器来实现这一区域内的控制调节。

——如果混风点在 2 区，表冷器旁通阀全部打开，并且用表冷器旁通阀门控制含湿量，用再热器控制温度。空气温度低于设定值越多，加热器投入功率越大；空气含湿量大于设定值越多，旁通阀门开度越小。其他设备关闭。对此工况，也可以设计两个 PID 调节器分别调节表冷器阀门和加热器。

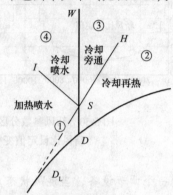

图 5-28 送风状态控制分区图

——如果混风点落在 3 区，则用表冷器控制含湿量，用旁通阀门控制温度。空气含湿量高于设定值越多，表冷器水阀开度越大；温度高于设定值越多，旁通阀门开度越小。加热器和加湿器关闭。

——如果混风点在 4 区，则用表冷器控制焓值，用加湿器控制相对湿度。空气焓值高于设定值越多，表冷器水阀开度越大；相对湿度小于设定值越多，加湿器水泵转速越高。表冷器旁通阀关闭，加热器关闭。

——如果混风点落在 SD 线上，那么用加热器控制温度。其他设备全部关闭。

——如果混风点落在 IS 线上，加湿器控制温度，其他设备全部关闭。

——如果混风点落在 SH 线上，按 3 区处理方式处理。

——如果混风点落在 WS 线上，按 4 区方式处理。

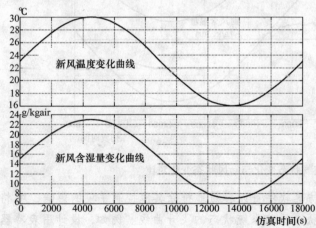

图 5-29 新风参数变化

AHU 新风和混风参数变化都相

对缓慢,而根据新、回风状态和混风状态调节新风阀,表冷器、加热器水阀,旁通阀等也需要一段时间来完成。如果新风阀和分区策略更改过于频繁,则可能在调节设备还没有完成前次调节任务时又接到新的设定指令,从而造成系统的不稳定。因此新风比与分区策略的计算可以每隔5min再进行一次。

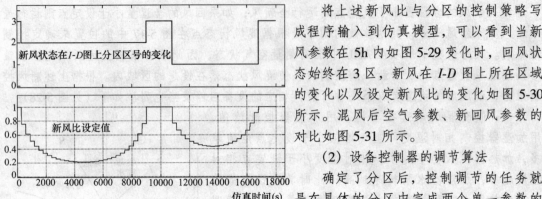

图5-30 新风参数分区变化及新风比设定值变化

将上述新风比与分区的控制策略写成程序输入到仿真模型,可以看到当新风参数在5h内如图5-29变化时,回风状态始终在3区,新风在I-D图上所在区域的变化以及设定新风比的变化如图5-30所示。混风后空气参数、新回风参数的对比如图5-31所示。

(2) 设备控制器的调节算法

确定了分区后,控制调节的任务就是在具体的分区中完成两个单一参数的控制调节。在前几章中学习的通断调节、比例调节、PID调节等都可以应用在具体AHU设备的控制器上。需要注意的是:同一个调节设备,当混风状态点处于不同的分区时,控制目标不同。例如当混风状态点处于3区时,调节表冷器水阀的目的是维持送风温度在设定值附近,而当混风点处于4区时,调节表冷器水阀的目的是控制送风焓值。因此,分区不同,同一控制器可能采用不同的PID算法。

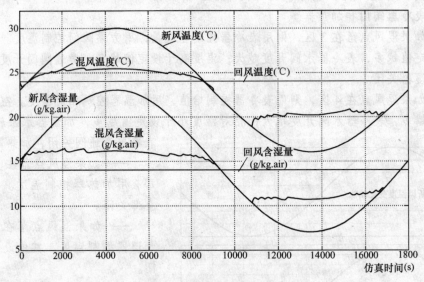

图5-31 混风空气状态变化与新风状态变化对比

在设计某一PID控制器时,利用仿真软件可以容易地排除其他控制手段的影响,并将新风状态维持在某个工作分区中,以获得反映系统状态的飞升曲线。例如,设计用表冷器控制含湿量的PID控制器,可以调整仿真模型,使室外参数恒定为18℃、12g/kg.air;同时使加热器、加湿器和表冷器旁通阀门都关闭。表冷器阀门开度从 0 跳变为 100% 时，系统的飞升曲线如图 5-32 所示。根据第 4 章介绍的 PID 参数整定方法，由此飞升曲线可以得到 $T_P = 10s$，$\tau = 8s$，$K_Q = 2.6$，从而得到 PID 参数：$K_p = 0.77$，$T_I = 8$，$T_d = 2$。将此 PID 参数输入到仿真程序中，当新风温湿度恒定为 18℃、12g/kg.air 时，调节表冷器水阀控制送风湿度的控制效果如图 5-33 所示。

初始 10s 内湿度下降是受到仿真程序中设备初值的影响。

同样的方法可以得到用各个调节设备控制各个空气参数的 PID 参数。将各组 PID 参数输入

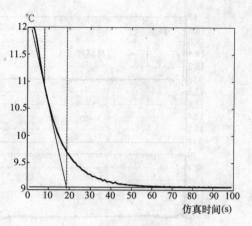

图 5-32 送风含湿量随表冷器阀门变化的飞升曲线

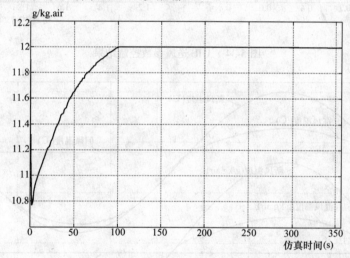

图 5-33 表冷器水阀 PID 控制器控制送风含湿量的结果

到仿真程序中，当新风参数如图 5-29 波动时，室内参数的控制结果如图 5-34 所示。从图中可以看到，当分区变化时由于 AHU 设备需要转换控制逻辑，送风状态有所波动。但是送风状态基本维持在设计点附近。

(3) 非线性阀门对控制效果的影响

实际系统中，阀门开闭动作需要一定时间来完成，同时阀门的非线性也将严重影响调节效果。例如将非线性新风阀门模型添加到仿真模型中，不对阀门非线性进行处理，按照上述新风比控制策略控制得到的混风状态如图 5-35 所示。

将图 5-35 与图 5-30 和图 5-31 对比可以看到，在新风阀设定值较小的时候，阀门的调节性能较好，但实际开度比设定值偏大；当阀门设定值超过 50% 时，阀门几乎已经处于全开状态，此时实际上按全新风方式运行。为了消除阀门的影响，实际工程中可以根据阀门样本或在现场对阀门进行测试，以得到阀门特性曲线，然后根据阀门特性曲线对阀门开度设定值进行修正。在仿真模型中，利用仿真模型可以模拟这一过程。利用新风风阀的模

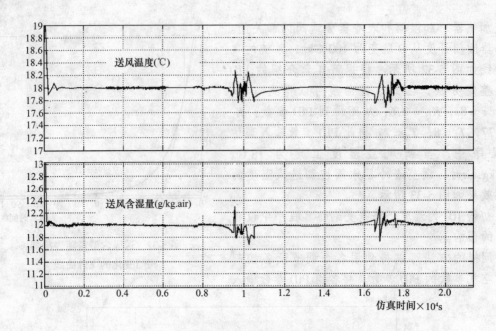

图 5-34 AHU 送风参数控制结果

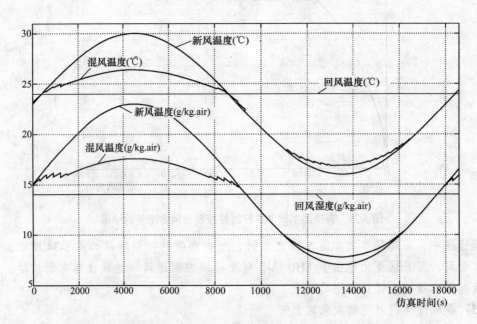

图 5-35 考虑了新风阀非线性及机械惯性后的混风参数

型可以得到风阀特性曲线，如图 5-36 所示。

此曲线拟合得到的函数为 $K' = 1 - e^{-5K}$。求此函数的反函数得到 $K = \frac{1}{5}\ln\left(\frac{1}{1-K'}\right)$。将上述理想情况下对阀门的设定值带入反函数公式，就可以得到对此非线性阀门的阀位实际设定值。在新风阀控制器中添加了线性化处理后，得到混风参数变化如图 5-37 所示。可以看到图 5-37 与图 5-31 基本相同。

AHU 中涉及的非线性阀门有：新风阀、回风阀、排风阀、表冷器水阀、加热器水阀、

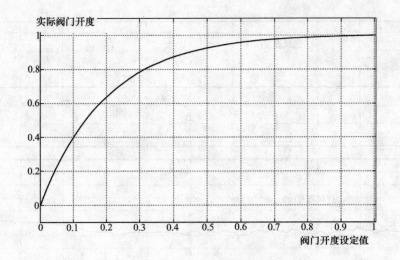

图 5-36 非线性新风阀特性曲线

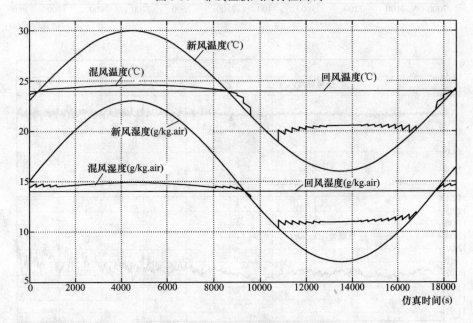

图 5-37 对非线性新风阀进行线性处理后的混风状态控制效果

表冷器旁通风阀等,分对各个阀门分别进行线性化修正,然后将修正处理添加到控制器后可以得到与图 5-34 基本相同的控制效果。

(4) 传感器噪声的影响

实际工程中测量送风参数的传感器通常安装在 AHU 出口处风道内。传感器测量到的并不是风道内空气的平均参数,而是某一点的参数。由于风道内气流并不均匀,即使送风参数不变,传感器测量到的数据也可能频繁波动。另外在传感器将测头信号转化为电信号,以及数据通信过程中,测量参数都可能因为周围电场和网络环境的干扰而产生不符合实际参数变化规律的高频扰动。如果将这些高频噪声输入到上述 PID 控制器中,则可能将噪声放大,导致波动加剧甚至振荡偏离设定点。可供下载的软件中给出了有噪声传感器的

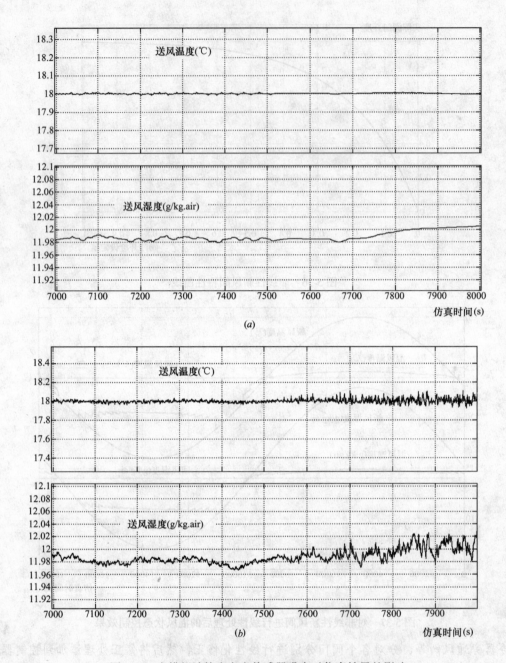

图 5-38 在模拟计算中考虑传感器噪声对仿真结果的影响
(a) 无传感器噪声影响时的控制效果；
(b) 有传感器噪声影响时的控制效果

模型。添加了噪声后送风参数的控制效果与理想情况下控制模型的对比如图 5-38 所示。为了消除这些高频噪声对控制调节的影响，就需要对传感器产生的数据进行滤波。

BAS 中，传感器传给控制器的参数通常是以数字通信的形式传输的，因此这里只讨论数字滤波的情况。广泛应用的几种滤波器包括算术平均滤波、加权平均滤波（滑动平均、加权递推平均）和惯性滤波（一阶滞后滤波）。

算术平均值滤波方法是取一段时间内 N 次采样结果的平均值作为滤波器输出结果，即 $Y = \frac{1}{N} \sum_{i=1}^{N} X_i$。其中采样次数 N 决定了算术滤波的效果：当 N 较大时采样滤波结果的平滑度较高，而滤波结果随被采样参数变化的灵敏度较低；当 N 较小时平滑度较低，而灵敏度较高。

加权平均滤波方法是对算术平均滤波的改进。在算术平均滤波中，N 次采样值在结果中所占的比重是均等的，即每次采样值具有相同的加权因子 $1/N$。而加权平均方法对不同时刻的采样值赋以不同的加权因子，即 $Y_n = \sum_{i=1}^{N} \alpha_i X_{n-i}$ 其中，$0 \leq \alpha_i \leq 1$ 且 $\sum_{i=0}^{N-1} \alpha_i = 1$。加权因子的选取可视具体情况决定，一般采样时刻越接近当前时刻，赋予的比重越大，这样可增加新的采样值在平均值中的比例。相对算术平均，这种方法提高了滤波的灵敏度，但同时对"噪声"的灵敏性也有所增加。

惯性滤波器的输出等于当前时刻采样结果与上一时刻滤波输出结果的加权平均，即 $Y_n = (1-\alpha)X_n + \alpha Y_n - 1$。其中 α 为滤波平滑系数，X_n 为当前时刻的采样值，Y_{n-1} 为上一时刻滤波的结果。α 越小，滤波效果越差；α 越大，滤波衰减与延迟越明显，但是曲线平滑。惯性滤波器特别适用于变化频率较低的参数。

利用仿真模型可以试验这几种滤波方式的效果，调试滤波参数 N 和 α。根据对滤波方式的试验，在控制中添加数字滤波功能，可以有效地降低传感器噪声对控制效果的影响。

5.4 变风量系统的变风量箱及其控制

当一台空气处理装置同时担负多个房间的温湿度控制时，为了使每个房间都获得较好的温度控制效果，往往采用变风量控制，又称 VAV (Variable Air Volume) 系统。这时在每个房间的送风通道上设置一个变风量箱，根据房间温度状况分别调节各个变风量箱，使得每个房间的风量相应的变化，从而实现对各个房间温度的分别控制。图 5-39 为变风量系统的原理图。安装在房间入口的所谓变风量箱实质上就是一个风阀，根据房间温度状态调整风阀开度，从而改变进入房间的风量，实现调整房间温度的目的。由于各变风量末端都源于一个主风道，某个变风量箱风量的改变就会导致主风道内风量的变化，从而使风道内压力分布改变，造成相邻的其他变风量箱风量的变化。为了避免各变风量箱之间的这种相互影响，近年来的变风量系统多采用所谓"压力无关式"变风量箱（Pressure independent VAV box），如图 5-40 所示。这种变风量箱实际上就是一个电动风阀与一个风量测量系统。

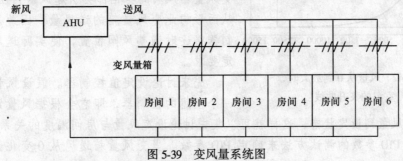

图 5-39 变风量系统图

这样风阀就可以不再直接根据房间温度进行调节，而是采用图 5-41 的串级调节方式。根据房间实测温度与温度设定值的差，通过某种调节算法（例如 PID 算法），确定风量的设

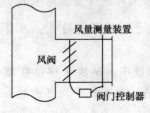

图 5-40 压力无关型变风量箱

定值，再根据风量的实测值与设定值之差，通过某种调节算法调节风阀开度，使通过变风量箱的风量为要求的风量设定值。由于从风阀到风量这一调节回路的惯性很小，相比之下风量到房间室温这一调节回路的惯性要大得多。这样，在考虑改变风量调节室温时，可以认为风量随时按照要求的设定值变化，其他支路风量变化造成的影响也会很快被根据风量控制风阀这一调节回路感受到并及时克服。这样就可以实现对各个房间温度的较好的控制。

与上一节直接调整空调箱送风温度控制房间温度的串级调节过程相比，由于房间热惯性大，而空气处理装置热惯性小，并且送风温度还会受室外温度变化等其他因素影响，因此采用串级调节，由房间温度确定送风温度设定值，再根据送风

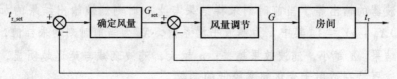

图 5-41 变风量箱控制框图

温度设定值不断调整空气处理装置，以使实际的送风温度总处于这一设定值。这里的送风温度设定值就类同于变风量系统的风量设定值，而对空气处理装置的调节以保证送风温度，就相当于对风阀的调节以保证要求的风量。室外温度的波动需要空气处理室及时的调节以维持要求的送风温度，就相当于主风道压力波动需要风阀的及时调节以维持要求的风量。这种同时存在一个大惯性环节和一个小惯性环节，并各自都有不同性质的扰动（房间内发热量变化的扰动和室外温度或主风道压力变化的扰动），采用串级调节是一个获得好的控制调节效果的有效方法。

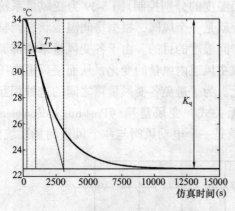

图 5-42 风量从 0 到最大时，室温的飞升曲线

可供下载的软件中有变风量箱和房间模型，利用这个模型可以仿真这种串级调节的变风量箱控制器的运行方式，从而设计它的控制程序。如图 5-41 所示，可以设计两个 PID 控制器：一个控制器负责根据房间温度决定变风量箱的送风量。另一个控制器根据设定值调节风阀。系统中其他变风量箱风阀的变化都会引起风道内压力的变化，从而影响此变风量箱的送风量。因此风量 PID 控制器将逐时调整风阀位置，使实际送风量达到设定要求。

先来讨论设定值控制器。假设风量控制器是一个理想的控制器，即它会根据风量设定值准确快速的调节风量到设定状态，这样就可以集中讨论设定风量与房间温度的关系。运用第 3 章中介绍的 PID 参数的调试方法来确定 PID 参数。当变风量箱送风从 0 变化为最大风量

时,用飞升曲线法得到 $T_P = 2253s$,$\tau = 486.4s$,$K_Q = 11.4$。利用经验公式和仿真试验调试可以确定设定值控制器的 PID 参数:$K_p = 0.7867$,$T_I = 3072.8$,$T_d = 300$。

再讨论风量控制器。在通过风阀控制风量的过程中,风量变化的惯性主要不是由空气动力问题引起的,而是风阀带动连杆位移的动作时间。风量控制器可以采用积分控制。通过仿真实验可以测试风量随风阀开度的变化。当风阀开度设定值从 0 跳变到 50%,风量变化曲线如图 5-43 所示。通过仿真试算可以确定比例系数 $K = 0.05$,积分时间为 60s。

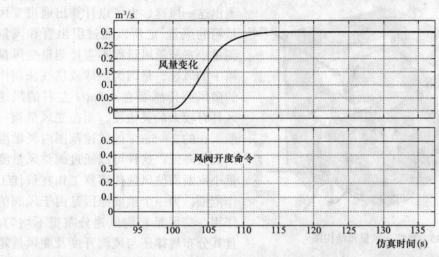

图 5-43 风阀从 0 到 100% 时风量变化的飞升曲线

将设定值控制器和风量控制器带入到变风量箱和房间模型中,可以看到房间温度控制的效果。如图 5-44 所示。

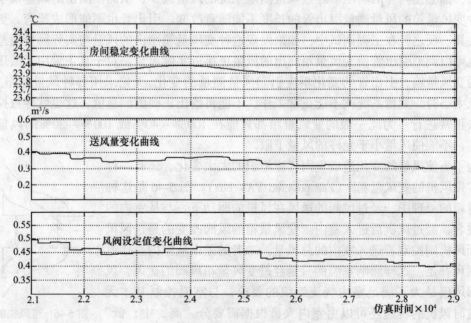

图 5-44 变风量箱控制效果

下面介绍几种变风量箱的具体结构。图 5-45 是典型的变风量箱，它实际上是由一个电动风阀和一个风量测量系统组成。安装在气流通道中的风量采样管在面对气流方向和垂直于气流方向上都设有小孔，分别感测到空气的全压和静压。通过连接管分别引出全压和静压的采样管，测量其压差，就可以得到空气的平均动压，从而可计算出通过变风量箱的风量。微压差的测量一般都很昂贵，有时就采用测量引出管经过风量测量小室内的风速来替代微压差的测量。依靠全压与静压的差，可以形成空气经过引出管→风量测量小室→引出管→变风量箱的流动，这样在风量测量小室内就形成正比于动压的风速。通过微风速仪测出这一风速，也可以计算出通过变风量箱的风量。之所以通过引出管和风量测量小室测量风量而不直接测量变风量箱中的风速，是因为热球或热线法制作的微风速传感器在 0.5m/s 左右的风速区具有较大的灵敏度，而在变风量箱一般工作的 2~5m/s 的风速范围内灵敏度则大大降低。这样可以通过调整风量测量小室断面使风速传感器工作在最佳工作范围。另一个重要原因是由于风阀的作用，变风量箱内风速分布很不均匀，且其分布规律还与风阀开度及变风量箱

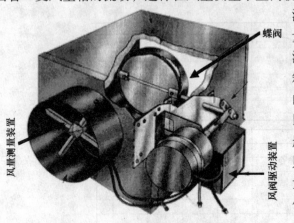

图 5-45 典型变风量箱结构图

与主风道连接方式有关，因此不可能通过直接安置在变风量箱内的一两个风速测点测出通过变风量箱的风量。当采用这一方式测量风量时，通过引出管和风量测量小室的风量反比于由引出管和测量小室组成的风量测量系统的流动阻力系数。增加引出管长度或缩小引出管断面，都会使同样的动压下经过风量测量系统的风量减少，从而使测出的风量偏小。因此这种变风量箱的风量测量引出管的长度不能随意改变，引出管也不能形成死弯，更不能安装夹具。反之，在工程调试中，如果发现这种变风量箱测出的风量与实际风量偏差较大时，也可以调整引出管使变风量箱测出的风量更接近实际风量。对于真正采用了微压差传感器的变风量箱，引出管的变化不应引起风量测量的变化。无论采用哪种风量测量方式，当风量太小时，测量系统就不能正常工作，不能再给出正确的测量值，这也就导致控制调节无法正常进行。为此一般的变风量箱都只能在 100%~40% 或 100%~30% 的风量范围内工作，不能使风量小于允许的风量下限。

为了不使风量的变化造成室内气流组织的太大变化，还有一种所谓"带风机的变风量箱"（Fan powered VAV box）。图 5-46 是这种变风量箱的原理图。经过风阀的送风在风机的驱动下，与从室内的回风混合，经过风机后进入室内。变风量箱的风阀改变的是送风风量，而风机则控制着送入室内的总风量。二者的差由从室内直接返回的回风补足。这样影响室温的只是经过变风量箱风阀的送风，风机和回风仅是为了满足室内气流组织的要求，与室温控制基本无关。这时风机的转速还可以由室内人员根据需要分"高，中，低"速控制，而只要风机的风量大于通过风阀的风量，风机的控制就不

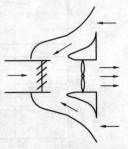

图 5-46 带风机的变风量箱原理图

会影响室温。

在我国还流行着另一种基于变速风机的变风量箱。这种变风量箱实际上就是用变速风机替代了风阀来实现对风量的调节。如果采用近于"恒流量"特性的风机，当转速一定时，风量基本确定，而受主风道压力变化的影响很小。这样就可以直接根据要求的风量改变风机转速，实行"前馈"控制，而不必再设风量测量系统。也可以把这种系统理解成直接根据室温的变化调节风机转速的闭环调节系统。由于采用"恒流量特性"的风机，使主风道压力的变化对末端风量的影响很小，因此就不必采用"压力无关"方式，也就是不再需要温度到风量之间的串级调节。这种方式即使停止风机，由于风道的压力，仍可有一定的风量，这也就是这种方式的最小风量。

在春秋过渡季，有些房间需要供冷，而另一些房间需要供热。这时即使采用变风量系统，改变各房间的风量，仍不能同时满足各房间的冷热需求。为此在变风量箱后面再设置再热器，在再热器中通过热水，用电磁阀控制热水的通断，调节再热量，从而满足冷热不同的需求。这时调节室温的手段有改变风量和通断电磁阀。在送风温度低于室温，需要向室内供冷时就不应开启电磁阀；而需要向室内供热时可以把风量固定于一定水平，通过电磁阀的通断，调节供热量；也可以使电磁阀常开，继续通过调整风量来调整供热量。而当送风温度高于室温时，送风和末端加热器的作用都是向室内供热，因此使用其一就可实现。不适当的控制方式，有时尽管也能实现好的室温控制，但会造成不必要的冷热抵消，造成能量的浪费。

当送风温度低于室温，电磁阀全开时，图5-47为进入室内的热量随风量变化的曲线。在小风量时，热量随风量增加而增加，是因为加热器面积足够大，加热后的出风温度基本不变，所以热量随风量加大而加大。而当风量进一步加大时，加热器的传热能力就成为主要矛盾。加热器传热量不再随风量增大而增加，而由于送风温度低，一部分热量消耗在把送风加热到室温的过程中，风量越大进入室内的有效热量就越小。这样当风量处于最小风量，

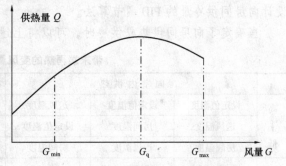

图5-47 送风温度低于室温，热水电磁阀全开时，不同风量下的供热量

电磁阀全开热量仍偏大时，就需要通断调节电磁阀，进一步减少供热量；而风量超过最小风量后，应全开电磁阀，通过调节风量改变进入房间的热量；而当风量大于可产生最大供热量的风量 G_q 时，就不能再继续加大风量，而应该根据需要适当地提高总的送风温度。如果测量经过加热器后进入室内的空气温度，就可以根据测出的室温和风量计算出实际进入室内的热量。这样可以在运行过程中发现最大加热量的风量 G_q，在开加热器时不使风量超过 G_q，还可以在不需要向房间供热量时，及时关闭电磁阀。

带有末端加热器的变风量箱的控制逻辑可以是：

——根据室温与室温设定值的差，按照PID调节算法，确定需要送入室内的热量或冷量；

——当需要向室内送入冷量时，关闭电磁阀；如果测出进入变风量箱的空气温度低于

室温，则根据要求的冷量和送风温度与室温温差，确定此时风量调节的设定值；否则把风阀调到最小；

——当需要向室内送入热量时，如果当前风量大于最小风量，电磁阀全开，通过调整风量达到要求的送热量，否则就维持最小风量，通过电磁阀的开闭实现要求的供热量。

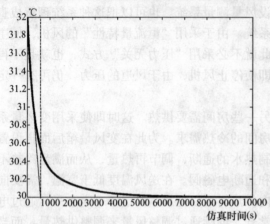

图 5-48 房间温度飞升曲线

可供下载的软件中，有末端带再热的变风量箱仿真软件。利用此软件可以试验此类变风量箱的控制策略。首先讨论如何确定 VAVbox 的室内的供热量或供冷热。当房间温度小于设定温度时需要向室内供热；当房间温度大于设定温度时需要向室内供冷；根据 PID 算法可以根据室内温度确定向室内供冷和供热量的多少。在可供下载的变风量箱仿真软件的房间模型内，维持室内发热量和室外温度不变，当变风量箱向室内供冷量从 0 跳变到 1000W 时，房间室温的飞升曲线如图 5-48 所示。利用第 4 章提供的 PID 整定方法可以得到 $T_P = 692s$，$\tau = 310s$，$K_Q = 0.002$，计算得到 $K_p = 13392$，$T_I = 620$，$T_d = 155$。利用这些参数可以设计向房间供冷量的 PID 调节算法。

当确定了向房间供热或供冷时，可以将上述控制策略整理成以下表格（表 5-1）：

带末端再热的变风量箱控制策略　　　　　　　　　　表 5-1

高↓低	向室内供热			向室内供冷		
	设定值温度	设定值温度	送风温度	房间温度	房间温度	送风温度
	送风温度	房间温度	设定值温度	设定值温度	送风温度	房间温度
	房间温度	送风温度	房间温度	送风温度	设定值温度	设定值温度
控制策略	电磁阀全开；调节风阀	电磁阀全开；调节风阀	电磁阀关闭；调节风阀	调节风阀	风阀调节到最大	最小风量

根据上表，可以归纳出风量设定值的控制策略：

当热量 PID 控制器计算出的热量为正值，即需要向室内供热时，如果送风温度大于设定值温度时，送风量等于供热量 PID 控制器计算出的热量与送风温度、房间温度的差值之比；如果送风温度小于设定值温度，则应开启再热器电磁阀，根据房间温度与设定值的差值调节送风量。可以设计另一个 PID 控制器来实现风量的控制。

当热量 PID 控制器计算出的热量为负值，即需要向室内供冷时，如果送风温度大于房间温度则运行最小风量；如果送风温度小于设定值温度，送风量等于供冷量 PID 控制器计算出的冷量与送风温度、房间温度的差值之比；如果送风温度大于设定值温度并小于房间温度，则运行最大风量。

根据上述表格，同样可以归纳出再热器电磁阀的控制策略：

当热量 PID 控制器计算出的热量为正值，即需要向室内供热时，如果送风温度低于房间温度则根据房间温度与设定值温度的差值调节电磁阀通断状态，可以设计一通断控制器来实现此调节过程；如果送风温度大于设定值温度时，电磁阀保持关闭状态；如果送风温度大于房间温度但小于设定值温度，则保持电磁阀全开状态。

当热量 PID 控制器计算出需要向室内供冷时，电磁阀始终保持关闭状态。

可供下载的软件中，末端带再热的变风量箱仿真软件的房间模型与末端无再热变风量箱仿真软件的房间模型相同，因此当送风温度小于设定值温度并大于房间温度时，调节送风量的 PID 控制可以用无再热变风量箱中的 PID 控制器。再热器电磁阀通断回差为 ±0.1℃，房间控制效果如图 5-49 所示。

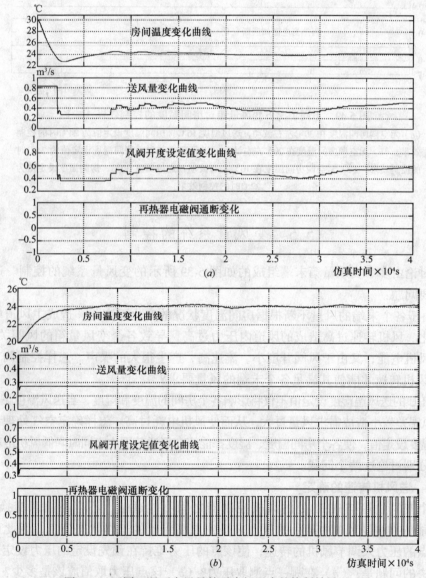

图 5-49 不同工况下变风量箱对房间温度的控制效果（一）

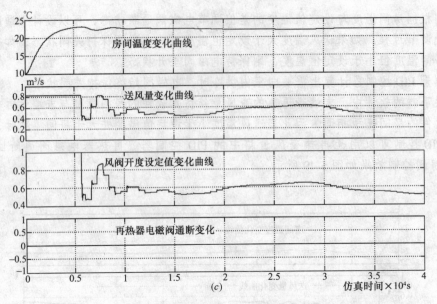

图 5-49 不同工况下变风量箱对房间温度的控制效果（二）

（a）无空调房间温度在 30℃左右波动，送风温度 16℃，房间温度设定值为 24℃时的控制效果；（b）无空调房间温度在 20℃左右波动，送风温度 16℃，房间温度设定值为 24℃时的控制效果；（c）无空调房间温度在 10℃左右波动，送风温度 30℃，房间温度设定值为 22℃时的控制效果

5.5 变风量系统的控制

现在讨论由多个变风量箱末端组成的如图 5-39 所示的变风量系统的控制。这时要讨论两个主要问题：

（1）由于各个末端的风量不断根据房间温度状况的变化而变化，造成主风道中的风量也随时变化。风机转速过高造成的风道内压力过高，导致各个变风量箱的风阀关得很小，既浪费了风机电能，又由于风阀开度小、流速高，产生很大的噪声。怎样控制调节空调箱 AHU 的送风机转速才能使其满足各个末端的风量要求？

（2）AHU 的送风温湿度设定值不仅将影响各个房间的温度和湿度，当送风温度偏高时，还会由于送风温差较小造成需求风量过大，从而使风机电耗过高。怎样确定空气处理装置 AHU 的送风温湿度设定值，使各个房间温度、湿度都能够在舒适范围内，同时降低风机电耗？

下面分别讨论这两个问题。

5.5.1 送风机转速的确定

当各个变风量箱与 AHU 处的风机控制器之间不能通信，不存在信息交换功能时，AHU 只可能依靠测量风道中某处的压力来得到末端装置的工作状态信息，因此可以根据风道中某点的压力来调节风机的转速，使该点的压力维持在预先设定的压力设定值处。这时需要解决的问题是：（a）在哪一点测取压力？（b）该点压力取值应该是多少？

当某个变风量末端风量通过调节减小时，风道内风速降低，损失减少，因此各点压力都将有所提高，从而使得其他各个末端为了维持其风量，都需要把风阀关小。此时减少风机转速，降低参照点压力，可以避免各个风阀关得太小，并且可以降低风机电耗。但是如果参照点选择在风道末端，根据最大风量时的设计参数，风道压降较大，因此处在风道末端的参照点的压力设定值要比风道前半段风道内的压力低得多。当风量减少后，主风道内风量减少，压力降低，风道前后的全压压降就远小于最大风量状态。此时维持风道末端处的静压不变，风道前段的全压就会比正常工况下低。如果这时风量的减少主要是由于风道末端附近的变风量箱设定风量减少所致，则由于主风道末端风速降低很多，导致静压升高，从而更使风道前部静压降低，甚至低于风道末端的静压。这时风道末端为了维持参照点静压不变，减少风机转速，使设在风道末端的参照点压力达到设定值，则前面一些变风量箱有可能由于压力过低，而不能满足风量要求。为了保证安全，使各处的变风量箱都能有足够的背压，保证在任何时候都能在设计的风量范围内提供要求的风量，就要把压力参照点前移。参照点越接近风机，压力设定值就越高。这样当风道内风量减少时，由于主干风道的压降减少，末端与前段的全压差减少，同时越接近末端，静压在全压中的比例越大。这样，就使得总风量减少后末端静压偏大，调节风机转速所希望的降低能耗和减少变风量末端阀门关闭程度这两点目的都实现的不好。所以压力参照点的位置就是在保证安全可靠性和节能与降噪这两方面间寻找平衡点。而恰当的参照点位置与实际系统运行过程中经常处于小风量状态的变风量箱的位置有关。末端的变风量箱经常处于小风量，则参照点可适当前移；当前面的变风量箱经常关小，则参照点位置可适当后移。根据工程经验，在一般情况下，参照点的位置选择在距主风道末端按照风量计算1/3处，也就是通过该参照点的设计风量约为该风道总风量的1/3。有时为了系统安全可靠，也有牺牲系统的节能性和调节特性，将参照点前移到主风道的1/2处甚至更前的案例。

当风道上连接有很多个变风量箱时，某个变风量箱的变化不会引起主风道内压力的太大变化，因此系统可以较好地运行。然而，如果风道上连接的变风量箱的个数较少，变风量箱风量的变化引起风道内压力较大的变化时，系统有时就会出现稳定性问题。这可由如下调节过程说明：

某变风量箱要求风量↓—该变风量箱风阀↓—风道内压力↑—参照点压力↑—风机转速↓—风道内压力↓—变风量箱实测风量↓—各变风量箱风阀↑—风道内压力↓—风机转速↑—风道压力↑—各变风量箱风量↑—转入开始的循环

这样则很可能导致系统振荡，周而复始地永远不能稳定。这实际是两个调节回路相互干扰的过程：根据风道压力调节风机转速的过程；根据风量设定值调节风阀的过程。如果这两个过程的时间常数接近，并且变风量箱的个数少，则这种振荡现象就非常容易出现。反之，如果变风量箱的个数足够多，或者两个过程的时间常数差得较大，则这种现象就可能避免。此时有效的方法是减慢变风量箱的调节过程，即降低风阀的动作速度，使变风量箱风阀的调节过程与风机转速处在不同的时间量级，从而可以有效地避免这种有害的振荡现象。

当各个变风量末端装置可以和空气处理机组AHU通信、汇报工作状态时，风机的控制调节就可以大大改善。这时可以根据各个末端的工作状态和需求，足够准确地确定风机转速。目前世界上有"滑动静压参考点"方法和"总风量法"两种方法。前者是基于前面根据风道中测出的静压来控制风机转速的方法，由于可以了解各个变风量末端的工作状况与需求，就可以适当地修正静压设定值，避免前面所述静压过高导致风机能耗高、变风量箱噪声大的问题和静压过低导致某些末端风量不够的问题。这仍是一种反馈控制的方法，仍然不能避免前面讨论过的某些状况下处理不当所可能发生的振荡现象。而"总风量法"则是充分利用各变风量末端提供的信息实现控制的完全不同的思路。

如果一变风量箱的风量设定值为 G_i，可定义其相对风量设定值 f_i 为：

$$f_i = \frac{G_i}{G_{i,\max}}$$

式中，$G_{i,\max}$ 为该变风量箱的最大风量。当各个变风量箱的相对风量设定值 f 都相同时，只要把各个变风量箱全部调整到全开的位置，同时使风机的相对转速也处于 f：

$$f = \frac{n}{n_{\max}}$$

如果风机处于最大转速 $n_{\max}$ 时，风量恰好为设计的最大风量，则转速处于 $n = fn_{\max}$ 时就可以保证风量正好处于要求的 $fG_{\max}$，于是各个变风量箱也就恰好处于所设定的风量。然而一般情况下各个变风量箱设定的相对风量都不相同，这必然使有的变风量箱风阀开得大，有的开得小，以满足不同需要。这样，由于部分风阀关小，整个送风道的等效阻力系数也就变大。这导致风机工作点在风机特性曲线图上向左偏斜，同样转速下，风量降低。这时就需要适当地加大转速，以补偿这部分风量的下降。设定的相对风量越不均匀，风阀关得越多，送风系统的等效阻力系数就越大，从而为了保证风量要求，要求的风机转速就越大。根据这一原理，可以设计出前馈的控制算法：

$$n/n_{\max} = \frac{\sum_i G_i}{\sum_i G_{i,\max}} + \frac{\alpha}{m} \sum_i (f_i - f_m)^2 \tag{5-8}$$

式中，m 为变风量末端的总数，f_m 为各个变风量箱 f 的平均值，α 是由风道系统结构决定的系数，并影响控制性能。α 取值大，则同样的风量设定方差下，风机转速较高，各变风量箱都可以实现要求的风量设定值，但风阀都开得较小。α 取值小，则风机转速低，但存在个别变风量箱风量不能满足要求的现象。合理的 α 取值与具体的风道结构、阻力分布等有关，因此不存在一个最好的数值，一般取 0.3~0.6。在实际工程中可以在初调节过程中，有意把各个变风量箱的风量设定值设定的不均匀，然后调整风机转速，寻找可满足各变风量箱的末端要求下风机的最小转速，这就得到此工况下的 α 值。经过几次这样的实验，确定不同的风量分布下的 α 值，取其最大者，就可以作为实际的控制调节用参数。

这样，在实际运行中，首先得到各个变风量末端提供的风量设定值信息，然后即可根据式（5-8）计算出此时要求的风机转速。按照计算结果调整风机转速，各变风量箱会相应地调整各自的风阀，使风量得到满足。此时风机转速的控制不再是根据实际的控制调整结果，而是直接根据设定值计算。这样的控制为"前馈控制"。与反馈控制不同，前馈控制的依据是系统预先的设定值，而不是事后的结果，因此永远不会振荡，系统一定是稳定的。但是，反馈控制依据事后的结果，可以不断地修正，这样可以保证系统接近要求的设定值，不依赖于调节算法的准确；而前馈控制完全依靠事先的计算，如果算法不当，就无法使系统达到要求的设定值。这是反馈控制与前馈控制的主要区别。本书中讲述的绝大多数控制方法都属于"反馈控制"，只有"总风量法"例外。这是因为我们有可能足够准确地知道风机转速与总风量间可能的关系。这样做，导致了系统稳定性的大大改善，同时也有可能使控制调节大为简化。
5.5.2 回风机转速的控制
送风机转速需要调节,回风机转速也需要调节。如果回风机不能同步的调节,则房间压力就会过高或过低,这都会导致各种不适。一种做法是使回风机转速与送风机转速同步调节,但仔细分析就会发现这样做不十分合适。按照前一节的总风量控制,即使要求的总风量相同,由于各个变风量箱设定风量的不同,送风道的等效阻力系数也不同,因此需要根据变风量箱设定的相对风量的方差修正风机转速。然而,回风风道上没有风阀,因此其等效阻力系数就近于不变,其转速也就不应该跟着做这样的修正。这就表明,回风机的转速不应该永远与送风机一致,而应该与总风量的变化一致。从这些分析可知:当风机的控制与各个变风量末端通信,可以随时了解各个变风量末端风量设定值时,可以采用前馈控制的方法,使回风机转速正比于设定风量之和与系统设计的总风量之比。如果风机设计选择的正确,这样可以保证回风量为要求值时,各房间压力能够满足要求。

如果风机控制器不能和各个变风量末端进行通信,则这种前馈控制无法进行。此时希望通过调节回风机转速维持房间空气压力,但房间空气正压度是很难在现场实时测量的,有可能的只能是回风道上某点的压力。如果房间为零压,则回风道上固定点的压力一定随风量的变化而变化,其负压值应与回风风量的平方呈正比。但是由于没有通信机制,无法了解要求的总风量,送风机的转速也不与风量完全成正比。这样,可能的方式就是在主送风道上在尽可能接近风机侧另选一压力测点,根据这一测点与静压控制参考点间的压差,就可以估计总风量,从而可以确定回风机转速控制参考点的设定值。具体做法可以取回风机转速控制参考点压力的设定值正比于送风道上这两个压力测点的差。其比例系数与风道的结构和尺寸有关,这可在现场调试中根据实测数据确定。

5.5.3 送风状态的确定
确定变风量系统空气处理装置送风状态的设定值,使空气处理装置根据这一设定值进行具体的调节控制。由于各个末端变风量箱都是根据室温调节风量,而不考虑湿度,因此送风湿度将决定各个房间的湿度。考虑各个被调节房间的主要产湿源是人体散湿,而各房间人数相差不多,因此只要使送风的绝对湿度 d 在一定范围内,就可以维持各房间的绝对湿度 d 于要求范围。当要求室内绝对湿度为 13～14g/kg 时,如果每人折合的循环风量为 100～200m³/h,则要求的送风湿度为 10～12g/kg。相对于这一湿度的 90% 相对湿度下的温度为 15.5～17.5℃,这样,当需要通过冷凝方式除湿,并且不希望再热时,可以送接近饱和状态的空气,送风温度在 16～18℃(考虑风机温升),即可初步满足房间的湿度控制。如果送风温度过低,就意味着湿度过低,则会使得房间湿度低,处理室外新风到房间状态能耗就高。因此一般情况下不应使送风温度低于 16℃。

再从控制房间温度的需要来讨论。只要送风温度在一定范围内,都可通过调整风量,使房间温度达到设定值。当送风温度过低时,可能有的房间即使把风量调整到变风量箱的最小风量,室温仍然偏低,这时需要适当地调高送风温度;当送风温度过高时,有些房间把风量开到变风量箱的上限,温度仍偏高,这时就要适当地降低送风温度。当各个房间的温度都能满足要求时,送风温度越低,则需要的风量越小,从而风机电耗越低。从这个角度分析,应该是在满足各房间温度控制要求的前提下,送风温度取允许的下限值。在各个变风量箱不与空气处理装置通信时,空气处理装置无法了解各个房间是否满足温度控制要求,因此只能采用固定的送风温度,根据当地气候变化略有增减。当变风量箱与空气处理装置间存在通信功能时,则可以根据各个房间的温度状况,实时修订送风温度的设定值。

——存在某个房间温度高于设定值,风量已达到该变风量箱的最大风量;而没有一个房间的温度低于设定值,同时风量为该变风量箱的最小风量;把送风温度设定值降低0.5℃;

——存在某个房间温度低于设定值,风量已达到该变风量箱的最小风量,而没有一个房间的温度高于设定值,同时风量为该变风量箱的最大风量;把送风温度设定值增加0.5℃;

——每个房间都满足要求,相对风量最小的房间为房间风量最小值的1.2倍以上;这时,把送风温度设定值降低0.5℃;

——其他情况维持送风温度设定值不变。

在作上述送风温度修订时,一定要注意修订的时间间隔要远大于变风量箱控制房间温度这一环节的时间尺度。上述修订时间间隔过小,在变风量箱尚未完成其控制调节时,频繁进行修订,就会造成系统的严重振荡现象。

变风量系统的各个调节过程,时间尺度有很大差别。从小到大排列起来为:
1) 风机转速调节主风道内静压;
2) 变风量箱根据风量设定值调节风阀;
3) 空气处理装置(AHU)根据要求的温室度设定值调节送风状态;
4) 房间温度控制器根据房间温度设定值调节送风量设定值;
5) 控制系统根据各房间温度控制状况调节空气处理装置送风状态设定值。

从热力学关系来分析,上述各个控制环节是彼此耦合、相互影响的。把它们分解为这样五个单独的回路来研究各自的调节过程,其前提就是每一级的调节都假设它的上一级(时间更短的一级)已经实现了它的既定调节控制目标,而不是正处于动态调节过程中。若不满足此假设,各过程间就相互影响,系统就呈现不稳定状态。为了避免这种不稳定的现象出现,要尽量拉开各级之间的时间间隔。

5.6 风机盘管加新风系统的控制

变风量系统广泛地应用于北美和日本,我国大多数办公楼和宾馆的空调是风机盘管加新风系统。这是两套相对独立的系统,新风系统向各空调区提供经过处理的新风,有时这些新风还可以承担房间的部分热湿负荷;各房间的温度是靠安装在各个房间的风机盘管来控制。与变风量系统相比,风机盘管可以更好的实现各个房间的温度控制,同时控制系统也比变风量系统简单。

5.6.1 风机盘管的控制

风机盘管的控制可以通过风侧的控制和水侧的控制两个途径实现。下面分别讨论。

(1) 水侧电磁阀通断控制

在水路上安装通断电磁阀,根据房间温度控制电磁阀的通断,改变通过风机盘管的水的流动或停止状态,从而实现了冷量或热量的控制。此时的风机一般也采用变速风机,但往往把风机转速的控制交给房间的使用者,由使用者根据个人的喜好,独立调节风速的高低。目前广泛使用的风机盘管控制器都是这类控制方式。由于它们大多采用简单的电子模拟电路,所以只能实现前面所讨论的通断控制,也就是当室温高于设定值时,打开电磁阀,使水路流通;当室温低于设定值时,关闭电磁阀,截断水路。由于房间热惯性很大,风机盘管内的水盘管也有较大的热惯性,因此这样控制就造成较大的室内温度波动。如果是基于单片机的控制器,通过一些改进的控制算法,有可能获得更好一些的温度控制效果。实际上接通和关闭水路造成的结果是实现不同的盘管表面温度,从而实现由盘管向空气的不同换热量。改变在一个固定的控制周期内电磁阀的通断比,就可以实现不同的换热量。这样就可以根据室温的变化,按照 PID 调节算法或其他调节算法,确定希望输出的热量,再根据这一热量及当时使用者设定的风机风量,确定电磁阀的通断比。这样就可以用这种通断性质的电磁阀实现"准连续调节"。

(2) 风机的变速控制

另一种方式是水侧不控,水量不变,通过控制风机的转速来实现房间温度的控制。此时,由于送入房间的热量与风量成正比,就可以实现很好的房间温度控制。如果风机盘管风机通过直流无刷电机驱动,就可以实现风机转速的连续调节。可根据前面讨论,利用 PID 算法或其他算法根据房间温度确定风机转速来实现房间温度的控制。而如果风机是分三档变速,则可以采用"模糊控制"算法,按照第 4 章中介绍的方式,建立模糊调节矩阵,根据室温的偏差和室温变化速度,得到风机风速的高、中、低档设定。当然,也可以按照 PID 连续输出考虑,然后再把要求的连续输出变换为周期性的三档之间的不断转换。

5.6.2 新风机组的控制

一般来说,新风机都采用定风量方式,风量为满足室内空气质量所要求的新风量。新风处理后的送风状态点可以有几种不同的设计思路:

(1) 送风状态的焓为室内状态,这样新风不增加室内的冷负荷。由于送风参数往往接近于露点,因此湿度高于室内状态,温度低于室内状态,风机盘管承担较大的除湿任务,要求风机盘管处理的热湿比小于房间的热湿负荷比。在一般情况下风机盘管很难做到,其结果就是当显热负荷低时,房间相对湿度偏高。当室内无人,风机盘管水阀关闭时,持续地送入高于室内要求湿度、低于室内要求温度的空气,也造成室内相对湿度过高。

(2) 送风状态为与室内湿度 d 相同的接近露点的状态。此时风机盘管承担室内湿负荷和部分室内冷负荷。由于送风状态低于室温,因此一部分室内显热负荷也被新风承担。这样通过调整风机盘管的风量并且通过调整电磁阀改变盘管表面的平均温度,能够使室内的温度和湿度都处在舒适区。当室内无人,风机盘管水阀关闭时,由于送风湿度 d 为室内要求的 d,风机盘管不提供冷量,造成室内温度偏高,绝对湿度正常,相对湿度偏低。因此可以满足要求。

本 章 小 结

通过本章的学习和仿真试验,希望掌握如下概念:
1. 串级调节的原理、方法和实现好的串级调节要求的条件;
2. 多输入、多输出系统中各调节回路相互耦合的概念,解耦的方法。
在此基础上,能够了解各类空调系统末端控制的方法的基本问题,能够设计相应的自动控制系统，并且借助于仿真模型，调整系统控制参数。对变风量系统和风机盘管加新风系统这两类典型的集中冷源空调系统，应理解其基本原理和控制调节的基本原则。能够正确地设计控制系统，整定相关的调节参数，解决运行调节中的实际问题。

思考题与习题

1. 可供下载的软件中给出在 Simulink 平台下的房间空气温度调节过程仿真模型。利用这一模型研究不同调节方式下房间温度的调节过程。这时可以认为 AHU 是一个理想的空气处理装置，也就是其产生的送风温度时刻等于要求的设定值。这时只要设计一个 PID 调节器或其他形式的调节器，根据房间温度的变化确定要求的送风温度即可。请通过仿真试验，获得一个可以实现高精度温度控制的房间空气温度控制调节器。

2. 可供下载的软件中给出在 Simulink 平台下的房间空气温度和湿度的调节过程仿真模型。利用这一模型研究采用变风量调节时房间温湿度的调节过程。采用理想的空气处理装置，假设在任何工况下，送风状态的相对湿度永远是 90%，而送风温度时刻等于要求的送风温度设定值。设计两个 PID 调节器，分别通过风量调节房间温度，通过送风温度调节房间相对湿度，并按照式（5-5）进行解耦修正。寻找能够获得最好的调节效果的 PID 参数和解耦修正系数。

3. 可供下载的软件中有图 5-15 的空气处理装置的仿真程序。利用这一程序，在 Simulink 平台上按照上述思路编写控制程序，当室外温度从 16℃ 在 5 个小时中连续变化到 30℃，室外绝对湿度在此期间从 8g/kg.air 连续变化到 23g/kg.air，而回风一直为 24℃、14g/kg.air，送风设定值一直为 18℃、12g/kg.air 时，空气处理装置能够一直稳定的处理出所要求的送风状态空气。

4. 利用上面的分析结果，并用习题 2 中给出的房间模型和其确定送风温湿度的 PID 调节器，全面模拟在习题 3 的空气处理室的控制调节作用下的房间的温湿度调节过程。

5. 可供下载的软件中有包括末端带再热器的变风量箱和房间模型的变风量末端温度控制仿真软件。编写变风量装置的控制程序，并在 Simulink 平台上试验，使其在软件中给出的各个工况下，都能实现好的控制效果。可以从仿真软件中得到的测量参数包括：风量，房间温度，进入变风量箱之前的空气温度，变风量箱之后的空气温度，房间温度设定值。

6. 设计一台采用单片机的风机盘管控制器。包括：电磁阀控制，风机转速控制，室温测量与显示，供水温度测量（以知道是热水还是冷水），使用者设定温度设定值，使用者设定高、中、低档风速。请绘出全部电路图。

7. 在 Simulink 平台上开发上述风机盘管控制器的控制算法，并进行仿真验证。

8. 在 Simulink 平台上开发水侧无控制，根据室温调节风机转速在高、中、低档间变换的控制算法，并进行仿真验证。

第6章 冷热源与水系统的控制调节

本章要点：本章讨论由换热站、锅炉、制冷机、冷热水循环系统、冷却塔等构成的建筑物冷热源与水系统的控制调节。这一部分系统和设备，消耗了80%以上的建筑热环境控制系统的能耗，是建筑节能工作的主要目标，并且对建筑物内实现良好的室内环境控制起重要作用。这一系统的优化调节和安全保护也是建筑自动化系统的主要任务之一。通过这一章的学习，希望掌握：

(1) 冷热源与水系统正常的启停与工况转换过程的控制与保护；
(2) 冷机的优化控制；
(3) 冷却塔与冷却水系统的优化控制；
(4) 冷冻水循环系统的优化控制，
(5) 蓄冷系统的优化控制。

6.1 冷热源系统的基本启停操作与保护

图 6-1 及表 6-1、表 6-2 为典型的由水冷式冷水机组和燃气锅炉组成的冷热源站的工艺流程及相关的控制与保护回路。这一系统由 3 台水冷式冷水机组作为冷源，提供空调冷冻水；2 台燃气锅炉作为热源，在冬季提供采暖热源。与冷冻机相配合，有 3 台冷却水循环泵和 6 台冷却塔，以及 3 台冷冻水循环泵；在冬季燃气锅炉启动后，由于水量减少，系统阻力降低，因此改用 2 台采暖循环泵为热水循环提供动力。为了保证水系统定压，还有一台补水泵，向系统定压水箱内补水，维持其水位，补足水系统的泄漏。

冷热源站控制系统测量信息点 表 6-1

编 号	传感器种类	测量范围	精 度	单 位	测量内容
M1～M3	水流开关				冷水机组蒸发器水流状态
M4～M6	水流开关				冷水机组冷凝器水流状态
M7、M8	水流开关				燃气锅炉循环水水流状态
M9～M11	温度传感器	0～20	0.2	℃	冷水机组蒸发器出口水温
M12	温度传感器	0～20	0.2	℃	分水器水温
M13	温度传感器	5～30	0.2	℃	集水器水温
M14	压力传感器	0～60	1	mH$_2$O	分水器压力
M15	压力传感器	0～60	1	mH$_2$O	集水器压力
M16～M21	液位开关				冷却塔水位
M22	液位开关				膨胀水箱水位

冷热源站控制系统控制信息点　　表 6-2

编号	执行器种类	调节范围	精度	单位	测量内容
C1~C3	电动通断阀门	通/断			冷水机组蒸发器水流状态
C4~C6	电动通断阀门	通/断			冷水机组冷凝器水流状态
C7、C8	电动通断阀门	通/断			燃气锅炉循环水水流状态
C9~C11	交流接触器	通/断			冷水机组工作电源开关
C12~C14	交流接触器	通/断			冷冻水泵电源启停控制
C15~C17	交流接触器	通/断			冷却水泵电源启停控制
C18~C23	交流接触器	通/断			冷却塔风机电源启停控制
C24	交流接触器	通/断			定义补水泵电源启停控制
C25、C26	交流接触器	通/断			采暖循环泵电源启停控制
C27、C28	交流接触器	通/断			燃气锅炉工作电源开关
C29	电动调节阀	0~100	1	%	旁通水量调节
C30~32	变频器	20~100	1	%	冷冻水泵转速调节
C33~35	交流接触器	通/断			冷却水泵启停控制
C36~C41	变频器	20~100	1	%	冷却塔风机转速调节

　　对于水冷式冷水机组，其运行的必要条件是蒸发器、冷凝器的水侧必须保证足够的流速。流速太低，就会恶化换热，导致换热温差过大，使蒸发压力降低，冷凝压力升高，制冷效率下降。流速太低时，由于换热不良，蒸发器水侧局部表面就会低于 0℃，这就有可能造成局部冻结，冰塞，从而造成制冷机事故。对于燃气热水锅炉，受热水管内的流速不足，也会造成局部温度过高，进而出现汽化而导致气塞，造成重大事故。保证容器或管道内有足够的流速，可以测量进出口压差，也可直接测量管道内流速。当管道内有不凝气体时，即使两侧有足够的压差，通过管道的流量仍可能很小。因此最可靠的办法是直接测量管道内流速。一般都是用"流速开关"。管道内的流体流速不同，流速开关的位移不同。根据要求的最小流速，可以把流速开关设定到要求的最小流速位置。当通过管道的流速高于最小流速时，开关闭合，电路接通；当管道的流速低于最小流速时，开关断开，电路中断。冷冻机和燃气热水炉的控制系统就可以根据流速开关的状态，决定冷机和燃气炉可以启动和运行还是为了安全保护而立即关断。

　　目前的绝大多数冷水机组和燃气锅炉都配有完善的控制器，完成自身的安全保护和运行调节。只要保证水路畅通，给定要求的出水温度，设备就可以运行。根据要求的设定温度，自动调节制冷量或燃烧量，使实际的出口温度接近于给定的出口温度设定值，或者在制冷量/制热量不足时，投入全部设备容量，最大可能的降低/提高出口温度。控制器同时还配备有各种保护功能，如制冷机的高压、低压、油压保护，润滑油油温的自动控制与保护，燃气锅炉引风、排风的调节与各种保护。这些详细内容可参考相应设备的技术和操作说明书，以及专门的相关论著。由于这些控制器基本上都是基于计算机的控制器，因此原理上可以通过数字通信的方式，从这些控制器中获取所控制设备的各种运行参数，同时向这些控制器送去要求的出口温度设定值和设备启/停命令。这样就可以使这些设备本身的控制器与整个的控制系统连为一体，协调工作，实现系统调节、控制和安全保护的任务。

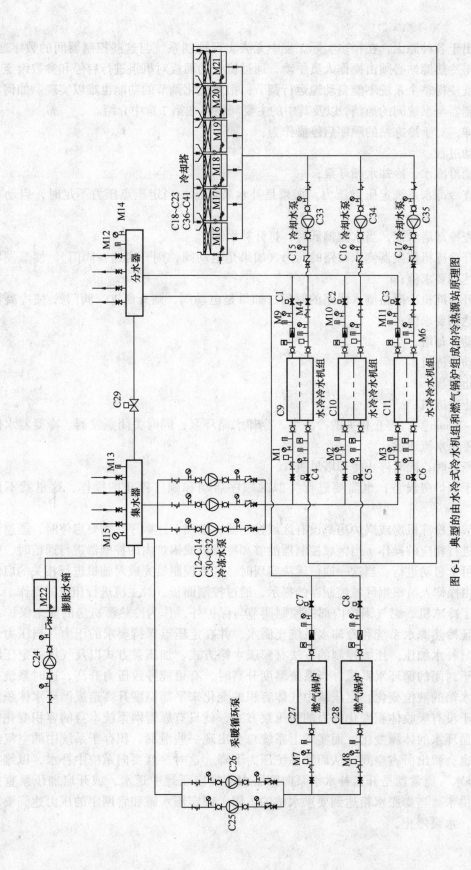

图 6-1 典型的由水冷式冷水机组和燃气锅炉组成的冷热源站原理图

但目前出于各种原因，在很多实际工程中无法实现控制系统与这些控制器间的数字通信。这就使得冷热源站必须由操作人员手动，通过机组的面板对机组进行启停和参数设定与调节。这就使得整个系统不能自动地运行调节，很多优化调节的功能也难以实现。如何实现单体控制器与系统间的通信，以及其中的主要问题将在第 7 章中介绍。

这样，对于冷冻站的顺序启停操作为：

启动过程：

启动冷冻水、冷却水循环泵；

检查冷冻水系统定压点压力，如果是补水泵定压，当定压点压力不足时，启动补水泵；

检查冷却塔水位，当水位偏低时，打开补水阀；

打开冷冻机蒸发器侧水回路的阀门（如果是电动阀，则开启这一阀门），使蒸发器侧水流量达到要求值；

打开冷冻机冷凝器侧水回路的阀门（如果是电动阀，则开启这一阀门），使冷凝器侧水流量达到要求值；

启动冷却塔；

启动冷冻机。

停止过程：

停止冷冻机；

10~20min 后，停止相关的冷冻水、冷却水循环泵；同时关闭蒸发器、冷凝器水侧的阀门，停止水流通过；

在需要时，同时停止冷却塔风机。

对于锅炉房设备，也需要进行类似的顺序启动和顺序停止的操作，这里就不详细讨论。

一般在冷冻机房或锅炉房都设有区域控制器，按照上述顺序在需要启停时，通过计算机控制进行相应的操作。当区域控制器能够和冷冻机或锅炉内的控制器进行通信时，整个过程就可全自动进行。当这一通信无法实现时，区域控制器完成对辅机进行相关的启停操作后，由操作人员根据区域控制器的提示，通过控制面板，对主机进行相应的操作。

除了冷冻机、燃气锅炉内部的控制调节与保护外，作为冷热源机房的安全保护，主要是保证冷热源水系统和冷却水系统充满水，并在定压点保持要求的压力，当压力不足时，及时补水加压。压力控制的方法有膨胀水箱方式、加压泵方式以及气压式定压罐方式。对于封闭的循环水系统，当系统温度升高时，有可能导致压力升高，这时系统是通过膨胀水箱的液位变化、定压罐中气体容积的变化来平衡温度升高造成循环水体积的增加。对于没有吸收体积变化能力的加压泵方式，就只有靠管网系统本身的容积变化能力来平衡循环水的体积变化。而实际上系统总会出现一些泄漏，积存于系统中的空气经过排气后也会腾出所占空间，从而使系统压力下降。这时，就要向系统中补水，以维持压力。"补水"通常就是开启补水水泵向膨胀水箱或定压罐中送水，或开启加压泵直接向管网中供水。当膨胀水箱达到要求水位的上限，或定压水罐和管网中的压力达到要求值的上限，水泵停止。

6.2 制冷机的冷量调节和台数启停控制

作为冷源，其基本要求就是向建筑物提供所要求的冷量。而建筑物需要的冷量是随着建筑使用状况和室外气候状况不断变化的，因此也要求冷源产生的冷量能够随之不断变化。如果冷源不能及时进行相应调节，则当需要的冷量小于冷源产生的冷量时，冷机的供水温度就会不断降低，从而减少冷源的产冷量，并同时增加用冷末端（空调机、风机盘管）耗冷量，最终实现冷源产冷量与末端耗冷量间的平衡。当需要的冷量大于冷源产冷量时，冷机的供水温度就会不断提高，从而增大冷源产冷量，并同时减少末端耗冷量，最后也平衡于二者冷量相等的状态。这是早期制冷机和冷站没有完善控制时的情景。这可能使水温远离希望的工作范围，同时也就不能使被控的建筑热环境维持在要求的范围内。对冷源进行自动控制调节，就是调节冷源的产冷量，使其在与末端需冷量平衡的同时，供水温度也维持在要求的范围内，从而保证被控建筑物的热环境状态。

6.2.1 单台冷机的冷量调节方式与调节能力

冷源的冷量调节是通过单台制冷机的冷量调节和调整运行台数实现的。目前各类制冷机大都具有较强的冷量调节能力，通过改变自身的制冷量，使供水温度维持于给定的供水温度设定值。但冷机形式不同，冷量调节方式也各不相同。

（1）离心式制冷机

离心式制冷机具有两个调节冷量的手段：1）调节压缩机入口导向阀，改变气态制冷工质进入压缩机的入口角，从而改变压缩机的有效流量；2）调节压缩机转速，从而改变压缩机有效流量。这两种调节过程在改变压缩机流量的同时还都改变了压缩机流量与压缩比的关系，但变化的方向却不相同。改变入口导向阀，改变压缩机入口角，能大幅度调节流量，但压缩比变化相对较小；而改变压缩机转速，不仅改变流量，同时大幅度改变了压缩比。这样，对于在给定的蒸发温度、冷凝温度下产生要求的冷量，只有对入口导向阀和压缩机转速同时进行调节，才能使压缩机在较高的效率下实现所需要的工况。仅采用一个调节手段，尽管也能够实现所要求工况，但当工况变化时，压缩机效率将有所降低。

（2）螺杆式压缩机

螺杆式压缩机属于定容积比压缩机，改变其制冷量就要通过改变其有效排气量实现。这一般都是通过调整滑阀的位置来改变其排气量，从而使其制冷量可以在20%~100%范围内调整。当然当排气量减少时，由于容积效率降低，压缩机的效率也随之下降。一般来说当排气量从100%降到20%时，压缩机轴功率仅从100%下降到40%，这就使COP减少到一半。通过变频改变压缩机转速也可以实现对冷量的调节。

（3）活塞式压缩机

与螺杆机不同，活塞压缩机是定容积压缩，也就是其活塞每往复一次，其体积流量基本不变。要通过改变制冷剂流量来改变制冷量，就要改变工作的汽缸数目和改变压缩机运行台数。目前的活塞压缩机的控制器正是这样来调节冷量的：当供水温度偏低时，减少工作的汽缸数，直至改变运行的压缩机台数；当供水温度偏高时，逐个恢复停止工作的汽缸，直至再启动一台压缩机。

（4）吸收式制冷机

吸收式制冷机冷量的增加是通过加大供热量，提高高压发生器温度来实现的。对于蒸汽型吸收机，加大冷量就要加大蒸汽的流量和压力，这是通过调节蒸汽进口阀实现的。对于燃油或燃气作燃料的直燃式吸收机，冷量的调节要通过燃烧器对燃烧量的调节来实现。目前的燃烧器有比例式连续调节和"大小火"分段调节两种。前者可以连续地调节供热量，也就可以连续地调节冷量；后者是通过燃烧器间断地工作在"大火"和"小火"间，来实现对供热量也就是对制冷量的调节，本质上是一种 on-off 控制，因此也就会导致供水温度较大的波动。

6.2.2 多台冷机的冷量调节

无论哪种制冷机，通过自身控制器的容量调节，都可以在一定的制冷量范围内维持所要求的供水温度。但产生不同的制冷量时，制冷机的效率不同。图 6-2 为某种离心制冷机 COP 随负荷率的变化。从图中可见，某些部分负荷下的 COP 几乎仅为最高 COP 的一半，而当制冷量太高时，COP 也有所降低。一般的系统都配置不止一台制冷机，对于要求的制冷量，就存在不止一种制冷机运行方案。例如，要求的制冷量，可以在满负荷下运行一台冷机，也可以在部分负荷下运行两台。当配置了几台不同容量的冷机时，这种可能的搭配方案就更多。此时，就存在优化冷机运行方案，使整体能效比最高。图 6-3 给出三台同样的离心制冷机在不同的制冷量需求下，单台、两台和三台运行时的 COP 的变化。如果能够有这种准确的冷机工作性能曲线，并且准确了解当前所需要的制冷量，就能够随时根据要求的冷量和冷机工作性能曲线确定最优的冷机运行方案，使得在满足冷量需求的前提下制冷能耗最低。

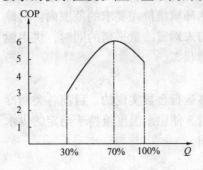

图 6-2 离心机 COP 随负荷的变化

实际上，制冷机性能曲线并非如图 6-3 那样简单。对应于不同的蒸发温度、冷凝温度，图 6-3 的曲线是不同的，因此应是一套包括不同蒸发温度、冷凝温度的曲线族。此外，如果冷却水系统的冷却泵是按照一机对一泵配置，并且是定转速水泵时，同时运行两台冷机，就要运行两台冷却泵。两台冷机运行可能比单台运行的 COP 高，但再加上一台冷却水泵的电耗，整个比起来可能就又是运行一台冷机耗电更低。但是，如果冷却水泵可以变频调速，在部分负荷时可以把水泵转速降低，维持冷却水的进出口温差，则两台部分负荷下运行的冷却水泵比一台全负荷下运行的冷却水泵电耗更低。这种情况下，两台冷机运行又比单机运行有利。在明确冷源配置的具体情况以及相关的冷冻泵、冷却泵容量及调

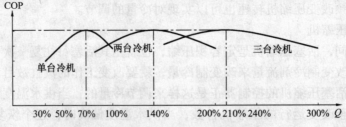

图 6-3 三台同样的离心机在不同制冷量需求下，
单台、两台和三台运行的 COP 的变化

节特性后，总可以在不同的冷量需求和给定的冷冻水、冷却水温度下，得到一组类似于图6-3的曲线。在实际运行过程中，根据这组曲线，就可以从当时的工况点出发，得到最合适的冷机运行方案。

6.2.3 冷机最佳运行方案的确定

要具体得到当前时刻下的最佳运行方案，关键问题就成为怎样确定当前工况下末端需要的冷量。实测冷冻水循环流量和冷冻水供回水温差，可以得到当前系统消耗的冷量。这一冷量与实际需要的冷量的关系是什么呢？如果供水温度处在要求的设定值，冷冻水流量足够大（或者是冷冻水侧供回水压力足够大），这就表明当前的工况能够满足建筑末端的需求，因此这时测出的冷量就应该是建筑此时需要的冷量。当供水温度高于设定值，或者供回水温差偏大、流量较低时，有可能是当前提供的冷量低于需要的冷量，建筑物并没有达到需要的工况，应该通过降低供水温度或增大流量来供应更多的冷量，但也可能是系统正处在合适的运行状态。怎样分清"够"与"不够"？仅根据冷冻站测出的水温和流量，往往还很难做出正确判断。进一步分析，还要看到，判断方法实际上还与末端装置的控制调节方式密切相关（当末端对水回路进行自动控制调节时，供回水温差加大是部分负荷时正常调节的结果；而当末端水侧不控制，通过风量的调节对建筑热状态进行调节时，部分负荷时供回水温差减小）。如果能够同时得到末端装置以及一些房间热状态的实时测量结果，则可作出更准确的判断。这样，需要研究的一个课题就是：应该怎样根据有限的室内与末端状况测量参数以及冷冻站测出的供回水温度与循环量，估算出当前工况下系统需要的冷量？至今还有不少研究者在开展这一问题的研究，以找出更好的，简单可行的方法。如果简单的采用当前实测冷量，作为决定冷机运行方案的依据会有什么问题？如果是冷机开启台数不够造成的当前制冷量低于实际需求，将使得平衡态的水温偏高。这时，除了由于某种原因冷冻水流量严重不够的例外（此点将在后面讨论），多数情况下运行的冷机一定工作在最大出力。从图6-3可知，在大多数情况下，冷机的最佳运行方案都不会使某台冷机工作在最大制冷量下。因此即使对需求冷量的估算偏小，在大多数情况下也只能使实际的冷机工作状态偏离最佳工况，并且通过优化运行方案，使系统逐渐接近要求的供冷量，而不会反过来使系统的工况恶化。

再进一步简化，由于流量传感器价格很高，可靠性也差，能否不实时测量冷冻水循环流量而直接根据供回水温差判断当前的制冷量呢？这在很大程度上取决于冷冻水循环系统的结构与运行调节方式。如果末端水侧无调节手段，系统采用定流量运行时，根据温差当然可以确定冷量。当末端变流量运行，但系统采用二级泵方式，冷冻机侧的流量完全由开启的冷机台数与一次泵台数决定时，冷冻机侧的进出口温差也可以用来估测冷量。但是当冷机和末端全都采用变流量运行时，就不能简单地根据温差决定冷量了，而要设法估计出某段管道的流量。一种可行的方式是测量冷机蒸发器水侧压降。认为蒸发器的阻力不会在短期内发生大的变化，所以压差与流量的平方呈正比，根据压差可以得到流量的相对变化。而测量压差的传感器价格远低于流量传感器。

6.3 冷却塔与冷却水系统的控制

冷却塔和冷却水泵工作的目的就是为了给冷冻机提供冷却循环水，以排除冷冻机吸收

的热量。为了保证冷冻机正常运行，要求冷凝器内通过不低于一定流速、温度足够低的冷却水。当制冷量为 Q_l 时，

$$Q_l = G(t_{out} - t_{in}), Q_l = KF_l \frac{t_{out} - t_{in}}{\ln \frac{t_l - t_{in}}{t_l - t_{out}}}$$

式中，t_{out}是从冷凝器流出的水温；t_{in}是从冷却塔流出，进入冷凝器的水温；t_l是制冷剂的冷凝温度。同样的制冷量下，冷凝温度越低，制冷机的效率就越高。只是当冷凝温度过低时，压缩制冷时润滑油油温太低，影响冷冻机正常运行；对于吸收式冷机，冷却水温度过低时，引起作为工质的溴化锂溶液结晶，使制冷机不能工作。因此，冷却水控制的要求应该是：尽可能降低冷凝温度 t_l，同时保证进入冷凝器的水温 t_{in}不低于规定的冷却水水温下限 t_{in0}。这样，当通过冷凝器的流量 G 减少时，一方面会造成温差 $t_{out} - t_{in}$加大，使冷凝温度 t_l 提高，同时，流量减少也使得冷凝器内流速降低，从而冷凝器水侧的传热系数降低，造成冷凝温度升高。但是另一方面，如果冷却水流量降低能够使冷却水泵电耗下降，有时节省的冷却水泵电耗大于由于水量下降导致冷机效率下降造成的损失，则也可以适当的降低冷却水流量，反而在总体上获得节能效果。图6-4给出当冷却水泵采用变频控制时，在不同制冷量下，随着冷却水量的变化，冷却水泵功率的变化和制冷机电耗的变化。从图中可看出，此时存在着最合适的冷却水流量，可以使冷机和冷却水泵总的电耗最小。

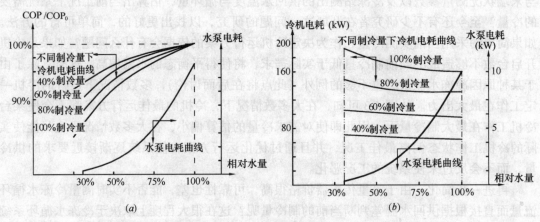

图 6-4 冷却水泵变频时，不同制冷量下，冷机相对 COP、
冷机电耗及水泵电耗随水量变化曲线

（a）冷却水泵变频时，不同制冷量下，冷机相对 COP（即冷机 COP 与额定水量下的冷机 COP_0 之比）
及水泵电耗随水量变化曲线；（b）冷却水泵变频时，不同制冷量下，冷机电耗及水泵电耗随水量变化曲线

根据如上原则，冷却水泵的控制规则为：

当不采用变频泵时，实行如图 6-1 所示的"一机对一泵"的方式，使冷却水泵恰好工作在冷机要求的设计流量下。冷机停止，对应的冷却泵也停止。这时如果水泵和冷机的连接关系是采用如图 6-5 所示的方式连接，则一定要在每台冷机的冷却水侧安装电动通断阀。在冷却水泵开启时，打开相应的通断阀；在冷却水泵关闭时，同时关闭通断阀。否则通过另一台开启的冷却水泵的部分水量就会通过这台停止的冷机，从而使工作的冷机冷却

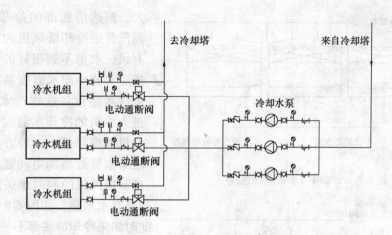

图 6-5 冷却水泵和冷机的连接关系

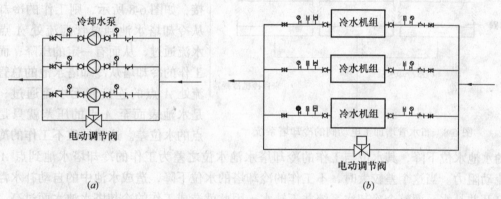

图 6-6 不正确的冷却水系统
(a) 冷却泵并联旁通图；(b) 冷机两侧并联旁通

水量不足，造成工作不当。有些系统设计中，在冷却水泵两侧加装了旁通调节阀，如图 6-6 (a) 所示；或在冷机的两侧并联了旁通调节阀，如图 6-6 (b) 所示；再就是在每台冷冻机冷却水回路中安装所谓的"恒流式自动流量调节阀"。这些方式或者使通过冷机的冷却水减少，或者是无故地增加了冷却水泵的电耗，因此都是不正确的方式。

当采用变频泵时，仍应按照前面的"一机对一泵"的方式，停机停泵。同时根据冷却水进出口温差调节冷却泵转速，使通过冷机的冷却水温差基本不变，从而使冷机与冷却水泵总的电耗最小。与前述的定速泵时一样，任何在水泵侧与冷机侧的旁通和在冷却水路上的其他流量调节装置，都只能恶化系统运行工况，增加电耗。

各种旁通阀调节的初衷有时是为了防止冷却水温度过低，影响冷机的正常运行，但这不应该通过这种旁通或减少流量的调节方式来实现，而应该通过对冷却塔的调节来解决。对冷却塔的调节原则应该是：在不低于规定的最低温度的前提下，尽可能降低冷却塔出口温度，同时适当节约冷却塔风机耗电。一个冷冻站一般都装有多台冷却塔，各台冷却水通过统一的供回水管与冷却塔群连接，如图 6-7 所示。

当只有部分冷却水泵运行时，如果相应的只开部分冷却塔风机，而不对冷却塔的布水进行调整，仍使循环的冷却水均布在各组冷却塔上，则开启冷却塔风机的部分，风水比

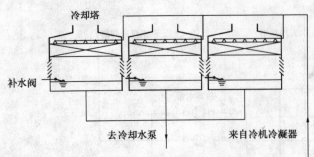

图 6-7 冷却塔与水系统的连接

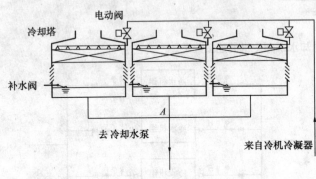

图 6-8 布水管增加了电动阀的冷却塔系统

大,到达塔底部的冷却水温度低;而没开启冷却塔风机的部分因为没有风,水得不到很好的冷却,到达塔底部的冷却水温度基本接近于塔的进水温度。这样冷水热水混合,进入冷机的冷却水温度就较高,使冷机效率降低。一种方式是在冷却塔布水管处增加电动通断阀,关闭冷却塔风机的同时也关闭相应的冷却塔布水水路,如图 6-8 所示。但是此时如果冷却塔底部不是一个彼此联通的水池,而是通过较长的管道连接,如图 6-8 所示,则工作的冷却塔从冷却塔水池到总管汇流处 A 点有水流通过,从而有一定的压降;而不工作的冷却塔从冷却塔水池的总管汇流处 A 点的连接管无水流通过,于是水池表面至 A 点的压差就只是两点的水位差。这就导致不工作的冷却塔的水池水位下降,其水位与工作的冷却塔水池水位之差为工作的冷却塔水池到点 A 处的流动阻力。当这个差较大时,不工作的冷却塔的水位下降,造成水池中的自动补水浮球阀打开并补水。而整个冷却水系统并不缺水,因此就造成工作的冷却塔水池水面过高,不断溢水。这时加大连接管的管径,尽量降低其压降,或者在连接管上也设置电动通断阀才能解决问题。这样做增加投资,有时受场地条件所限,在工程上还很难实施。所以当多台冷却塔采用统一的上水管道和回水管道时,实际上都采用"停风不停水"的方式进行调节。而这种方式很难实现对水温的良好调节,其结果往往是进入冷机的冷却水温度偏高。

推荐的冷却塔调节方式是"均匀布水,风机变频"。不再改变冷却塔的布水,使各台冷却塔均匀布水,同时同步地改变各台冷却塔风机转速,通过均匀地减少各台冷却塔风量来调节水温,直到室外温度降低,全部风机停止运行,冷却塔改为自然通风降温。如果外温继续下降,则还可以通过在冷却塔的进回水管道间加装旁通阀,通过调节旁通水量,维持进入冷机的水温。分析表明,这种调节方式具有最好的调节效果,同时在同样的出水温度条件下,冷却塔风机电耗最低。那么,在一般情况下,冷却塔风机的转速应调整到何处呢?可以定义冷却塔效率为:

$$\eta = \frac{t_{\text{out}} - t_{\text{in}}}{t_{\text{out}} - t_s}$$

式中,t_s 是室外的湿球温度。图 6-9 给出典型情况下冷却塔效率与风水比的关系。

从图中可知,在一般情况下,当效率接近 80% 后,再进一步提高风量,效率已很难提高。因此在正常的情况下,应该把风水比调整到这一状态。当然,这也与冷却塔的性能有关,不同的冷却塔最大效率有所不同。

综上所述，冷却塔的调节策略为：

给定进入冷机的冷却水的水温下限 t_{in0}；

测量室外湿球温度和冷却塔进出口温度，并计算冷却塔效率；

如果冷却塔出水温度高于 t_{in0}，而效率低于冷却塔最大效率，则增加各台风机的转速；

如果冷却塔出水温度高于 t_{in0}，而效率已达到最大效率，维持当前转速；

如果冷却塔出水温度开始低于 t_{in0}，风机转速没到最低转速，减少风机转速；

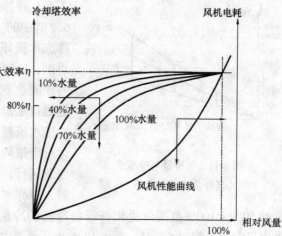

图6-9 不同冷却水量下，冷却塔效率风机电耗随风量的变化曲线

如果冷却塔出水温度开始低于 t_{in0}，且风机转速已到最低，逐台停止风机，直到水温回到 t_{in0}；

如果冷却塔出水温度开始低于 t_{in0}，且全部风机都已停止，则开启冷却塔旁通调节阀，使进入冷机的水温为 t_{in0}。

只要有一台冷却塔风机运行，冷却塔旁通阀就应该关闭。

6.4 冷冻水循环系统的控制

冷冻水循环系统的功能就是通过水的循环，把冷机产生的冷量输送到用冷的末端。所谓末端包括空调机的表冷器、风机盘管等各类换热装置。如果如图6-10那样从冷冻水循环系统的分水缸、集水缸处把冷冻站和建筑物内的水系统分为两部分，则两部分之间在任何时刻都一定存在如下关系：

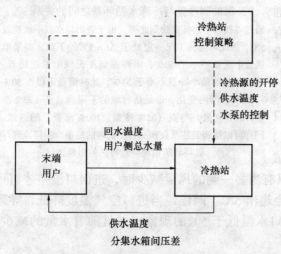

图6-10 将冷冻水系统分为冷冻站侧和末端侧两部分示意图

冷冻站产生的冷量 = 各末端消耗的冷量之和

冷冻站侧的冷冻水循环量 = 末端侧冷冻水循环量

然而，通过冷机的冷冻水流量与制冷量间的关系和通过末端的冷冻水流量与末端换热器换热量的关系并不相同，这就导致了二者的矛盾。然而上述基本关系又必须遵循，于是上述关系就成为分析冷冻水循环系统的基本出发点。

6.4.1 冷冻机侧冷量与水量的关系

首先看冷机侧制冷量与冷水流量间的关系。以往冷冻机都要求工作在定流量工况下，即经过蒸发器的冷冻水流量

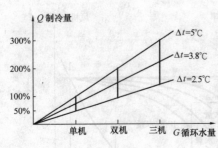

图 6-11 制冷量与冷冻水循环量之间的关系

不变。冷冻机的制冷量可以根据回水温度的高低按照 6.2 节中的方法,在一定范围内调节。这样制冷量与冷冻水循环量之间呈图 6-11 所示的关系。从图中可以看出,此时进出水温差只有在单机运行于最大负荷时才能达到 5℃,多数情况下随着单机负荷率降低,进出口水温差也减小。随着冷冻机控制技术的改善,冷冻水流量在一定范围内的变化已不会对冷机的安全运行带来问题,因此目前大多数冷机已允许冷冻水变流量运行,制冷量大时,冷冻水流量大,制冷量减少时,冷冻水流量可以相应减少。当流量可以在设计流量的 50%~100% 范围内变化,每台冷机的冷量可以在 33%~100% 范围内变化,冷机的进出口温差不超过 5℃ 时,图 6-12 给出了流量和冷量的关系。这里给出的是所有可能的冷机运行区域,但当安装两台冷机时,如果总冷量小于一台冷机的制冷量,就不应该运行两台;同样,当安装三台冷机时,只有当总冷量大于两台冷机的冷量时,才有可能运行三台。为此,在图 6-12 中还给出符合这一原则的经济运行区。

从图 6-12 可以看出,对于冷机来说,冷量和流量都可以在很大范围内调节,但进出口温差只能在 5℃ 以下的范围内运行。在很大的范围内,随着需求的冷量的变化,进出口温差可以在 5℃ 以下的很大范围内变化。然而当考虑不希望出现使多台冷机同时在较小负荷下运行的不经济状况,限制冷机仅工作于经济运行工况区时,进出口温差就只能在 5℃ 附近变化。

6.4.2 用冷末端冷量与水量的关系

因为末端是换热设备,因此冷量必须通过温差传热送出,而平均温差又与流量有关。图 6-13 给出了典型的空气—水换热设备,当空气入口参数不变,但风量不同时,通过冷却器的水量与释放的冷量间的关系。由图中可以看出,当风量为设计风量时,只有当水量和冷量达到设计状况(最大值)时,进出口温差才是 5℃,而水量减少造成

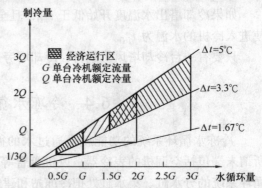

图 6-12 变流量运行的三台冷机的制冷量与冷冻水循环量之间的关系

通过寻找各个边界来绘制此图。由于进出口水温不能超过 5℃,因此可能的工况一定处于 $\Delta t = 5℃$ 的下面。如果单机最小流量不小于 50%,则可得到工况域的最左边界。单台运行时最小冷量不小于 33%,此时流量可以在 50%~100% 范围内变化,于是运行域的下限就是点(33% 冷量,50% 流量)与点(33% 冷量,100% 流量)的连线。同样可以得到安装两台和三台冷机时的结果。同样原理可以得到所谓经济运行区的边界。

冷量减少时,进出口温差都会大于 5℃。只有当另一侧的风量减少时,进出口温差才有可能低于 5℃,但随着水量的降低,温差也会超出 5℃。同样,当进口空气温度降低,导致冷量降低时,在水量较大时才能出现进出口水温低于 5℃ 的现象,并且随着水量的减少,温差加大。

根据图 6-13 的基本关系,下面讨论不同控制方式的多台末端装置共同产生的冷量与水量间关系。

(1) 水侧连续控制调节的空调机

每台的工况变化都如图 6-13 所示，因此其总的性能也同图 6-13。在由于另一侧的风量减少或温度降低造成冷量下降时，通过对水量的调节，总的趋势是进出口水温增加，大多数工况下进出口水温差高于 5℃。

(2) 水侧不带控制的空调机

由于水量不变，冷量的变化是由于另一侧风量或风温的变化造成。随着冷量的减少，进出口温差降低。如果设计工况下进出口温差为 5℃，则运行中的大多数情况下进出口水温温差小于 5℃。

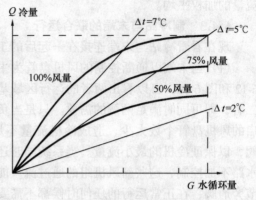

图 6-13 空气-水换热设备换热量与水量之间的关系

(3) 水侧通断控制的风机盘管

图 6-14 是风机盘管水路。电磁阀根据房间温度状况通断变化，导致盘管中的水一会儿流通，一会儿停止，从而实现对冷量的调节。一个系统中可能有几十台到几百台这样的风机盘管，通过水管系统连接。在某个瞬间，如果只有部分风机盘管开启，则由于总的流量低于全开时的设计流量，从而使管道的压降低于设计压降，这就造成开启的风机盘管水侧压差大于全开时的设计压差，从而流量也大于设计流量。根据图 6-13，当水量大于设计水量时，水侧进出口温差将小于设计工况的 5℃ 温差，流量越大，温差越小。这就是说，在部分负荷时，每一瞬间只有部分风机盘管开启，但每台开启的风机盘管水量都大于设计水量，温差都小于 5℃。负荷率越低，同时开启的风机盘管越少，开启的风机盘管的进出口水温差就越小。这样形成的总体现象如图 6-15 所示，随着冷量的减少，总水量减少，供回水温差降低，与带调节的单台空调机的现象完全不同。图 6-15 中同样冷量下可能对应不同的水量，这是由于开停的盘管在管网中的位置不同导致开启的盘管的流量增加量不同所致。然而不论怎样，随冷量减少其供回水温差都小于 5℃。

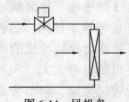

图 6-14 风机盘管水路图

(4) 水侧不控制的风机盘管

当风机盘管水侧不安装通断调节的电磁阀，而是靠调节风机风量实现对室温调节时，水侧流量不变，随着风量或空气温度的降低，释放的冷量减少，进出口水温差也随之减少。这样，部分负荷下水侧温差总是小于 5℃。

上述分析都是对总管供回水压差不变的条件下所作。当供回水压差降低时，除了水侧连续调节的空调机其流量与冷量的关系不变外，其余各类都由于压差下降造成流量下降，从而使供回水温差相应升高。

在一些实际系统中，往往不是上述单一类型的末端，而是同时存在上述几类末端。这样其整体性能就是几种类型末端性能按照

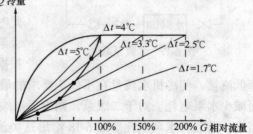

图 6-15 由多台水侧通断控制风机盘管组成的末端系统

流量的加权平均。

6.4.3 制冷站与末端的联合运行

现在看看冷站与末端连接在一起后的工作特性。分别讨论如下几种情况:

(1) 当末端以通断控制的风机盘管为主时,如果冷站是两台或三台冷机并联,比较图 6-12 和图 6-15,可以看出两者的运行区域基本相交。因此除了极个别的情况外,直接连接二者,即可同时满足两侧的需要。只是当负荷率太低,造成流量太小时,为了防止同时开启的风机盘管个数太少,造成冷机流量不足的偶然现象,需要打开供回水干管间的旁通阀,以保证冷机的最小流量。当系统同时还带有几台新风机组时,如果对这些新风机组的水路不加控制,这些新风机组的通过流量能够保证冷机需要的最小流量,这样就可以不调节旁通阀,在正常运行的任何时候都不需要供回水管道间的旁通。这实际上是我国目前大多数采用中央空调的旅馆类建筑的运行模式。根据上面的讨论,如果降低供回水压差,图 6-15 的工作域就向上移动,从而更接近 5℃ 温差线。这样有可能减少循环水泵能耗,而不影响冷机和末端的工作状态。具体如何确定合理的供回水压差,将在下面再讨论。

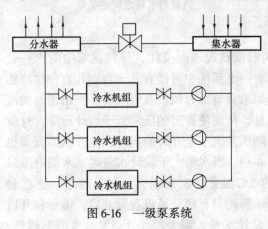

图 6-16 一级泵系统

(2) 当以末端为可连续调节的空调机组为主时,可以看到图 6-13 的末端工作区域和图 6-12 给出的冷机工作区域很不相同,二者很少相交。这时直接连接就会导致冷机的冷冻水循环流量不足,进出口温差太大。一种解决方案是在供回水干管加旁通,调节旁通阀使得由于部分水通过旁通阀在冷机和旁通阀之间循环,而不通过末端,如图 6-16 所示。这样做使得由于旁通阀两侧压差很大,循环水泵提供的一部分能量都消耗在旁通阀上,造成浪费,因此可以采取两级泵的方式,如图 6-17 所示。一级泵只承担冷机和机房管道的压降,使得 A、B 点间的压降几乎为零;二级泵承担末端压降,当末端要求的流量大大小于冷机要求的流量时,二级泵的流量可以减少,而一级泵则根据冷机的需要运行。这样就可以节省一部分水泵电耗。此时的控制原则,是根据冷机的开启台数确定一级泵的开启台数,如果一级泵为变频泵,还可以根据冷机实测进出口温差,适当调节水泵转速,

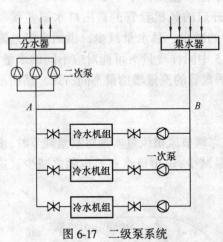

图 6-17 二级泵系统

降低流量,使冷机水流量在不低于要求的最小流量的前提下,尽可能使水温接近 5℃,从而减少水泵电耗。对于二级泵,则根据末端的需求进行调整,使得既满足各个末端的流量需求,又节省水泵电耗。图 6-18 给出这类流量连续可调末端的流量与压降的关系。从图中可看出,此时流量与压降的关系处于一个区域而非一条曲线。这是由于各个末端都有连续可调的调节阀,改变这些调节阀的状态就会改变流量—压降曲线。根据实际需要的流

量，改变二级泵的开启台数，使各台水泵的实际的流量处于水泵的正常工作范围内，可以满足末端要求。此时，可以测量系统总的流量来检查水泵的工作状态；当水泵处在"流量增大，扬程减少"的单调变化范围时，也可以测量水泵两侧压差确定水泵的工作台数。如果压差大于水泵的正常扬程范围，说明每台水泵的流量偏小，应停止一台水泵；反之如果压差小于水泵的正常扬程范围，则说明每台水泵的流量偏大，应再增开一台水泵。这样的调节方式基本能够满足末端需求，但有时水泵的扬程偏大，末端通过关小

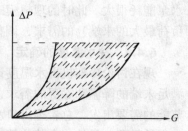

图6-18 流量连续可调末端的流量与压降关系

调节阀以消耗多余的扬程，才能实现要求的流量，一部分水泵做功无谓地消耗在调节阀上。这时，如果把这些二级泵全部采用变频泵，在改变运行台数时，同时改变水泵的转速，就可以既满足末端的流量需求，又使末端调节阀尽可能工作在较大的开启状态下，同时水泵还可工作在效率较高的工作点。此时应该同时调整水泵的运行台数和转速，以满足流量和工作点的要求。如果水泵是"流量增大，扬程减少"的单调变化型，根据转速和实测扬程就可以了解工作点是否适宜。如果扬程高于当时的转速下对应的高效工作范围的扬程，则应减少水泵运行台数，使水泵的工作点右移；如果扬程低于当时的转速下对应的高效工作范围的扬程，则应增加水泵的开启台数，使水泵工作点左移。水泵转速的高低则应该根据末端的需求状况确定，这可以通过采集各个末端调节阀的具体工作状态来判断。如果有一个以上的调节阀处于全开状态，则转速不能降低。当处于全开状态的末端还不能满足热调节需求时，就需要加大水泵转速。当所有的末端调节阀的开度都小于85%时，说明系统扬程偏大，可以降低水泵转速以降低扬程，从而加大调节阀的开度。

（3）以水路无调节装置的末端为主时，系统的流量取决于供回水干管间的压差。这时末端的进出口温差往往都小于5℃，与冷机的流量—冷量特性很接近。当采用一级泵方式，直接把冷站系统与末端系统相连，根据冷负荷状态确定冷机的工作台数，系统即可正常工作。此时当冷机开启的台数较少时，系统流量小，末端系统的管道压降低，这就造成水泵的工作点右移，脱离了最佳工作区。同时也使得单台冷机的流量过大，温差太小。此时即使对水泵进行变频调节，根据冷机的供回水温差调节水泵转速，减少循环水量，增大供回水温差，可以把通过冷机的流量减少，但仍不能改变水泵的工作点，不能提高水泵的效率。此时合理的方式是采用两级泵。一级泵根据冷机开启台数决定，一机对一泵，二级泵采用变频调节，其转速根据末端需要决定。当末端负荷普遍较小时，降低转速，降低末端的循环流量，从而加大供回水温差。此时末端的循环流量有可能低于冷冻机侧循环流量，一部分冷冻机出口冷水经过一级二级泵间的旁通管返回到回水侧，使进入冷冻机的回水温度降低。这时末端侧的供回水温差有可能大于冷机侧的供回水温差。当末端负荷不均匀，某些末端需要较大流量时，只能加大二级泵转速，以满足个别大负荷用户的需求。根据需要，末端侧的流量一直可以高过冷机侧流量，末端侧的部分回水通过一级二级泵间的旁通管旁通到供水侧，使末端供水温度高于冷机出口水温，末端的供回水温差小于冷机侧供回水温差。要实现这种模式，二级泵的转速就不能根据末端供回水温差控制。维持恒定的供回水压差可以满足末端要求，但实际就意味着二级泵工况不变，二次侧恒流量，于是也无必要采用变频泵。在部分负荷时，二级泵仍全流量运行的结果就是供回水温差很小，

水泵能耗很大。此时的理想模式就是从用水末端获取信息，根据最不利末端（也就是当时负荷最大的末端）的需求，调整二级泵转速。

6.4.4 冷水温度的确定

现在讨论冷冻机出水温度设定值的确定。出口温度设定的太低，尽管多数情况下能够满足末端的降温和除湿的需求，但产生同样冷量时，温度越低冷机的电耗就越高，因此从节能的需要出发，总希望出口水温高一些。但是如果出口水温过高，可能就不能满足某些末端的需要。另外，在某些情况下，出口温度高，末端需要的流量就大，供回水温差小，导致循环水泵功耗增加。如果水泵功耗的增加量大于由于水温升高所减少的冷机电耗，那么水温就不应该升高而应该适当降低了。此外，在某些场合末端无任何控制，整个建筑的热状态取决于出口水温，这时就更应该仔细考虑确定合适的冷机出口温度。

首先考虑冷冻水供水温度对末端的影响。如上一章中讨论，供水温度不同，对末端装置的除湿能力有很大影响。在同样的空气入口参数下，水温越低，除湿能力越强；水温高到一定程度，末端就失去了除湿能力。如果室内要求是25℃、相对湿度60%，则露点温度约为16℃。如果室内主要的湿负荷为人员产湿，则送风的露点温度在13~14℃就基本可以满足控制室内的湿度的要求。这样，可根据室外状况考虑如下情况：

当室外出现高温干燥气候，露点温度低于14℃时，室外新风基本可以满足带走室内人员产湿的目的，末端可以工作在干工况，仅承担温度调控，这时就可以提高供水温度而不用考虑除湿的需求。

当室外露点温度处于14~17℃时，系统主要的湿负荷来源于室内产湿。这时从湿度控制考虑，供水温度在7~9℃，回水温度在12~14℃，空气—水换热器的大部分表面具备除湿能力，基本上可以满足室内湿度要求。

当室外露点温度高于17℃时，新风除湿逐渐成为系统的主要湿负荷。随着室外湿度提高，末端湿负荷增大，湿负荷占总负荷的比例也增大。这时，供水温度就需要降低至5~7℃的设计状态，否则将不能满足湿度控制要求。

这样，当末端具有自动调节能力，但不提供具体的工作状况时，对于一般的民用建筑可以采用这种前馈控制的方式，根据室外露点温度按照上述范围确定冷机供水温度的设定值。如果能够得到各个末端装置送风湿度或被控室内环境的湿度状况，则可以根据实际的湿度控制效果，适当修订供水温度的设定值。

由于大多数末端装置（如风机盘管、变风量箱等）都是单纯根据温度进行调节，当供水温度过低时，根据温度调节的结果往往会使室内湿度降低，这实际上就会增大新风除湿量，导致耗冷量的增加。因此，在满足湿度需要的前提下，适当提高供水温度，不仅能提高冷机的效率，还有可能降低系统的冷量需求。

反之，对于某些末端换热能力不足并带有水侧自动连续调节水量的系统，当供水温度较高时，为了满足温度控制的要求加大水量，使得供回水温差过小。在使用二级泵系统，冷机侧在5℃温差下运行时，出现了二次侧温差小于5℃，部分二次侧回水经供回水连通管返回到供水，与冷机出口的低温水混合，使进入末端系统的供水温度进一步升高。此时，仅为了温度控制，也需要降低供水温度设定值，以保证末端装置的供回水温差不小于5℃。这种情况只适合于主要由带有水侧连续调节的末端装置构成的二次泵系统。此时应通过调节供水温度的设定值，使得二次侧水量永远不高于一次侧。

对于以通断方式控制的风机盘管为主体的末端时，二次侧出现小温差是由于水侧资用压头高造成开启的风机盘管流量过大所导致，与供水温度高低无关。与主要由末端连续调节的装置构成的系统相反，降低供水温度，会导致盘管的开启率进一步降低，从而打开的风机盘管流量更大，供回水温差更小。

当末端水侧无控制，主要通过控制风量调节室内温度时，供水温度更应主要由满足湿度的要求决定。当室外为高温干燥状态时，过低的供水温度会使末端装置除湿量过大，从而使室内湿度太低。同时，此种情况下供回水温差是由循环泵的运行状况决定，与供水温度无关，不会出现上述为了加大供回水温差而降低供水温度的要求。

对于末端完全无控制的系统，建筑的热状况就完全取决于冷水供水温度。这时应根据可能测出的某些室内状态来确定供水温度设定值。如果被测的室内热惯性足够大，可以直接根据测出的温度与室温设定值，通过反馈控制确定冷机供水温度的设定值。这实际上就是一种串级调节。为了防止供水温度设定值的频繁变化，还可以对测出的室温进行滑动平均，根据室温的低频变化状况控制冷机。

为了更好地理解和掌握上述内容，可通过下面的习题1和2得到训练和启发。

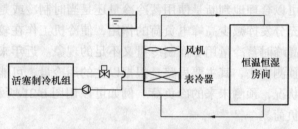

图 6-19 恒温恒湿房间空调控制系统

1. 图 6-19 为某恒温恒湿房间的空调系统及其控制系统。冷机为一台小型活塞式制冷机。原设计为根据室温调节表冷器水阀，而冷机的出水温度设定在固定值。实际运行发现系统极不稳定，根本不能满足恒温恒湿要求。请问应该怎样改进空调系统和控制策略？

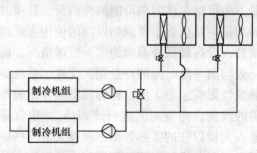

图 6-20 某地铁车站的空调系统

2. 图 6-20 是某地铁车站的空调系统。两台螺杆式制冷机为两台大型空调机组提供冷水，供水温度恒定于 7℃。空调机组根据车站温度各自调节自己的表冷器水阀，为保证制冷机蒸发器内水流量，还要根据蒸发器两侧压差调节供回水干管间的旁通阀。问这一系统有何问题？空调系统和控制系统如何改进才能获得更好的调节效果？

6.5 蓄冷系统的优化控制

出于以下两种目的，一些建筑采用蓄冷系统：

(1) 为了减少冷机的装机容量，并使冷机能够在高效率运行。这时可以根据日平均冷负荷选取冷机容量，而不必按照峰值负荷。同时在出现很小的部分负荷时，冷机仍可运行在高效率的大负荷工况下。

(2) 为了满足电力系统电负荷的削峰填谷的需要。夜间电价低廉时，冷机制冷，利用蓄冷装置储存冷量；在白天用电高峰高电价时，不开冷机，依靠蓄冷装置蓄存的冷量供冷。这样可以减少电力高峰期用电，增加电力负荷低谷期的电力消耗，从而起到电力负荷的削峰填谷作用。

这两种目的的蓄冷系统,由于主要目的不同运行控制模式也有所不同。同时,作为蓄冷系统,有蓄存冷水方式的水蓄冷、蓄存冰的冰蓄冷等多种方式,系统构建方式则更是多种多样。这些都涉及空调蓄冷系统,不属于本课程的讨论内容。而系统结构不同,工况转换、运行调节也各有不同,这里也不一一讨论。除了工况转换外,作为蓄冷系统的共同问题是冷负荷预测。无论是哪种蓄冷系统,都需要预测出今后一段时间内系统的总冷负荷以及各时间段内的冷负荷,这样才可以规划当时的运行模式,以获得最好的经济效果。例如在夜间,需要预测第二天可能的冷负荷,以便根据第二天的需要蓄存适量的冷量。如果蓄冷量大于第二天需要量,则多余的冷量积存只能降低系统效率并增加了蓄冷损失。反之,如果蓄存的冷量小于第二天的需要量,就会导致在电力高峰期开动冷机,减弱了蓄冷的效果。同样,在白天运行期,如果能够较准确地预测出当天至夜间蓄冷前各时刻的冷量,则可以合理地判断是使用蓄冷冷量还是当时制冷或是蓄冷与制冷同时运行,从而使蓄存冷量充分发挥减少高峰电负荷的作用,使冷机工作在较高的效率范围内,并且不至于出现到晚高峰时蓄冷量用尽而制冷量又不足的现象。近年来国内外开发研究出许多种实时的冷负荷预测方法,其主要思路是根据以往的用冷量、可能的室外气候状况以及建筑物未来的使用状况,预测未来的冷负荷。例如可以用图 6-21 所示的神经元系统来预测未来某时刻的冷负荷。

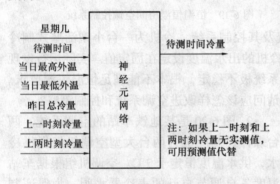

图 6-21　神经元网络用于冰蓄冷控制策略

其输入为待预测的时间(一天内几点)、星期几、当日预报最高外温、最低外温、前一天的总冷量、前一小时和前两小时的冷量,即可输出该时刻可能的冷负荷。其中时间和星期几包含了建筑物可能的使用方式的信息,最高最低外温则为室外气候情况,前一天与前一段时间的冷量则又反映了系统的热惯性影响。为了用这样的模型能作出较准确的预测,需要对其进行"训练",也就是输入大量以往的实际数据。神经元的一些标准算法就可以根据这些用于训练的"样本"进行学习和分析,得到预测模型中的系数,从而能够对以后的过程进行预测。对于实际的控制系统,这样的"训练"过程可以是在线的实时动态过程,也就是在实际运行过程中不断根据前面的实测数据进行训练,修正神经元模型,同时也不断地对未来进行预测。每经过一个时间步长得到一组实测数据后,就进行一次新的训练和模型的修正,然后再开始下一步的预测。这样模型就不断修正、不断完善。神经元模型有很多种类,实际应用时还需要根据问题的特点选择适当的神经元模型,这样才能更好的实现预测。

较准确的预测出第二天全天的耗冷总量,就可以根据系统的装机容量,确定当日夜间最合理的蓄冷量,既能保证第二天用电高峰期空调系统的需求,又能保证第二天能用光所蓄存的冷量。在空调系统一天内的运行过程中,准确地预测出未来各小时的冷量需求,也有助于合理地安排冷站的运行方案,在满足未来用电高峰期和用冷高峰期的冷量需求的基础上,尽可能优先使用蓄存的冷量,以免剩余到第二天。

6.6 循环水系统的优化控制

作为一个特例，6.3 节已对冷冻水循环系统的运行控制进行了深入的讨论，这一节再从循环水系统的共性出发，讨论这类系统调节控制的一些一般性问题。

循环水系统的目的是通过水的循环使热量从热源（或冷源）输送到用热（冷）末端。输热量 Q 为：

$$Q = G(t_s - t_r) = G\Delta t$$

其中 G 为循环流量。为了减少水泵的耗电，总希望流量尽可能小，温差尽可能大，这就希望通过改变循环泵的运行台数或调整循环泵转速，来调整流量以降低水泵耗电。这样的调整结果直接的现象就是循环系统提供的供回水压差降低。

当各个释放热量的末端在水侧无控制时，降低水泵运行台数或转速的直接结果就是使各个末端的水量减少，回水温度远离供水温度，从而使各个末端释放的热量（冷量）均匀地减少。这就恰好实现了对各个末端热量的全面调整。例如对于末端无控制的供热工况，随气候变化，可以降低供水温度以减少供热量，也可以通过减少流量来减少供热量。如果热源效率不随温度变化，则调整流量可能是更有利于节能的办法。然而如果末端是通过控制调节另一侧的介质流量来调整热量，当水量减少时，有可能出现某个末端的风量开到最大但仍不能满足环境控制要求的现象。这时就意味着水量偏少，需要增加泵的转速，增加泵的台数，或者调整热源（冷源）温度来满足个别末端的要求。如何了解当前是否出现了个别末端不满足要求的现象，是长期以来循环水控制系统一直不能很好解决的关键。由于不能全面了解末端状况，只能规定最少的水泵运行台数或水泵最低转速。这样在很多情况下，循环水量偏大，供回水温差很小，但由于担心某个末端不能满足要求，就不敢再降低循环水量。现代的建筑自动化系统已要求对被控制管理的末端进行全面检测，并且由于通信技术的发展，所测出的末端信息也很容易被其他控制装置获得。因此就有可能根据各个末端的实际情况来确定最合适的循环水量。这时，可以"至少有一个末端风侧开到最大，而室内温度正好满足设定值"为目标，对循环水泵的转速进行控制，实现在满足全部末端需求的前提下，循环水流量最小。

当各个释放热量的末端水侧处于通断式调整方式时，合适的供回水压差应该是使得各个通断调节的末端中至少有一个末端一直处于全开状态，同时该末端的室内环境控制要求又能够得到满足。可以同前述那样，检测各个末端的通断控制状态和室温控制效果，进而对循环泵进行控制。尽管如此，由于其他一些末端还是处于通断调节状况，其开启时的流量一定大于该末端的需求流量，这些末端的供回水温差就会小于设计值，从而导致总的供回水温差一定小于设计状态下的温差。

当各个释放热量的末端处于连续调节的控制状态时，合适的供回水压差应该是既满足每个末端的流量要求，又避免出现各个末端调节装置都开得很小，将循环水泵压头都消耗在末端调节阀门上的现象。当能够全面掌握各个末端的运行状况时，就可以调节循环水泵的工作状态，使得至少有一个末端的调节阀门处于全开状态，同时还能满足这个末端的环境控制要求。如果每个末端都处于连续控制调节的状态下，此时总的供回水温差一定大于设计状态下的供回水温差。

由此可见，当采用现代的计算机控制系统后，由于可以较容易地掌握末端的工作状态，就可以充分利用这些信息获得更好的调控效果。这里存在着一个共同的要求，就是判断最不利末端用户的状态，使系统中总存在一个以上的末端处于接近全开的工况，同时还能够满足这些处于全开工况末端的环境控制需求。在供冷系统（或供热系统）的实际调节过程中，连续控制的冷水阀门全开而室温偏高（或偏低），或通断控制的冷水阀一直打开时室温仍然偏高（或偏低），并不一定表明是水系统的压差不足，而往往是由于系统正处在调节过程之中。过快的根据这些现象调整循环水泵的转速，反而会造成系统的频繁波动和振荡。因此需要取较大的时间步长进行判断，只有在这一段时间内，某个末端一直处于这样的失调状态，才可对循环泵的转速进行调节。这个时间步长应至少5～8倍于末端调节过程的时间常数。末端的时间常数可如第4章中的方法通过实验获得。对于一个阶跃扰量，经过3倍于时间常数的周期的调节，系统基本可克服这一扰量，获得新的平衡。如果在5～8倍于时间常数的周期内仍不能得到平衡，就可以考虑是由于系统出力不足所造成的，这时才有必要通过加大循环泵转速以提高末端压差。对于一个大系统来说，任何末端的变化都可考虑为缓慢的渐进的变化，因此可以对循环泵转速采用积分控制的方式，即每次在当前的转速的基础上根据末端状况仅进行很小的修正，而不使转速出现大起大落的变化。这样可以防止由于调节不当造成系统的振荡，同时也基本可满足大多数实际状况的需求。

6.7 小型热源的控制调节

本节讨论作为建筑热源的小型燃气炉、燃油炉的控制调节。现在出现了许多以热泵为热源提供生活热水和采暖用热的方式。由于热泵工作特性接近于制冷机，因此对热泵的调控可以参照制冷机的调控方式。本节不对这类热源进行讨论。

建筑内的小型燃气炉、燃油炉的功能主要是提供采暖和生活热水热源，或是为厨房、洗衣房提供蒸汽。当采用蒸汽锅炉时，还需要通过蒸汽—水换热器，产生用于采暖和生活的热水。这样，小型热源相关的控制环节主要包括锅炉的控制，换热器的控制，以及相关各水系统的控制。与制冷机一样，目前各类小型燃气燃油锅炉都备有完善的调控设备，并都属于锅炉产品的一部分。建筑自动化系统不能直接对其进行调控，而只能通过与其控制器进行数字通信或通过模拟信号进行信息交换来了解锅炉的运行状况，修改运行参数的设定值。这些不在本节深入讨论。这一节仅以热交换器的控制调节为例，来讨论热源的调控。

图6-22是通过蒸汽生产生活热水的换热系统。从自来水供水系统来的冷水首先经过冷凝水热回收器进行预热，然后进入蒸汽加热器。在此得到蒸汽的热量，升温到要求的设定值，进入到热水箱。水温的控制是通过调节蒸汽侧的调压阀控制进入换热器的蒸汽压力来实现。换热器中的压力不同，冷凝温度就不同，换热量也就不同。调节调压阀的开度，实现对换热器压力的控制，也就实现了对换

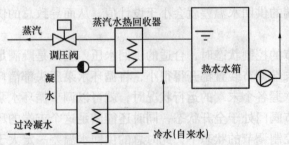

图6-22 通过蒸汽生产生活热水的换热系统

热量的控制和热水温度的控制。如果要求热水出口温度控制得准确，较好的方式也是采用串级控制，也就是根据实际的热水出口温度与设定值之差确定换热器内蒸汽压力的设定值，再根据实测的换热器内蒸汽压力与其设定值之差，调节蒸汽阀门。图6-23为这一控制调节框图。

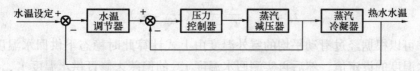

图6-23 生活热水水温控制系统调节框图

对于采暖系统，控制调节的目的是实现适度供热，即在满足被供建筑室内温度要求的前提下，尽可能减少供热量以避免室内过热，同时降低采暖能耗。这样就需要根据实际工况确定供热量。如果采用定循环水量的方式，问题就变为确定合适的供水温度，以实现适量供热。这就又成为一种串级控制模式：控制系统首先根据供热工况确定供水温度的设定值；然后由锅炉或热交换器的控制器根据这一设定值调节燃烧或换热过程，实现所要求的供水温度。

供水温度设定值的确定有如下三种方式：

(1) 根据室外温度的前馈控制。根据实测室外温度状况，按照预先设定好的供水温度曲线，由室外温度直接确定供水温度。由于室外温度波动较大，而其变化不会马上影响到室内，要经过衰减、延时过程后，才会造成室内采暖负荷的变化。因此，可以采用滑动平均的方法，得到某种滑动平均的室外温度 t_m，如：

$$t_m = 0.5 t_{out}(\tau) + 0.3 t_{out}(\tau - \Delta\tau) + 0.2 t_{out}(\tau - 2\Delta\tau)$$

式中，t_{out}是各时刻的室外温度，此处可能需取时间步长 $\Delta\tau$ 为 1h 或更多。这种方式比较简单，但其供热效果完全基于预先设计的供水温度曲线。而由于建筑性能不同及室外温度变化规律不同，很难设计出合适的供水温度曲线完全满足既不过热又不使某些房间温度偏低的需求。

(2) 测量室外温度和采暖系统的回水温度，根据这两个温度的变化确定供水温度的设定值。这样做的理由是认为回水温度在某种程度上反映了所辖的采暖建筑的平均供热效果。这样可以通过回水温度的反馈，实现对采暖建筑室温的更稳定的控制。按照稳定工况，并近似取建筑物和室内采暖散热器的传热过程都是线性，可有如下热平衡：

$$Q = KF_w(t_a - t_o)$$
$$Q = KF_h(0.5t_s + 0.5t_r - t_a)$$
$$Q = Gc_p\rho(t_s - t_r)$$

式中，t_a，室温；t_o，室外温度；t_s，供水温度；t_r，回水温度；KF_w，围护结构综合传热系数，W/℃；KF_h，室内散热器总传热系数，W/℃。分别除以设计工况下的热量，可以得到：

$$\frac{t_s - t_r}{t_{s,d} - t_{r,d}} = \frac{t_a - t_o}{t_a - t_{o,d}}$$

$$\frac{t_s - t_r}{t_{s,d} - t_{r,d}} = \frac{0.5t_s + 0.5t_r - t_a}{0.5t_{s,d} + 0.5t_{r,d} - t_a}$$

式中下标 d 指设计工况。给定设计工况后,根据不同的室外温度 t_o,可以求解上面两个方程,得到此时需要的供回水温度:

$$t_s = t_a + \frac{t_a - t_o}{t_a - t_{o,d}}(t_{s,d} - t_a)$$

$$t_r = t_a + \frac{t_a - t_o}{t_a - t_{o,d}}(t_{r,d} - t_a)$$

这样,可以根据经过滑动平均的室外温度由上式计算此时稳态下供回水温度期望值,作为供回水温度的设定值,然后再实测回水温度 $t_{r,m}$ 的偏差去修订供水温度 $t_{s,set}$:

$$t_{s,set} = t_s + \text{PID}(t_r - t_{r,m})$$

式中,PID 表示根据括号中的偏差按照 PID 调节器的控制算法得到的调节量。这样,当实测回水温度高于回水温度设定值时,说明实际室温由于某些原因高于需要的室温,这时就要降低供水温度;而当测出的回水温度低于回水温度设定值时,则需要提高供水温度;当系统回水温度最终达到设定的回水温度点时,供水温度也将回到要求的供水温度状态。

当被采暖建筑传热性能确实符合上述线性假设,并且不随时间变化,同时所给出的参考设计工况 $t_{s,d}$、$t_{s,r}$ 符合实际状况时,上述控制调节算法可以实现较好的调控效果。但是,通常很难得到准确的实际参考设计工况,采暖系统也并非线性定常,这就导致按照上述调控算法也不能得到良好的调控效果。

既不能准确得知被采暖建筑物及散热器的传热性能,也不能准确得知被采暖建筑的室温状况,不可能作出正确的调控决策。只有更多的了解系统的实际状况,才能更准确地实现调控效果。采暖系统的最终目标是对采暖房间室温的控制,因此如果能得到室温信息,就一定能显著改善调控效果。

(3) 由于电子技术和通信技术的进步,观察被采暖建筑的室温已经成为可能。在一些采暖房间布置无线传输的温度传感器,这些传感器可定时测出房间温度,并通过无线方式把信息发送到设置在同一座建筑某处的接收器。接收器与电话线相连,收到各传感器的温度信息后,即可通过电话线,把温度数据传送到设置在热源处的集中监控主机,并作进一步的统计分析,同时指导热源的调控。按照目前的技术水平,这样的系统每个温度测点折合的初投资费用可以控制在 200 元 RMB/点。对于一个供热面积为十万平方米的小区,如果安装 100 个温度测点,以全面反映被采暖建筑的室温状况,所需要的初投资仅为每年运行费用的 1%,完全可以从当年节省的运行费中回收初投资。

接下来的问题成为:(a) 怎样选取、布置这些温度测点,使其充分反映出被采暖建筑的室温状况?(b) 怎样从这样 100 个室温测点中得到代表现时室温的测量数值?(c) 怎样根据实测室温确定热源的供水温度?问题 (a) 涉及被采暖小区的管网和建筑状况,不属于本课程讨论内容,此处仅对 (b) 和 (c) 进行讨论。

对于实时实测出的一批房间室温数据,怎样得到一个代表温度?如果取这些数据的平均值作为控制标准,则必然有一大批房间的实测室温低于此平均值。当把室温平均值真正调节到采暖室温设定值时,这些室温低于平均值的房间就会偏冷,不能满足供热要求。而如果取实测数据中室温最低者作为参照值,它往往并不反映实际的整体采暖状况,而是由于局部的某种特殊状况所造成。例如,某个测点被放置于窗下,而窗户又被打开通风。以这样的测点为依据去调控热源,其效果可能还不如上述按照回水温度修正供水温度的方式好。这样，就需要有一种选择算法，从实测数据中剔除不具备代表性的个别测点，找出正常情况下反映实际的温度偏低房间采暖状况。这种选择算法与测点布置密度、采暖系统状况有关；同时还要参考所测出的数据随时间的变化，而不能仅单独跟踪一个测点。具体的选择确定方法，目前尚处于研究探讨中。

得到室温参考值后，需要适当的控制算法，给出合适的热源供水温度设定值，使室温参考值调节到设定状态。此时可以直接采用 PID 调节算法或其他单回路反馈控制算法，同时再根据实测外温对供水温度设定值进行修正：

$$t_s = \text{PID}(t_{a,\text{set}} - t_a) + f(t_o)$$

其中 $f(t_o)$ 可根据系统的设计参数确定，而 PID 则是通过反馈对输出量的修正。整定好的 PID 调节器参数可以获得很好的控制效果。需要特别注意的是，采暖系统的热惯性非常大，供水温度的改变只能引起室温缓慢的变化（或低频的变化），而各种其他因素却可能造成实测室温的突然变化或高频变化。此时如果以这些高频变化为依据去改变供水温度，就会使供水温度造成各种无谓的波动甚至振荡，同时导致不稳定。如果调节手段可能造成的被控对象的最高变化频率为 f_0，则被控对象中任何变化频率高于 f_0 的分量都不应引入该调节手段的调控计算。所以，应该从室温的实测值中，滤掉高频成分，只取其低频分量作为确定供水温度的控制器的输入参数。

上述讨论都是针对采暖系统循环水流量不变所展开的。当对系统进行变流量调节时，就要同时确定要求的循环流量和供水温度。部分负荷下循环流量的调控方式根据采暖系统的连接方式不同而异，需要根据采暖系统的设计而具体确定。其原则就是使得在部分负荷下实现各采暖房间的均匀供热。由于实际供热量与供水温度、循环水量都有关系，因此就不能如前面那样直接由室外温度或室内温度决定供水温度。这时可以先决定热源的供回水平均温度和供热量，然后根据循环流量就可以进一步确定供水温度。

本 章 小 结

通过本章的学习，希望掌握：
1. 制冷机组的基本启停和调节策略；
2. 冷冻水系统、冷却水系统设备的启停策略、控制调节策略以及实现方法；
3. 供热系统的控制调节方法。

在此基础上，能够了解各类冷、热站以及输配系统的控制方法，针对实际的冷热站系统正确的设计系统启停、调节的策略，解决运行调节中的实际问题。

第7章 通信网络技术

本章要点：前面各章介绍了各种设备的控制调节方法，如何连接这些被控设备以实现它们之间相互协调与分工合作是这一章将要介绍的内容。近些年来，通信网络日益成为实现建筑自动化系统整体控制调节必不可少的辅助手段。这一章，将从建筑自动化应用的角度出发，逐步回答如何连接被控设备，如何实现信息传递，如何协调数据传输，如何应用数据等问题。本章还将介绍 OSI 通信参考模型以及描述各层通信的基本参数，并介绍几种在建筑自动化系统中常见通信网络技术。本章的最后简要的分析目前建筑自动化网络应用中的一些误区，并展望未来建筑自动化系统中通信技术的应用。

7.1 被控设备的网络连接

在建筑自动化系统中，通信网络给人们最直观的感受是通信网络连接了传感器、执行器、控制器等通信设备。那么，本节首先来讨论通信网络是如何实现对这些设备的连接的。

7.1.1 拓扑结构

拓扑结构描述网络节点之间的连接关系，通常用直观的图形就可以表示。在网络中以"O"表示节点，任何有物理链路直接连接的两节点之间以直线标注就能描绘出网络拓扑结构。建筑自动化系统中，常见的几种基本的拓扑结构如下：

（1）星型拓扑结构

星型拓扑结构的网络如图 7-1 所示。整个通信网络以一个节点为中心，其他所有的节点与之相连接。除中心节点外，任何两个节点之间传输数据都必须经过中心节点。这样，一旦中心设备出现故障或从网络脱离，网络中的所有物理连接都被破坏，任何节点都不能完成数据传输。但是，除中心节点以外，其他任何节点的工作都是相互独立的，任何节点的损坏都不会影响到其他节点的正常工作。

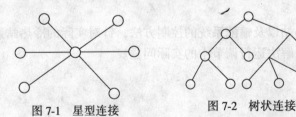

图 7-1 星型连接　　图 7-2 树状连接　　图 7-3 总线连接

（2）树状拓扑结构

树状拓扑结构是在星型拓扑结构的基础上发展出来的。如图 7-2 所示。树状网络以一个节点为系统的"根"，此节点以星型连接的方式连接若干个次级节点；每个次级节点又以星型连接的方式连接若干个再次级节点。这样，通信网络可以被划分为不同的层次，每个层次同时存在若干个"子网络"。任何两个同层节点之间的数据传输需要通过它们共同的上层节点实现。同一子网当中的节点与它们共同的上一级节点一起组成了一个星型网络，它们可以通过它们的上一级节点实现数据交换，处于不同子网中的节点间的数据传输需要上溯到它们共同的上层节点，甚至"根节点"才能实现。在树状拓扑结构中，某个节点的损坏不会影响到处在其他子网中节点的工作。节点所处的层次越高，影响的范围越广。但是相对于星型连接，上层节点对网络的影响被分散了，即使"根节点"出现故障，只是子网间的数据不能相互传输，而各个次级节点或子网依然正常运行。

(3) 总线型拓扑结构

星型或树状拓扑结构，尤其是早期建筑自动化系统中的星型拓扑结构给布线施工带来很大的麻烦，不仅管线的用量大，而且大量线路交叉重复给管线敷设也带来诸多不便。总线型拓扑结构的提出有效的解决了这一问题。在总线拓扑结构网络中，所有的节点连接在同一根总线上，共用这一根总线实现各个节点的数据传递。如图 7-3 所示。这里以电流环为例介绍总线型网络的工作方式。

电流环网络是 20 世纪 90 年代清华大学自主研发的一项总线技术。电流环以一根电线作为总线，以总线上电流的通断来表示逻辑 1 和逻辑 0 以实现数据传输。网络中的每个节点通过两套光电耦合器连接到总线，其中一套负责数据的发送，将光耦的三极管串联在总线中；另一套负责数据的接收，将光耦的二极管串在总线中。如图 7-4 所示。当总线空闲时，任何一根节点的发送端都置为高电平，这样总线一直导通，导通电流为 1～2mA，所有节点的接收端都将接收到高电平。当总线上某一个节点发送数据时，如果发送比特代码为"1"，其发送端置高，总线继续保持导通，各个末端节点接收端为高电平，即逻辑"1"；如果发送比特代码为"0"，其发送端置低电平，相应的三极管截止，总线被切断，各个节点接收端为低电平，即接收到逻辑"0"。这样，就可以实现任一个节点在总线上收发数据。

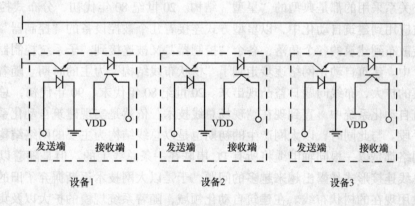

图 7-4 电流环网络

实际系统中，只需要将总线延伸到各个角落就能实现对网络设备的连接。从布线上看，总线型拓扑结构确实能降低布线工作的难度，但是，总线型网络也有其自身的缺点。首先，由于所有节点都连接在一个总线上，节点的工作状态一定会影响到其他节点。假如总线上某个节点出现故障，很可能影响到网络上的所有节点。例如，早期的以太网就采用总线方式，用同轴电缆连接每台计算机。网络中经常因为某个同轴电缆连接头的故障导致整个网络的瘫痪，并且由于各台电脑的连接方式相同，查找故障点也非常困难。其次，总线结构也给数据交换带来新的问题。不同于星型或树状连接方式中只有上层根节点能立即收到与之连接的节点发送的数据,总线上任何一个节点发送的数据都会同时被多个节点接收到。采用总线结构要求相应的通信协议必须解决各个节点收发数据的协调工作,避免数据碰撞或丢失。这将大大降低数据传输的可靠性,并成倍的增加通信协议设计的难度。

(4) 环形拓扑结构

将连接各节点的总线首尾连接形成环状,就构成一个环形网络,如图 7-5 所示。环形拓扑结构的特点与总线结构基本类似。环形结构可以提供网络连接的可靠性。当网络中某一节点出现故障时,网络连接并没有被完全破坏,其他网络节点可以通过环形网络中依然保持连接的另一半链路实现数据通信。

在实际应用中,建筑自动化系统的网络拓扑往往并不是简单的星型或总线结构,而是以星型结构和总线结构为基础组合出来的更多种的网络拓扑结构。例如图 7-6 所示的结构。

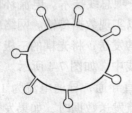

图 7-5 环形连接图　　　　　图 7-6 星型结构和总线结构的混合结构

星型结构和总线结构在建筑自动化网络中的应用也随着网络技术的发展不断变化。1980 年代初,在早期的建筑自动化系统中还不存在通信的概念,各种传感器、执行器等设备都是通过模拟信号线路直接连接在中央控制计算机上的,无论是物理拓扑结构还是控制逻辑拓扑关系采用的都是典型的"星型"结构。20 世纪 80 年代初,分布式控制系统的概念逐渐被应用到建筑自动化中,以星型方式连接着几个被控设备的"控制器"随着被控系统的安装散布到建筑的各个角落,各个"控制器"又被连接到"子系统控制器"或"中央控制器"中。建筑自动化网络逐步走到了"树状布线结构"为主的时期。随着建筑自动化系统规模的扩大,布线问题日益凸现出来。20 世纪 80 年代末、90 年代初,总线逐步被应用到建筑自动化系统中。直到现在"现场总线技术"依然是实现建筑自动化系统通信的主要技术手段。与此同时,以太网产生的初期也是以总线结构为主要的网络结构的。大多数的以太网络都是以一根同轴电缆将所有 PC 串联在一条总线上的。但是随着以太网的广泛应用,总线连接形式暴露出越来越多的问题,于是以太网技术逐渐摒弃了旧的总线布线方式,而改用现在的树状布线。在建筑自动化领域,随着系统规模的扩大以及集成等需求的产生,树状网络拓扑结构也逐渐被重新应用。

7.1.2 传输介质

拓扑结构的实现需要靠物理媒介来实现。在通信行业,常用的传输媒介有如下几类:

(1) 同轴电缆

典型的同轴电缆的结构如图 7-7 所示。

同轴电缆有两类基本类型,基带同轴电缆和宽带同轴电缆。常用的基带电缆以铜网作为屏蔽层,宽带电缆以铝冲压成屏蔽层。同轴电缆可以传输数字信号也可以传输模拟信号。常用的同轴电缆型号包括在 ARCnet 中应用的 RG-62，在以太网中使用的 RG-8 粗缆和 RG58 细缆。粗缆的标准距离长，可靠性高，适用于大型计算机局域网。由于安装时不需要切断电网，因此可以根据需要灵活调整入网位置。但是粗缆必须安装收发器和接收器电缆，安装困难，造价高。细缆安装简单，造价低，但是安装过程中需要切断电缆，通过 T 型连接器连接，当接头多时容易产生接触不良隐患。为保持同轴电缆的正确电气特性，电缆金属层必须接地，电缆两端必须安装匹配器来削弱信号反射作用。

图 7-7　同轴电缆结构图

(2) 双绞线

双绞线的电导体是包有绝缘体的铜导线。每两根具有绝缘层的铜导线按一定密度相互绞缠在一起组成线对，就构成双绞线。每对线的绞矩与所能抵抗的电磁辐射及干扰成正比。双绞线可以传输数字信号和模拟信号，有屏蔽双绞线和非屏蔽双绞线两种。相对来说，非屏蔽双绞线容易安装，尺寸较细小，节省安装空间；屏蔽双绞线抗干扰能力强、保密性好、不易被窃听，但同时造价高，尺寸较粗，安装时需要将屏蔽金属层接地。常用的双绞线分为 3 类、4 类、5 类、6 类几种，各类双绞线性能对比如表 7-1 所示。

各类双绞线性能对比　　　　　　　表 7-1

频率 (MHz)	衰减 (dB)		近端串扰 (dB)		衰减/串扰比 (dB)	
	5 类	5 类/E 类	5 类	5 类/E 类	5 类	5 类/E 类
1.00	2.5	2.0	54	72.7		70.7
4.00	4.8	4.0	45	63.0	40	59.0
10.00	7.5	6.3	39	56.6	35	50.3
16.00	9.4	8.1	36	53.2	30	45.1
20.00	10.5	9.1	35	51.6	28	42.5
31.25	13.1	11.5	32	48.4	23	36.9
62.50	18.4	16.6	27	43.4	13	26.8
100.00	23.2	21.5	24	39.9	4	18.4
120.00		23.5		38.6		14.8
140.00		26.0		37.4		11.4
149.10		26.9		36.9		10.0
155.50		27.6		36.7		9.1
160.00		28.0		36.4		8.4
180.00		29.9		35.6		5.7
200.00		31.8		34.8		3.0
250.00		36.0		33.1		2.9

(3) 光纤

光纤是光导纤维的简称。用石英玻璃或特制塑料拉制而成，直径在几 $\mu m \sim 120\mu m$ 之间。其结构如图 7-8 所示。

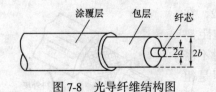

图7-8 光导纤维结构图

光纤靠光在光纤中的折射来传递通断信号。光纤传输主要由光发射机、光纤线路和光接收机组成。光纤可以分为单模和多模两种。单模光纤的芯只有几μm，而单模应用的光源一般也是激光，这样进入光纤的光线与轴线是平行的，只有一种角度，也就是只有一个传输通道。多模光纤的外径有$62.5\mu m$，这样就可以使光线从多种角度入射，也就是有多个传输通道。

光纤的选择原则主要有两条。其一是传输距离和容量，距离短、容量小的系统一般选用850nm短波长、多模光纤；反之选1300nm和1500nm的长波长、单模光纤。其二是能否得到所选用波长的光器件和光纤，在价格、质量及可靠性等方面都能满足要求。

与5类双绞线相比，当传输频率超过100MHz时，5类双绞线随着频率的增加，衰减越来越大；而光纤基本不变。

7.2 数据的传输

7.2.1 逻辑1和逻辑0的收发

在以计算机为基础的通信网络中，信息的传递是以计算机能够处理的二进制代码的形式进行的。在讨论了网络设备的拓扑结构以及连接介质后，实现设备的连接还需要明确通信介质如何与通信设备连接。这一问题需要从两方面解答：如何在网络介质中表示二进制"1"和"0"，以及如何发送和接收二进制代码。

(1) 逻辑"1""0"的辨识

根据通信网络所采用的物理介质的不同，逻辑"1"、"0"的表示方式也不尽相同。常见的各种通信标准中，表示逻辑"1"、"0"的方式大致可以归纳为电平方式和差分方式。

1) 电平方式

最简单的表示逻辑"1"、"0"的方式是用电平的高低加以区分。例如上文中提到的电流环就是以电平方式确定逻辑"1"和"0"的：无论接收端还是发送端，电平为高电平表示逻辑"1"，低电平为"0"表示逻辑"0"。最常见的用电平方式表示"1"和"0"的通信标准是RS232标准。RS232标准是由电子工业协会（EIA）建立的。在RS232标准中规定数据发送时，电平在+5～+15V之间表示逻辑"0"，电平在－15～－5V之间表示逻辑"1"；数据接收时，电平高于+3V表示逻辑"0"，电平小于－3V表示逻辑"1"。电平方式容易实现。但是在数据传输过程中电压信号容易受到周围电场的干扰，并且信号衰减明显，因此在长距离传输或强干扰的条件下，除非能保证信号的稳定可靠，一般不采用电平方式。例如采用RS232标准的通信链路最大可靠传输距离就只有15m。

2) 差分方式

通信网络中另一种常见的表示二进制代码的方式是通过比较一对通信线上电压差来区分逻辑"1"和"0"。以太网、USB技术和工业控制网络中最常用的RS485标准都采用的是这种方式。以同为电子工业协会（EIA）建立的RS485标准为例，如图7-9所示，当"A"线电压大于"B"时表示逻辑"0"，反之表示逻辑"1"。相对于电平方式，差分方式将发送和传输两条数据线分别变为两条差分信号传输，也就是电平方式中的一根信号线在

差分方式里分为 +、- 两根差分线,这样消除了共模干扰,可以保证数据的长距离传输。RS485 标准规定最大传输距离可以达到 1.2km。

(2) 二进制数据表示单位

通常,衡量和表示二进制数据的单位有字位（bit）、字节（byte）、字（word）、双字（Dword）等等。一位二进制数字（"1"或"0"）称为一个字位,8 个这样的字位称为 1 字节,2 个字节称为一个字,两个字称为一个双字。在描述数据传输的过程中,常常用到这些单位。

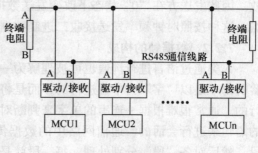

图 7-9 RS485 网络结构图

(3) 单工、半双工和全双工

比特序列的收发与通信网络提供给设备的接口形式有关。按照收发代码的方式不同,通信方式可以分为单工通信、半双工通信和全双工通信。单工通信方式下数据代码的传递只能按照一个方向传输,不能实现反向传输。即数据只能从通信网络传递到设备,或从设备传递到通信网络。在建筑自动化网络中,这种代码发送方式比较少见。半双工通信方式指在某一特定的时刻数据代码只能按照一个方向进行,但是在其他某些时刻数据代码可以反向传输。上述介绍的 RS485 标准就属于这种传输方式。无论数据收发都共用一对通信线路,因此在同一时刻设备只能处于接收或发送状态之一。全双工通信方式下,网络设备可以同时进行双向通信。也就是数据的发送和接收可以同时进行。上述 RS232 标准,以太网都属于这种通信方式。

(4) 串行通信和并行通信

通信网络中应用到的通信方式通常是串行通信方式。所谓串行通信就是指数据的发送是随着时间的延续,以二进制代码的形式,将各个数位依次传输的通信方式。与之相对的是并行通信方式,即将数据的二进制数据的各个字位同时在数据线上传输的方式。如果同时传输 8 个字位,则将并行总线称为 8 位总线;如果同时传输 16bit,则称为 16 位总线等等。相对来说,并行通信的传输速度快,效率高,但是随着同时传输字位数的增加,并行通信对传输线数量的要求也相应增加。因此,一般在通信网络各个设备之间的通信采用的都是串行通信方式,而并行通信通常用在通信设备内部芯片间通信,或传输距离较短的两设备间通信。

(5) 波特率和时序

波特率是描述通信的另一个重要参数。波特率描述了网络传输速度的快慢。波特率是每秒内传输的二进制信号脉冲个数,记为 bps 或 bit/s。波特率 S_b 可以由下式求得:

$$S_b = \frac{1}{T} \log_2 n$$

式中,T 表示传输代码的最小时间间隔,n 表示信道的有效状态。对于串行通信而言,每个脉冲只包含两个状态,则 $n = 2$,$S_b = \frac{1}{T}$ (bit/s)。国际上,常用的标准通信数据信号速率有 50、100、200、300、600、1200、2400、4800、9600、240k、1M、10Mbit/s 等。

在通信过程中,二进制数据序列是以数组信号波形的形式出现的。对这些连续的数据波形的订制发送和接收是在系统时钟的控制下进行的。波特率的作用是为收发数据的双方提供一个数据传输的公共时钟频率,通信设备按照此频率将数据依次放到数据线上。时钟频率也是通过"1""0"状态的交替转换实现的,通常在"1"状态下数据线上的数据有效。因此发送方在"0"状态下改变发送数据,而接收方在"1"状态下读取数据线上的数据。这种按照时钟频率发送接收二进制数据的规定通常被称为"时序"。

7.2.2 数据帧的构成

人类通过语言进行沟通也可被理解为一种形式的通信。在日常会话中,无论发言还是聆听都不是以"字"为单位进行的,而是将这些"字"分割成能表示某种意义的语句来进行的。通常很难根据一连串的单字来判断对方的语义,而是根据一段段表示不同确定含义的语句来进行会话的。通信网络中的数据传输与此类似。计算机需要对比特序列进行分段,然后对各"段"分别处理,每一段就是一个数据帧,通信网络的信息传递是以帧为单位进行的。

如何将二进制代码序列划分为"帧"可以有千万种方案。但是数据的发送方和数据接收方应该采用同一种方案才能相互理解,实现数据的传送。就像人类在交流过程中,交流的双方需要懂得同一种语言一样。通信网络中所采用的通信设备都能理解的划分数据帧的方案通常被称为通信协议。

数据帧的划分有两种基本的方式,同步通信和异步通信。异步传输格式也被称为起止式异步协议,其特点是通信双方以一个字节作为传输单位,每个字节通过起始符和停止符分割开。并且每两个字节间的时间间隔是不定的,也就是每发送一个字节发送方都需要通过起始符和停止符来通知接收方。异步传输要经过开始传输、数据传输、校验和停止传输几个阶段。除了被传输的字节外,在通信过程中还要增加起始位、停止位、校验位等共同构成一个基本的数据帧。在此数据帧的基础上,数据收发双方还可以规定字节的组合形式,以构成上层通信协议。

在同步通信中,每时每刻两个字节间的间隔是相等的,每个字节中每两个字位代码间的时间间隔也是相等的。多个字节共同构成一个数据帧,数据帧之间用同步码来界定。同步传输协议可以被分为两类。一类是面向字符型同步协议,这种协议的典型代表是 IBM 制定的 BSC 协议。其特点是以字节作为基本单位,一个数据帧同时包括多个字节的数据。在传输有效数据之外,还规定 10 种特殊字节作为数据帧的开始和结束表示以及整个传输过程的控制信息。另一类是面向比特同步协议或称二进制同步协议。以国际标准化组织规定的 HDLC(High Level Data Link Control)为代表。这些协议以字位为基本传输单位,每个数据帧可以包含任意字位。它是靠约定字位的组合模式来确定数据帧的开始和结束,从而达到划分数据帧的目的。

比较而言,同步通信过程中,通常一帧数据达到几十、上百,甚至上千字节,而作为控制信息只占几字节;异步通信一个字节帧中附加信息约占 20%。因此通常同步通信比异步通信效率要高得多,速度也相对较高。但是同步通信对双方的时钟同步要求严格。如果接收双方时钟稍有差异,整个通信帧的传输会完全失败。所以同步通信协议要从编码方式上提高抗干扰的能力。

在各类通信协议中,数据帧的内容可能完全不同,即使在同一个通信协议中也可能存在多种不同功能的数据帧。无论是同步通信还是异步通信,下面的几个部分通常会被包含在数据帧中:

(1) 同步码或起始码。其作用是表明一个数据帧已开始传输。数据的接收方只有侦听到一个完整的同步码才会认为其后面所跟随传输的代码是合法的代码，并对后续代码进行处理。如果没有同步码，网络设备将无法判断网络上连续变化的比特代码的首尾，因而无法解读代码的含义。在异步通信中，起始码是占用一个字位，而在异步通信中，为了保证收发双方时钟的可靠同步，同步码通常是较长的二进制代码，并且同步码应该是在通信网络上出现概率很小的一串二进制代码。

(2) 帧尾或结束码。结束码在数据帧的最后，表明一个数据帧结束传送。结束码所起的作用与起始码一样，也是为了从连续变化的二进制代码中划分出有效的数据帧。由于结束码的目的与起始码相同，在有些通信标准中没有结束码。

(3) 校验码。校验码通常是根据某种算法对所传输的一串二进制代码进行运算得到的结果。校验的目的是确保数据帧在传输过程中的正确性，防止各种干扰造成的数据传输错误。常见的数据校验方式有如下三种：

1) 奇偶校验 奇偶校验其实包括两种校验方式：奇校验和偶校验。校验的方式是计算需要验证的二进制数据中数值为"1"的字位的个数。奇校验模式下，如果"1"字位个数为偶数，则在原有数据后面增加一个数值为"1"的字位，如果"1"字位个数为奇数，则添加一个数值为"0"的字位；偶校验模式下，如果计算结果是偶数则添加"0"，是奇数则添加"1"。也就是说，奇校验要保证所传输的二进制代码中"1"字位个数为奇数，而偶校验保证"1"字位个数为偶数。异步通信中采用的对每个传输字节的校验采用的就是奇偶校验的方式。

2) 和校验 和校验的过程是将需要校验的数据按照字节、字或双字逐个加和，并将计算结果之中的 n 个字节作为校验码。数据接收方在接收到数据后，会按照和校验的方式计算接收到数据的校验码并与接收到的校验码比较。如果一致则表示接收正确，否则表示数据传输错误。和校验操作简单，并且纠错能力较高，被广泛的应用在各种通信协议中。

3) CRC校验 CRC (Cyclic Redundancy Check) 校验即"循环冗余校验"。CRC校验的本质是进行 XOR 运算（异或运算）。它根据几个预先设定的多项式，从需要校验的二进制数据中计算出进行 CRC 校验的"被除数"和"除数"，"除数"的数位长度要小于"被除数"的数位长度，并对二者进行 XOR 运算。然后循环用"除数"与计算结果进行 XOR 运算，当结果字位长度小于"除数"长度时，计算结束。最终的结果就是 CRC 校验。根据多项式定义的方式不同，CRC 校验可以分成多种方式。例如，HDLC 的 CRC-16 校验中计算"被除数"多项式为 $X16+X15+X2+1$，式中，Xn 表示被校验二进制代码的第 n 位。CRC 校验的应用非常广泛，常用的 CAN 总线、以太网等通信网络中都采用的是 CRC 校验的方式。CRC 校验有很强的纠错功能，通常情况下，大于 **99.99%** 的数据错误都能被 CRC 校验检测出来。

(4) 类型码。在许多通信协议中，数据帧可能有多种类型，例如，传递数据的数据帧，发送请求的请求帧，确认请求的确认帧等等。为了让接收方能够区分不同类型的帧，在通信帧中往往有一段二进制代码作为类型码表明数据帧的功能。

(5) 长度码。帧结构中往往还包含一段代码表示整个数据帧的长度或数据帧中有效数据的长度。数据帧长度通常是以字节度量的，因此长度码通常是表示长度的字节数。

(6) 地址码。同步通信的一些数据帧中还包含了表明设备身份的地址信息。地址码可以是发送该数据帧设备的地址或是应该接收该数据帧的设备的地址，也可以同时包含这两者的地址。

(7) 数据加密。在同步通信中，为了避免数据帧中的附加数据代码与有效数据雷同而造成的数据帧误解，在有的通信协议中并不直接传输有效数据，而是将这些数据进行一些改动再进行传输。例如，在针对电力采集系统的dlt645规范中，表示电压、电流、电量的每个16进制数据需要加上16进制数33后才能传输。在CAN总线协议中，无论原数据是什么，要求每连续发送8个"0"字位后，必须发送1个"1"位，以此作为区分正常传输的数据与错误传输标识。

在实际的通信协议中，上述全部或部分内容会按照协议规定的先后顺序和字节长度出现在不同通信帧内，组成各种类型的通信帧。各种通信协议中给各部分代码所起的名字可能不尽相同，但是实现的功能基本上包含在上述列举的部分之内。

7.2.3 数据的收发服务

网络设备数据的发送是通过数据帧的形式发送出去的，发送过程可以分为两种方式。一种是简单的直接将数据发送出去。另一种，传输过程分为：链路建立、数据传输、链路拆除三个阶段，也就是在发送数据前发送方先发送一个请求帧到接收方，如果接下来发送方收到接收方的回应则表示数据链路畅通；然后才传输数据；当数据传输完成后，发送方再发送一个"拆除链路"的通信帧到接收方，当发送方接到返回的回应帧则表示链路已拆除。第一种方式被称为无连接型传输，第二种被称为有连接型传输。异步通信方式就是有连接型的，而同步通信方式通常是无连接型的。通常称这两种收发方式为链路服务。采用哪种服务会在通信协议里规定。如果采用的是有连接型传输，在通信协议里会特别规定链路建立（或拆除）请求（或应答）帧的格式。

7.2.4 几种典型通信协议的帧结构

(1) 串口通信协议

计算机串口通信采用的是异步通信的方式。帧结构如图7-10所示。

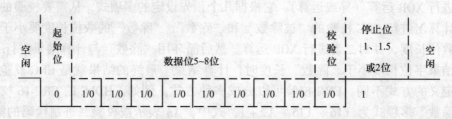

图7-10 串口通信帧格式

在没有数据发送的情况下，数据线上的数据维持"1"状态。在开始发送数据时，发送方首先将数据线上的状态由"1"变为"0"，表示数据开始传输。与此同时，接收方检测到这样的变化后，开始与发送方同步，并且期望收到随后的数据。然后是数据发送过程，发送的数据长度由双方事先商定，可以是5~8字位。传输过程中规定先传输数据的低位再传输高位。在数据传输完后是1字位的奇偶校验位，最后是停止位，由发送方将数据线上的状态由"0"改变为"1"。停止位占用系统时钟的长度可以在1、1.5或2位三者中选择。

在应用计算机串口进行通信之前,首先需要通信的双方商定通信波特率、有效数据长度、校验方式和停止位长度。例如,设定通信模式为"9600,e,8,1",即说明通信速率是9600bit/s,需要偶校验,有效数据长度为8字位,1位停止位。

(2) 以太网通信协议

以太网通信采用同步通信方式中的面向字符型通信。以太网中各个设备发送或接收数据时都是按照如图7-11所示的帧结构进行操作的。

前导码	帧首定界符	目的地址	源地址	帧类型	数 据	帧检验序列
8字节	1字节	6字节	6字节	2字节	46~1500	4

图7-11 以太网帧结构

其中,前导码中包含8个字节,用来帮助接收端口实现同步。帧首定界符为1个字节的10101011二进制数,表示一帧实际开始。在帧首定界符后面为有效的以太网数据。目的地址是此以太网帧希望被发送到的目的设备的地址,长度为6字节。源地址是发送此以太网帧的设备的地址,长度也为6字节。帧类型用来说明以太网高层所使用的协议,长度为2字节。数据区是以太网帧所传输的有效数据,长度范围在46字节到1500字节之间变化。设置最小的46字节限制是要求局域网上所有站都能检测到该帧,即保证网络能正常工作。如果有效数据段小于46字节,则由软件把"数据"填充到46字节。帧检测序列处在帧尾,占用4字节,是对除前导码、帧首定界符、帧检验序列外的整个以太网帧数据的32位CRC校验。

(3) CAN总线通信协议

CAN总线通信协议采用的是同步通信方式中的面向比特型通信方式。通信协议中规定了四种不同类型的帧,分别是数据帧、远程帧、出错帧、超载帧。

数据帧将数据由发送设备传到接收设备;远程帧由节点发送,以请求发送具有相同标识符的数据帧;出错帧可以由任何节点发出,以检测总线错误;而超载帧用于提供先前和后续数据帧或远程帧之间的附加延时。

7.3 网络设备的协调

7.3.1 局部网络中设备的协调机制

在只有两个设备相互交换数据的简单系统里,在单工或全双工模式下,如果能做到前面介绍的对比特序列的"帧"化传输就可能保证设备间的数据交换。但是在半双工模式下,或在由多个设备构成的网络系统中,仅仅实现分帧传输是不足以保证数据可靠传输的。通信网络还需要建立各个设备的协调机制,以避免数据碰撞和数据丢失。

(1) 主从网络(Master-Slaver, MS)

主从网络中以一个终端设备作为主机(Mater),其他设备作为从机(Slaver)。主、从机之间以应答的方式进行通信,也就是主机会定期向从机发送"请求帧",从机在收到主机的"请求帧"后发送"应答帧"到主机。主机按照一定的轮询顺序依次向各个从机发送"请求帧",从而完成整个网络中的数据通信。在主从网络里,任何两个从机之间不能实现彼此之间直接的数据交换。网络中所有的数据传输都是在主机和从机之间进行的。主从网络结构简单，便于实现；网络通信严格受主机控制，因而营造了一个简洁的网络环境，降低了数据碰撞和数据丢失的几率。但是这种主从式的网络以一个主机设备作为数据传输的中心，这意味着一旦主机出现故障，所有网络通信都将停止；另外，主机以轮询方式依次与各个进行的通信必然有时间的先后，当网络中从机设备数量较大时，这种轮询机制本身可能导致网络传输的延迟。因此，如果采用主从网络，应该着重考虑降低轮询机制产生的通信延迟，以及降低主机故障给网络通信带来的风险。

(2) 令牌网络（Token Passing）

令牌网络中不存在主机和从机的分别，所有的设备都是平等的。在网络传输过程中，有一种叫做"令牌"（Token）的特殊数据帧。令牌具有发送许可证的功能，它按照一定的顺序在网络设备间传递，只有拥有这个令牌的设备才可以发送数据帧。要发送数据帧的设备，首先要捕捉巡回过来的空令牌，把数据附加在令牌帧中，然后传递到环路上的下一个设备，接收设备要时常监视在环路上巡回的帧，如果是以自己的地址为目标地址的帧，就把数据复制下来，并将附加在令牌后面的数据帧传递给下一个设备，这样可以实现数据帧在网络中巡回。发送数据帧的设备发现自己发送的帧巡回回来之后，就不再将此数据帧发送给下一个设备，而是把数据去除下来，将空的令牌传递到环路上的下一个设备。如果某个设备没有待发送的数据，就直接将空令牌转交出去。这样，通过巡回令牌，所有的设备都可以在网络上平等的通信。

令牌网络的工作是建立在网络中的所有设备都正常工作的前提下的。巡回回路上任何一个设备的故障都可能造成数据的丢失，或者令牌的丢失，从而影响到整个网络的正常工作。

(3) 主从令牌网（MS/TP）

主从令牌网是主从网和令牌网的结合。主从令牌网中的设备分为主机和从机两类。主机之间按照令牌网络的模式工作，主机和从机之间按照主从网络的工作模式进行数据传输，即令牌帧在各个主机间传递，掌握了令牌的主机可以发送数据，依次和各个从机进行数据交换。当主机完成全部数据交换后，将令牌传递给令牌巡回链路中的下一个主机。从机只有在接收到主机的"请求帧"后才会发送"应答帧"给发送请求的主机。主从令牌网相对于简单的主从网络而言避免了因某个主机故障而造成整个网络停止通信的情况。相对于单纯的令牌网而言，也避免了因令牌巡回过程中一个节点故障而影响到整个网络的情况。

(4) 载波侦听多路访问/冲突（CSMA/CD）

采用 CSMA/CD（Carrier Sense Multiple Access with Collision Detection）方式的网络中，设备间通信的协调类似于在群体讨论会上出现的情况。在讨论会上，当没有人发言时大家可以自由阐述自己的观点，而有人说话时其他人要安静的聆听；每个人都在等待发言的空隙；如果有人想要发言而又没有其他人在发言，他就可以开始说话；很可能在他开始说话的同时，有其他人也同时开始说话；那么大家都谦让一下，等待对方先发言；每个人耐心不同，耐心不多的人可能稍微等待了一下就赶紧说出自己的观点；而耐心好的人等待的时间长，因而就不会再次和耐心不好的人同时发言，按照这样的方式大家都能阐述自己的观点。

在 CSMA/CD 网络中，同一时刻只能有一个设备发送数据；所有的网络设备都在监视网络，只有在确定网络上没有其他设备发送数据时，自己才能发送数据帧到网络上；当设备发现网络上数据传递的目标地址是自己的地址时，就将数据接收下来，否则置之不理；很可能有两台以上的设备同时发送数据，就会发生冲突；设备在发送数据的同时仍然监视网络状态，如果检测到数据冲突立即停止发送；检测到冲突的各个设备各自随机等待一定的时间，然后再在网络空闲时发送数据。这样，网络中的各个设备都能实现数据的收发，并且数据传输可以在任何两个设备之间进行。

CSMA/CD 网络中，任何设备的故障在通信机制上都不会影响到其他设备的正常数据传输；在网络设备较少、传输数据不大的情况下，任何两设备间的数据交换都可以立即实现。但是，在局域网设备量较大并且传输数据量也较大的时候，数据碰撞的机会增加，从而导致数据传输延迟增加、数据丢失增加等情况。

上面介绍的这四种常见的网络机制和网络的拓扑结构没有必然的联系。例如，主从网络可以在星型布线的网络中实现，也可以在总线型网络中实现；主从令牌网可以使令牌巡回回路与环形拓扑结构设备的连接顺序一致，也可以在总线型或星型网络中依靠虚拟的逻辑上的环路来实现。

在小规模的局域网络中，这几种网络机制通常都能协调网络设备实现多设备间的数据传输，但是当网络设备数量增加时，都不可避免的出现数据传输延迟、可靠性降低等方面的原因。实际上，当网络设备数量较大时网络通常被划分为多个子网。子网内部依然采用上述这些网络机制协调设备的通信；子网之间通过中间网络设备实现数据在不同的子网之间传输。

7.3.2 地址、路由和中继

实现数据在网络间传输需要解决这样几个问题，如何定位散布在不同子网中的各个设备？采用什么样的传输路径实现分别处于两个子网中数据的传输？以及被发送的数据如何从一个子网到另一个子网？

（1）寻址

通信网络中利用网络地址来实现对散布在不同子网中各个设备的定位。网络地址的设定通常不是根据设备本身的特点设定的，而是根据该设备在网络中的位置设定的。网络地址不只是给每个设备一个编号，而通常要表明该设备所在的子网编号，甚至子网的再上层网络编号。当数据在不同子网间传输时，反映子网网络位置的这些信息可以帮助数据经过的中间设备了解数据的传输目标，从而能有目的的转发数据，优化数据的传递。在前面介绍数据帧的构成时曾经提到"地址"的概念，但大多数"数据帧"中的地址是根据设备确定的，并不反映也不可能反映网络间的信息，不能解决网络间数据传输的问题。网络地址和设备地址往往是两个不同的概念，网络地址通常作为上面描述的"数据帧"中的"数据"的一部分。例如，在 Internet 网络中，每个网络设备都有一个唯一的表明网络设备身份的 MAC 地址；同时在网络传输过程中，每个设备又需要一个 IP 地址。MAC 地址是固定不变的，而 IP 地址是随着设备在 Internet 网络中位置的不同而改变的。

（2）路由

在定位了数据的收发双方后，就要确定数据在各个网络间沿着什么样的路线进行传输，即确定路由。根据数据用途的不同，各个用户设备可能对数据传输有各种各样的要求，有的希望尽快的传递数据，有的则首先希望保证优先数据的可靠性。同时，各个子网间的通信速度、可靠性等参数也各不相同。因此路由的选择应该综合考虑各种要求和条件，确定最佳路由。网络设备在发送数据时对传输数据的要求往往作为"数据帧"中"数据"的一部分，也随着"数据帧"的发送一起发出。网络上的中间设备会根据这些内容选择网络上最佳路由，转发"数据帧"。

(3) 网络服务

在确定了路由之后就可以沿着确定的路由进行数据传输。通信网络通常提供两种类型网络服务，来进行数据的传送。一种是连接型网络服务，另一种是无连接型网络服务。

连接型服务在实现数据传输前，首先要在交换数据的两节点间进行通信准备，即设定网络连接。然后在这个网络连接上传送数据，传送结束后拆除连接。也就是说，在通信过程中，需要经过连接的建立、数据传输和连接释放三个阶段。如图 7-12 所示。连续传送的数据顺序可以得到保障，另外数据流量控制也比较容易进行。因此

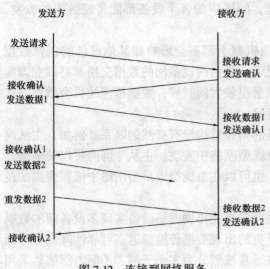

图 7-12　连接型网络服务

连接型服务网常用于有连续数据传输需要、数据量大的系统中。例如，TCP 协议采用的就是这种连接型服务。

无连接型服务中，数据与数据之间基本上是没有相互关联的。通信阶段没有明显的区分，不需要进行连接的建立和释放。如图 7-13 由于没有连接，也就是没有事先预定的路由，每个数据都必须带上传送时所必需的控制信息。另外，分别发送的数据可能选用不同的路由进行传输，数据到达发送方的顺序也没有保证，即后发送的数据有可能先到达。但是，在无连接的数据传送中，不需要像连接型那样的准备规程，因此传送短数据速度快，而且更方便。例如 UDP 协议采用的就是无连接网络服务。相对来说，无连接型服务更适合建筑自动化系统数据传输的模式。

网络服务和前一节中提到的传输服务是两个完全不同的概念。网络服务是描述网络间与多个设备相关的网络路由是否畅通的，而链路服务是描述两个设备间通信链路通畅情况的。二者没有任何必然的联系。

(4) 中继

在上述各项都确定后，就只剩下通信数据在中间设备的转发过程了。在前面讨论过的数据传输过程可以保证数据在设备间传输。这样各个中间设备需要做的只是按照规定的网络服务、传输要求、路由等，控制管理数据发送。这些中间设备所做的工作被称为中继。

通常情况下，中间设备只有在知道了网络地址、通信设备对网络传输质量的要求、路径的设置以及网络服务的设置之后，才能实现数据的中继。并且，完成中继任务的各个设备只有遵循相同的地址编码方式、传输质量描述方式、路由及服务的表示方式，才能明确任务需要。也就是说，网络设备之间应该有一个共同的"协定"来规定这些内容，这种协

定也被称为"通信协议"。这里的"通信协议"和前面介绍数据传输时介绍的"协议"规定的内容不同。通常称前面的为"链路层通信协议"或"通信标准",而将这里的"通信协议"称为"网络层通信协议"。链路层协议的目标在于如何辨识有效数据或如何发送和接收数据,而网络层协议规定的是数据在网络间传递时的处理办法。"网络层通信协议"也是通过对数据帧内容描述网络传输需求和状态的。由于网络间数据传递是建立在前面介绍的数据传输的基础上

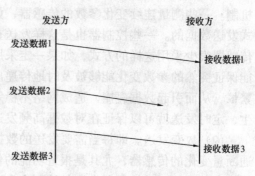

图 7-13 无连接型网络服务

的,网络层协议规定的"帧结构"通常是前面描述的"数据帧"中"数据"部分的数据格式,也就是网络层规定的数据帧通常是封装在链路层协议数据帧内的。

如果数据在通信协议彼此不相同网络间进行传输,中继设备除了要完成数据的传递,还要实现不同协议之间的翻译。协议的翻译工作与通信协议的差别相对应,是分层次进行的:如果两个网络的链路协议不同就只翻译链路层协议,如果网络间传输机制不同就进行网络协议翻译。不同通信协议网络间的连接设备通常被称为"网关"。网关能够同时理解来自两个或多个网络的不同通信协议,并将接收到的数据按照传送目标所在网络的通信协议重新组织数据帧。

7.4 建筑自动化系统中的数据特点

通信网络只是传输数据的手段和媒体,其目的是为各个网络设备应用数据提供帮助。所以,当根据前几节的内容实现数据在网络中设备的传递之后,还需要考察应用这些数据的各个网络设备(也就是各个设备中的各种应用程序)对数据的需求特点和应用方式,才能保证网络传输的数据真正被应用程序接收并应用。

考察网络设备对数据的应用特点也就是要回答以下四个问题:

(1)这些应用程序产生、接收数据的频率、机制和对数据的要求是什么样的?当应用设备同时需要多种数据,如何才能将网络数据分配给各个应用程序?

(2)网络设备的应用程序之间是以什么样的机制进行对话而相互协调工作的?

(3)如何将网络数据表示成应用程序能够直接处理的计算参数?

(4)应用程序如何对这些网络数据进行计算?

下面将针对建筑自动化系统中的数据特点,从这四方面进行简要的分析。

7.4.1 数据的产生和接收特点

在建筑自动化系统中的设备大概可以归纳为传感器、执行器、控制器以及为操作人员设置的人机交互界面和数据库这样五类。一些大型的机电设备例如冷机等,可能同时执行传感器、执行器、控制器等设备的任务。在这里我们只将这些大型设备看成是许多简单设备的集合。建筑自动化系统设备通常只完成一个或几个简单的任务。

设备发送数据通常有以下两个方式:

(1)定时发送。即每隔一段时间就自动发送一次数据。这是一种非常容易实现的发送

机制。一些测量连续变化参数的传感器，如温度、压力、照度传感器等就是按照这样的方式发送数据的。一些控制器也是这样发送查询命令到各个被控设备的。测量通断量变化的传感器很少采用这样的方式，如果一定采用定时发送，那么定时发送的周期通常比较短才能保证突然的参数变化能够被及时地传递出去。这种较高频率的发送可能会造成网络数据繁忙，从而引起数据碰撞，造成网络不稳定。但是，如果网络通信机制能够避免碰撞的发生，定时发送就可以保证在对数据高频发送的同时保证数据的传输质量。

(2) 数变发送。即每当需要发送的数据数值发生变化就自动发送一次数据。很多测量通断量变化的传感器，尤其是报警功能的传感器都采用这种方式发送数据。操作人员对网络设备的设置以及控制器发出的控制命令也通常用这种方式发送出去。测量连续量的传感器有时也采用这种发送方式，但必须设定发送精度：当数据变化大于精度时，才认为数据变化并发送数据。数变发送和定时发送都是设备本身自动发送数据的机制。

设备接收数据的方式可以归纳为以下两种：

(1) 直接接收并执行。即设备接收数据后就直接在应用程序中应用接收到的数据，而不进行其他任何操作。有些执行器是采用这种方式的——当它们接收到控制命令就直接执行。有些控制器也是这样工作的，它们接收到传感器对控制命令的响应数据后直接在控制算法中应用数据而不再给传感器以回应。数据库程序往往也是这样，在接收到数据后直接存储，而不再给每个发送设备以回应信息。

(2) 接收并响应。即设备接收到数据后要给发送数据方回应数据，以说明正常接收到数据或接收到错误数据。很多执行器是这样工作的，一些控制器也是采用这种方式的。

具体上面哪几种数据收发方式更符合建筑自动化设备控制的特点，或者更具有普适性，依然在研究当中。但在明确建筑自动化系统中设备接收、发送数据的规律后，就可以规定出符合这些数据收发特点的"协议"，使网络中的设备都按照这样的"协议"组织数据的发送和接收，以提高数据传输效率和保证数据传输的可靠性。

7.4.2 设备的对话机制

建筑自动化网络设备与办公网络不同，当网络设备安装完成后，由于被控系统的运行方案和系统设备是固定的，设备间的通信关系很少发生变化。因此，建筑自动化系统中设备的对话机制相对简单。除了很少的设备只单向的接收数据外，大部分设备之间的通信都是双向的。

(1) 请求响应机制和命令确认机制

通信由两设备之一发起，发起方发送请求对方发送数据的命令，或直接发送有效数据到对方设备；另一设备在接收到命令后回应有效数据，或在接收到有效数据中回应给发送方一个确认数据包。由于建筑自动化系统是数据传输任务简单的控制系统，这种设备工作方式广泛地存在于建筑自动化网络中。

(2) 轮询机制

控制系统中常常会出现一个控制器协调多个传感器、执行器工作的情况。控制器通常采用轮询机制协调各个设备的工作，也就是控制器按照一定的次序依次和各个相关设备交换数据。此轮询过程循环往复的进行，从而实现根据传感器数据控制执行器的功能。

(3) 共享机制

控制系统中有些设备往往会同时被多个设备查询，需要将数据发送到多个设备。比如在空调系统中，室内温度传感器可能不仅要传递给室内风机盘管控制器，还要传递给新风机组控制器。这些设备需要将自己的数据"共享"给所有需要的设备。

上面列举的几种机制是从建筑自动化设备的角度出发的，讨论的是为实现控制任务这些设备之间如何协调工作的问题，是建立在数据传输已经实现的基础之上的。与前面在讨论数据传输时讨论的主从网络、令牌网络等数据传输协调机制是两个层次的内容。这里讨论的各种工作机制可以在主从网络中实现，也可以在令牌网或以太网中实现，与数据的传输方式无关。这些设备的工作机制是从建筑自动化系统设备工作模式出总结出来的，在其他系统中可能有不同的机制。在通信网络中，可以制定能保证上述机制可靠实现的各种设备协作规则或描述、分辨各种机制的语法，同样以"协议"的形式表示出来。这样网络中的设备就可以根据"协议"了解通信双方设备所采用的相互合作的机制，从而保证通信设备间的可靠协作。

7.4.3 建筑自动化设备对通信数据的应用

在建筑自动化系统中传输的数据最终反映的是温度、湿度、照度、阀门开度等一系列与实际系统对应的参数。这些参数要么是连续量，要么是通断量。这样的参数在传输过程中所占用的字节数通常只是几字节甚至几字位。在传输过程中，还可以将参数的单位、参数数值的上下限、参数的精度等信息一并传输。同一数据帧中还往往包含多个参数相关的信息。但是通常情况下，建筑自动化网络中传输的数据帧的数据量都不大，数据帧中有效数据的长度一般在十几到几十字节。如何表示这些数据，如何安排它们在数据帧中的位置，不同的设计者可能有千万种组合方案。各种方案都可以以"协议"的形式表示出来，掌握相同协议的通信各方在接到数据后才能最终解读出数据的涵义。

建筑自动化设备对数据的具体应用方式千差万别，但可以从中归纳出一些典型的操作，例如报警信息处理或文件操作等等，将这些操作按照某种"协议"的格式写成数据信息与其他数据一起传递。当接收方接收到这些信息后就可以自动执行某些特定的程序。实际情况下，应用数据的方式非常灵活，每个人都有自己的创意，而且这些具体的操作又和系统运行方案和控制算法紧密联系，通常应用到的链路层、网络层通信协议中都不对这一部分内容做详细的规定。

7.5 OSI 通信参考模型

通过上面四节的分析本章大致介绍了网络通信中所涉及的各类问题。在通信领域，为使世界上任何地方遵守相同标准的任何计算机相互通信，国际标准化组织（ISO）在 1983 年提出了开放系统互连（Open System Interconnection，OSI）模型。1986 年进行了完善和补充，并正式称为国际标准 ISO7498。这一节将介绍这一标准化模型，并根据模型结构回顾前面所讨论的通信网络中的各个问题。

7.5.1 OSI 七层模型的内容

OSI 参考模型以七层结构定义了完整的通信协议机制，这七层结构依次是物理层、数据链路层、网络层、传输层、会话层、表示层和应用层。

(1) 物理层（Physical Layer）

物理层主要解决二进制传输问题，包括两方面的内容：

1）提供为建立、维护和拆除物理链路所需要的机械的、电气的、功能和规程的特性，即：定义相关底层的机械、电气和传输介质等。

2）提供有关在物理链路上传输数据流、故障检测的指示和管理，即定义了"0"、"1"二进制数据流的实现、传输、指示和管理。

需要强调的是：物理层并不等于物理媒体本身，它是实现物理连接的功能描述和过程条件，是机械特性、电气特性、功能特性和规程特性的总和，是最底层传输功能。本章7.1节介绍的是物理媒介的连接方式和材料，7.2.1介绍的就是物理层的相关内容。

建筑自动化网络中常见的物理层标准包括EIA—232标准、EIA—485标准、ISO8877标准（即RJ 45接口的标准）等。

（2）数据链路层（Data Link Layer）

数据链路层主要解决接入介质问题，主要包括四方面内容：

1）为网络层实体间通信提供数据发送和接收的服务器功能，即：数据的成帧、传输链路的建立、数据传输和数据链路的拆除。

2）提供数据链路的流量控制，即：控制和避免因收发双方处理速度不匹配等引起的数据传输堵塞等问题。

3）检测和纠正物理链路产生的差错，即：通过校验和重传机制，解决传输过程帧的破坏、丢失和重复等问题。

4）处理共享信道访问问题。

链路层往往又被划分为两个子层：逻辑链路控制子层（Logical Link Control，LLC）和媒体访问控制子层（Multi - media Access Control，MAC）。LLC子层主要负责帧的划分和链路服务的设定，MAC子层通过控制对终端传送媒体的访问，避免帧的冲突，降低冲突发生率。本章7.2.2~7.2.4主要介绍的是LLC子层的内容，7.3.1介绍的是MAC子层的内容。建筑自动化网络中常见的链路层标准包括CAN总线协议、以太网协议等。

（3）网络层（Network Layer）

网络层主要解决网络选择最优路由的问题，主要功能包括三方面：

1）控制分组传输，提供路由选择、拥挤控制和网络互联等功能，实现数据包的路由和中继。

2）根据传输层的要求，提供网络连接的建立与管理，实现网络流量的记账管理。

3）实现帧格式转换，完成异种网络互联。

本章7.3.2介绍的主要是网络层的问题，IP协议就是网络层协议。各种线程总线技术，如BACnet、LonWorks、ProfiBus等也分别制定了各自的网络层协议。

（4）传输层（Transport Layer）

传输层主要解决端对端的连接问题，主要功能包括四方面：

1）提供建立、维护和拆除端到端的传送连接功能；

2）提供多连接、多服务功能；

3）选择网络层提供最合适的服务，即有连接服务和无连接服务；

4）在系统之间提供可靠、透明的数据传送，提供端到端的错误恢复和流量控制。

这里所谓"端对端"指的是应用数据的程序线程和应用软件。本章7.4.1讨论的是传输层问题。

(5) 会话层 (Session Layer)

会话层主要解决主机间的通信问题，主要功能包括两方面：
1) 提供两个基础之间建立、维护和结束会话连接的功能；
2) 提供交互会话的管理功能。

本章 7.4.2 讨论了与会话层相关的问题。

(6) 表示层 (Presentation Layer)

表示层主要解决主机数据统一表示问题，主要功能包括两方面：
1) 代表应用线程协商数据表示，实现网络虚拟终端；
2) 完成数据转换、格式化和文本压缩，实现数据传输。

(7) 应用层 (Application Layer)

提供 OSI 用户服务，例如事务处理、文件传输协议和网络管理等。本章 7.4.3 讨论了与表示层和应用层有关的内容。

网络层与数据链路层和物理层一起实现数据传送功能，通常被统称为底层。按照 OSI 模型的描述，底层数据传输任务与数据的具体内容无关，只是将上层数据作为代码进行透明传输，因此不同的数据应用领域可以采用相同的底层通信方式。通常，常用的底层传输协议相对比较固定，底层网络技术也相对比较成熟。

传输层、会话层、表示层和应用层通常被认为是网络传输的高层。由于这几层涉及应用程序的内容，而应用程序相对复杂，因此在实际的建筑自动化通信网络协议中往往将这几层合并为一层或两层，而不作如此详细的划分。同时，由于高层通信协议与应用程序的应用领域有关，高层通信协议通常由不同应用领域的用户根据需求分别设定，因此高层通信协议相对比较灵活，对高层通信协议的研究仍在不断完善之中。

7.5.2 OSI 参考模型的设计原则

OSI 参考模型是一个高度抽象的概念性框架。在此框架下，任何系统只要遵循 OSI 标准即可进行相互通信。OSI 参考模型遵循了以下主要原则：

(1) 抽象分层。将一般的通信系统根据功能需求，抽象出不同的层次。

(2) 每层应答实现一个定义明确的功能。并且层的划分有助于制定相应的国际标准。

(3) 各层应尽可能减少跨层通信，也就是层数应该足够多，避免功能混杂。

OSI 模型只是一个概念性和功能性的结构模型。其目的是为不同通信网络提供一个共同的基础和标准框架。OSI 的这些原则对于构建其他通信系统协议也同样具有指导意义。在前 4 节的分析过程中，曾多次提到"通信协议"、"协议"的概念。从对 OSI 的介绍中可以发现，通信任务可以被分割成几个相对独立的层次，通信协议也是分层次的，即不同层的通信协议分别规定了只与该层通信相关的内容，通信协议以对帧的定义为表现形式，描述其所规定的功能。不同层的通信协议是可以相互独立的。上层的通信协议通常是建立在下层通信已经得到保障的基础上的。在数据传输过程中，高层协议的数据帧往往是封装在低层协议的数据帧之中。图 7-14 以 TCP/IP 协议中各层通信协议帧的封装关系为例，说明高层通信协议和低层通信协议之间的关系。

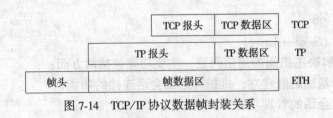

图 7-14 TCP/IP 协议数据帧封装关系

7.6 常见的通信网络技术

7.6.1 现场总线技术

根据国际电工委员会 IEC 61158 标准定义，现场总线是指安装在制造或过程区域的现场装置与控制室内的自动控制装置之间数字式、串行、多点通信的数据总线。现场总线（Fieldbus）很好地适应了工业控制系统向分散化、网络化和智能化方向发展的趋势，也导致了传统控制系统结构的根本变化。在现场总线技术出现以前，控制网络多采用分布式控制系统的形式，即通过散布在各处的 I/O 接口设备将现场设备的模拟信号采集到中央控制器，由中央控制器完成控制和管理。在现场总线技术出现后，逐步形成了新型的网络集成式全分布控制系统，将原来处于控制室内的控制器模块散布到现场，直接在现场完成控制调节。因为其在工业控制系统中的出色表现，现场总线技术被应用在建筑自动化系统中。

这里介绍几种在建筑自动化系统中常见的现场总线。

(1) LonWorks 总线

LonWorks 是美国 Echelon 公司推出，Motorola、东芝公司共同倡导，于 1990 年正式公布而形成的现场总线标准。LonWorks 严格按照 ISO/OSI 模型的全部 7 层通信协议，采用了面向对象的设计方法，通过网络变量把网络通信设计简化为参数设置；通信速率 300k～1.5Mbit/s 之间，通信距离可达 2700m（在 78kbit/s，双绞线作为传输媒介的条件下）；支持双绞线、同轴电缆、射频、光纤、红外线和电力线等多种通信介质。

LonWorks 的核心技术主要包括 LonWorks 节点和路由器，LonTalk 协议，LonWorks 收发器和一些开发工具。

LonWorks 节点主要分为两类，一种是以神经元芯片为核心，增加部分收发器构成的现场控制单元；另一种采用模块信息处理结构，用高性能主机代替 8 位 CPU 的神经元芯片实现复杂的测控功能，而只将神经元芯片作为通信协议处理器。

LonWorks 技术所采用的协议被称为 LonTalk 协议。LonTalk 被封装在称为 Neuron 的神经元芯片中。该芯片中有 3 个 8 位 CPU，其中一个用于完成物理层和链路层的任务，称为媒体访问控制处理器；另一个用于实现从网络层到表示层的功能，称为网络处理器；还有一个被称为应用处理器，执行操作系统服务和用户代码。芯片中还具有存储信息缓冲区，以实现 CPU 之间的信息传递，并作为网络缓冲区和应用缓冲区。

LonWorks 收发器解决电气接口问题，支持多种通信介质，包括双绞线收发器、电源线收发器、电力线收发器、无线收发器、光纤收发器等等。

Echelon 鼓励各 OEM 开发商运用 LonWorks 技术和神经元芯片开发自己的应用产品，并进一步组成 LonMark 协会，开发推广 LonWorks 技术和产品。它已被广泛应用在楼宇自动化、家庭自动化、保安系统、办公系统、交通运输、工业控制等行业。

(2) EIB 总线

EIB 为欧洲安装总线（European Installation Bus）的简称。1990 年由西门子公司发起，多家欧洲电器制造商在比利时布鲁塞尔成立了欧洲安装总线协会（European Installation Bus Association，EIBA），并推出了 EIB 总线。EIB 总线协议规定了 OSI 模型中的物理层、数据链路层和网络层。其中，链路层采用 CSMA/CA 方式协调总线设备的数据传输。EIB 以双绞线为物理传输介质。作为总线的双绞线不仅实现数据的传输，还为每个总线设备提供 24V 的直流电压。EIB 总线构建的网络以"线路"为单位，每条线路上最多可以连接 64 个设备，最多每 12 条线路可以构成一个"区域"，每 15 个区域构成一个"系统"。各线路之间、各区域之间靠"连接器"连接。EIB 系统中每条线路都有独立的电压设备，这样当一条线路电源出现故障，也不会影响到网络中的其他设备。每条"线路"的最长通信距离为 1000m，线路中的设备距离电源设备最大距离为 350m。EIB 总线被广泛应用于照明控制、智能家居控制、电器控制等领域。

(3) CAN 总线

CAN 是控制局域网络（Control Area Network）的简称，最早由德国 BOSCH 公司推出，用于汽车内部测量与执行机构间的数据通信。CAN 总线协议也是建立在 OSI 模型基础上的，不过其协议只包括 3 层：即 OSI 模型中物理层、数据链路层和应用层。其信号传输介质为双绞线，通信速率最高可达 1Mbit/s；在最高传输速率下传输长度为 40m，而直接传输距离最远可达 10km（在传送速率为 5kbit/s 的条件下）。CAN 总线上可挂接设备的数量最多为 110 个。

CAN 总线采用短帧机构，每一帧的有效字节数为 8 个，因而传输时间短，受干扰的概率低。当节点严重错误时，CAN 具有自动关闭功能，以切断节点与总线的联系，使总线上的其他节点和通信不受影响，因而具有较强的抗干扰能力。

该总线规范已被 ISO 国际标准化组织制定位为国际标准。由于得到了 Motorola、Intel、Philips 和 NEC 等公司的支持，CAN 总线广泛应用于建筑自动化系统、生产过程自动化系统，以及各种离散控制领域。

(4) ProfiBus 总线

ProfiBus 总线是符合德国国家标准 DIN19245 和欧洲标准 EN50170 的现场总线标准。它是以西门子公司为主的十几家德国公司、研究所共同推出的。由 ProfiBus-DP、ProfiBus-FMS 和 ProfiBus-PA 组成 ProfiBus 系列。ProfiBus 采用了 OSI 模型的物理层和链路层。在 ProfiBus-FMS 中还规定了应用层协议。ProfiBus 的传输速率为 9600 ~ 12Mbit/s，最大传输距离为 400m（在 1.5Mbit/s 的条件下），采用中继器可以延长到 10km。其传输介质可以是双绞线或光缆，最多可以挂接 127 个节点，可实现总线供电。ProfiBus-DP 用于分散外设间的高速通信传输，通常用在工业控制领域，在建筑自动化系统中也有应用。FMS 意为现场信息规范，应用于纺织行业控制、建筑自动化、可编程控制器、低压开关等。ProfiBus-PA 主要用于过程自动化控制。

(5) FF 总线

基金会现场总线（Foundation Fieldbus，FF）是在两个通信协议的基础上建立起来的。即以美国 Fisher-Rosemount 公司为首，联合 Foxboro、横河、ABB、西门子等 80 家公司制定的 ISP 协议，及以 Honeywell 公司为首联合欧洲等地的 150 家公司制定的 WordFIP 协议。这两个技术集团于1994年合并成立了现场总线基金会，致力于开发国际上统一的现场总线，并推出了FF总线。它以OSI模型为基础，规定了物理层、链路层和应用层。并在应用层以上增加了用户层。用户层主要针对自动化测控系统，定义了信息存取的统一规则，采用设备表示语言规定了通用的功能块集。

基金会现场总线分为低速（H_1）和高速（H_2）两种通信速率。H_1的传输速率为31.25kbit/s，通信距离为1900m（加中继器后可以延长），可支持总线供电。H_2的传输速率为1Mbit/s和2.5Mbit/s两种，通信距离分为为750m和500m。传输介质可以支持双绞线、光缆和无线射频，协议符合IEC 1158—2标准。其物理介质传输信号采用曼彻斯特编码。

基金会现场总线的主要技术包括FF通信协议；用于完成OSI模型第2~7层通信协议的通信栈；用于描述设备特征、参加及操作接口的DDL设备描述语言、设备描述字典；用于实现测量、控制、工程量转换等应用的功能块；实现系统组态、调度、管理等功能的系统软件，以及实现系统集成的集成技术等。

现场总线远不止上述这几种。由于市场的激烈竞争，各制造厂商纷纷开发出各自的现场总线技术。例如美国Rockwell公司支持的ContronNet，丹麦Process Data公司支持的P-Net总线，美国波音公司的SwiftNet总线，法国Alsthom公司的WorldFIP，德国Phoenix Contact公司的InterBus总线等等。并且随着通信技术的发展，在各个领域不断有新的现场总线技术诞生。在建筑自动化领域，只要能完成建筑自动化系统数据传输任务，许多现场总线技术都可以被应用到实际工程中。

7.6.2 系统集成和BACnet技术

建筑自动化系统通常要实现空调系统控制、冷热站的监控、照明系统调节、保安和消防系统监控，以及人员管理等功能。在实际工程中，由于产品需求和工程进度安排等方面的原因，各个系统往往各自采用不同的现场总线技术，构成彼此独立的子系统。然而，在设备管理时，往往希望在同一个平台上，在一个界面上实现对多个子系统运行的监控和管理，这就需要通过硬件或软件手段将这些系统联系起来，使数据能够在各子系统之间传输，一起实现统一的控制管理，这就是系统集成。

系统集成能够使整个建筑自动化系统数据集合在一个平台上，管理员在一个管理平台上就可以监控整个系统的运行状态，而不必对各个子系统分别管理。同时，系统集成后容易实现系统间的协调工作，例如空调的启停和遮阳百叶的配合，遮阳百叶和照明的配合，照明灯具的开关和建筑内人员流动情况的配合等等，拓展建筑"智能化控制"的功能。另外，系统集成还能避免子系统设备的重复投资。当两套子系统都需要某一参数时，既然数据能够在系统间传递，就可以采用同一个传感器，而不必为每个系统分别设置。

然而，在实际工程中，系统集成并不是一件容易的事。首先，连接各种通信协议的子网专用网关和转换器的开发涉及物理层到应用层各层的内容，开发困难，即使得到相关厂家的合作，也是既昂贵又费时的工作，况且由于行业竞争的原因往往得不到相关厂家的合作；其次，各个建筑中所采用的设备系统可能完全不同，系统集成工作往往要为每一个项目量身定做一套通信网络，而没有一个通用的解决方案；此外，建筑运行过程中，系统设备升级和更换，虽然设备的功能相同，但是如果协议不同，网关必须经常重新开发和更新。

为了解决系统集成中遇到的问题，1995年6月美国供热、制冷与空调工程师协会通过了BACnet标准。BACnet标准希望为计算机控制暖通空调和制冷系统及其他楼宇系统规定通信服务和协议，从而使不同厂家的产品可以在同一个系统内协调工作。迄今为止，BACnet是唯一一个针对建筑自动化系统而制定的网络通信标准。BACnet标准对物理层、链路层、网络层和应用层做了规定。其协议体系结构如图7-15所示。

在物理层，BACnet支持5种建筑自动化系统中最常用的物理层标准，即IEEE802.3标准、ARCNET物理层标准、EIA—485标准、EIA—232标准以及LonTalk协议规定的物理层标准；在数据链路层，BACnet规定了与以太网连接的协议、提供了基于EIA—485的主从/令牌链路层协议，同时兼容基于EIA—232物理层的点对点通信模式和LonTalk的数据链路层协议；BACnet网络层规定了网络设备的各种对话方式，规定了通信路由的确定方法；应用层从建筑自动化中控制调节的特点出发，规定了BACnet对象（Object）、BACnet服务（Service）和BACnet的功能组（Functional Group）。

BACnet对象将建筑自动化系统中遇到的数据、信息、设备和网络等进行归纳提炼，总结出18种标准对象类型。这些对象中有描述通信网络处理信息种类的，比如模拟输入、模拟输出、数组输入、数组输出、命令等；有描述传感器、控制器、执行器等设备的，比如"设备"对象、"程序"对象；有描述数据处理过程的，比如文件、组、环路、多状态

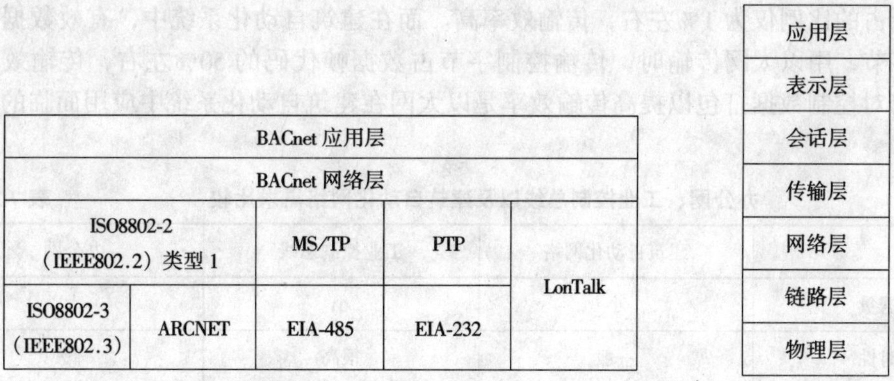

BACnet 应用层				
BACnet 网络层				
ISO8802-2（IEEE802.2）类型1	MS/TP		PTP	LonTalk
ISO8802-3（IEEE802.3）	ARCNET	EIA-485	EIA-232	

(a)

应用层
表示层
会话层
传输层
网络层
链路层
物理层

(b)

图7-15 BACnet协议和OSI协议体系结构的对比
(a) BACnet协议结构；(b) OSI/RM协议结构

输入/输出、事件登记、日期、进度表等等。

BACnet服务定义了建筑自动化系统中多种数据传输的模式，共35种服务，涉及6个方面，包括：报警和事件服务、文件访问服务、对象访问服务、远程设备管理服务、虚拟终端服务、网络安全性服务。

BACnet功能组是应用服务和标准对象类型的组合体，是根据建筑自动化系统设备通常要实现的功能定义的，共13个功能组。实际应用时，由于需求不同，不需要所有的设备都具有BACnet定义的全部功能。

BACnet的优点首先是开放性，它是一个完全开放的网络协议，任何人都可以获取它的全部内容，有助于促进各种控制产品采用同一种网络协议，从而避免系统集成过程中协议转换的麻烦。其次，BACnet的物理层和链路层兼容了多种底层通信协议，给产品生产商以灵活的底层通信技术选择。第三，高层通信协议是根据建筑自动化系统中各种控制操

作的特点而制定的，规范了在控制调节过程中的数据处理过程，也在网络协议的高层保证数据应用的可靠性。在系统集成时，不同种通信协议都可以将其高层协议根据BACnet应用层对建筑自动化的理解翻译成BACnet应用层协议，从而在这样一个公共的专业协议下，实现系统集成。

7.6.3 工业以太网在建筑自动化中的应用

经过十几年的发展互联网已经遍及世界的各个角落，成为目前最普遍和流行的网络技术。全世界拥有数以亿计的互联网用户。大量的应用需求也促使以太网技术不断更新和完善，其成本却不断降低。以太网技术也因此被用作工业控制总线，进而引进到建筑自动化系统中，作为建筑自动化系统的通信网络。以太网传输速度快，组网方式简单灵活，相对于众多工业总线网络设备价格便宜。并且，由于硬件设备相同，用以太网作为建筑自动化网络可以很容易的实现建筑自动化系统和办公网络的集成。但是通常用在办公网络的以太网技术的特点并不一定完全适合建筑自动化的特点，不能将以太网技术照搬到建筑自动化网络中。表7-2对比了办公网、工业控制总线以及建筑自动化网络的需求。

从表中可以看出，建筑自动化网络传输的数据量小，而办公网络所传输的数据量大。以太网采用的是面向字符型同步通信模式，在以太网以及IP协议群中，用于网络传输控制的字节长度需要十几字节，甚至几十字节。办公网络传输的数据通常在几千字节，传输控制字节所占的比例仅为1%左右，传输效率高。而在建筑自动化系统中，有效数据通常只有几十字节，用以太网传输时，传输控制字节占数据帧代码的50%左右，传输效率非常低。如何对控制数据打包以提高传输效率是以太网在建筑自动化系统中应用面临的一个重要课题。

办公网、工业控制总线以及建筑自动化网络需求比较　　　　　表7-2

	建筑自动化网络	工业控制总线	办公网
数据量	小	小	大
实时性	一般	很高	低
可靠性	高	高	低
灵活性	较高	不要求灵活	高
兼容性	高	较低	高
安全性	高	高	很高

另外，建筑自动化系统中信息点多，并且要求较高的可靠性。而以太网在网络节点多时，数据碰撞和数据丢失的情况会加剧。以太网技术可以保证网络中任何两节点随时随地的通信，而在建筑自动化系统中，由于数据传输方向是相对确定的，不需要这样灵活的通信方式。如果能控制以太网中的数据通信方向，那么就可以避免数据碰撞，提高通信网络的可靠性。

网络安全是以太网在建筑自动化系统中应用另一个被质疑的方面。虽然网络安全已经成为互联网的一个重要课题，很多技术也应运而生。但是网络病毒、网络黑客依然威胁着互联网的安全。办公网的通信被破坏不过是数据的丢失和损坏，如果建筑自动化网络的通信被破解和攻击则有可能威胁到建筑本身的安全。如何通过加密技术、网络技术来保证网络安全，也是以太网在建筑自动化系统中应用的研究课题之一。

尽管有上述问题，各种基于以太网技术的控制设备不断被开发和应用，以太网正在逐渐被应用到建筑自动化系统中。

7.7 通信技术在建筑自动化系统中应用的展望

目前通信技术已经成为实现建筑自动化必不可少的重要手段，被广泛的应用于建筑自动化网络中。无论是现场总线、以太网或是无线技术，几乎各种通信技术都能在建筑系统中找到应用的实例。相对来说，建筑自动化系统中传输的数据量小，数据传输路径确定，并且通信速度、实时性要求都没有工业控制系统要求得高，只是对数据传输抗干扰能力有所要求，因此实现建筑自动化通信单从通信技术上看相对比较容易。实际上，建筑自动化系统中应用到的通信技术大多数成熟可靠，在无论是局部控制系统的通信总线还是子系统的通信网络都能保障系统数据的高效可靠传输。

但是，随着建筑系统规模的日益扩大和系统管理水平的提高，只实现局部控制系统或子系统内部的通信是不够的。现代化的建筑自动化系统需要监管、协调各个子系统设备的运行，才能降低建筑能耗，提高管理效率。也就是需要将各个子系统设备集成在一个公共的平台上。由于工程安排的原因，在实际工程中通常很难保证所有的设备都采用同一种通信技术，于是在建筑自动化系统中往往出现多种通信协议并存，每种现场总线各自形成一个相对封闭的通信网络的现象。出于商业或技术竞争的考虑，很多网络技术协议是不开放的或不完全开放的，连接这些网络非常困难。同时，在不同的建筑系统中，各种通信技术的"组合"不同，系统集成需要为不同的建筑量身定做各自的系统集成方案。这使得通信技术成为实现建筑自动化最突出的"难点"。

也许正因为通信技术应用的"困难"，在设计建筑自动化系统时，很多人首先想到的是如何解决通信问题，如何采用先进的系统集成技术。这逐渐导致了"通信至上"、"技术至上"观点，而忽略了建筑自动化的主要目的是实现建筑的高效管理、降低建筑能耗、保障建筑安全运行。实际上，通信技术只是辅助实现建筑自动化系统的手段，各种执行器、传感器、控制算法等才是能真正实现系统优化控制的关键。

目前的大多数建筑自动化工程中，通信网络的设计和控制系统的设计、控制设备的选型通常是绑定在一起的。很多控制公司提供的通信网络产品规定了控制程序与被控设备之间的连接关系，控制逻辑关系需要依靠物理连接拓扑结构来实现；网络设备或控制器的接口数量限定了在一个局部控制网络中的控制设备的数量和接口形式；在一些网络技术的通信协议的应用层中规定了控制程序的语法，一些通信网络的组网软件也包含了控制程序编程、下载功能；甚至某些控制设备自身也提供设备集成的通信接口和系统控制策略软件。比如大型冷机往往提供水温测量接口和水泵控制接口等等。但是通过前几章的介绍和实验可以知道，控制系统的算法是多种多样的。对于简单的控制系统，其设备间的逻辑关系和控制程序可以非常简单；对复杂的控制系统，被控设备间的逻辑关系可能会随时变化，优化控制程序也可能用到很复杂的算法。目前的这种将控制逻辑关系与通信网络结构"绑定"在一起的建筑自动化网络在处理复杂多变的控制方案时可能捉襟见肘，在处理简单的控制逻辑时又可能显得罗嗦。即使如 BACnet 这样从专业角度为建筑自动化规定的通信协议，在实际应用过程中也常常因为其复杂性而被一些简单控制设备的生产商所回避，或因为不兼容某些新的通信技术而不得不修改其协议规范。也正是因为这种通信网络、控制策略和设备绑定的方式，使得建筑自动化系统集成时只能按照空调、照明、安防等各种功能划分子系统，在各级子系统的基础上搭建新的网络实现集成。

今后的通信网络技术在建筑自动化领域的应用应该避免目前的这种问题。既然通信网络只是实现建筑自动化的手段，就应该只将通信网络作为数据传输的通路。通信网络只解决物理层、数据链路层、网络层的问题，与数据应用有关的传输层、表示层、会话层、应用层等问题，留给网络的"用户"解决。所谓网络"用户"就是指真正实现建筑自动化的各种传感器、执行器和控制器。它们之间的逻辑关系与网络拓扑结构无关。站在通信网络的角度，这些用户是相互平等的，网络负责给它们提供各种通信服务。这样，网络的设计和控制系统的设计可以分开进行。网络的设计只是建立一个数据传输的平台，不必根据建筑功能子系统的结构划分，既减少了系统布线，又使得各个子系统设备自然的集成在一个网络环境下。

由于不能避免建筑自动化系统中多种通信协议并存的局面，通信网络应该能保证采用各种通信协议的设备在网络上收发数据。在前面曾介绍过，对应于 OSI 模型底层的常用通信协议相对比较固定和成熟。既然如此，可以采用这样模式解决网络数据传输：通信网络提供多种基于物理层和数据链路层协议的接口使采用各种底层通信协议的设备都能将数据传递到网络，网络本身实现网络层的功能。通信网络不必解读高层通信协议，而只是将网络层以上的数据视为无意义的代码，实现"透明传输"。这样传递到接收方的数据依然是原始的代码，接收方自行解读高层通信协议。以这种方式，采用各种通信协议的设备都能在网络中传输数据。

"用户"间的逻辑关系，也就是数据收发关系，可以通过网络上数据传输路由的设定来实现，而与物理拓扑结构无关。由于建筑自动化系统中数据传输关系相对固定，这种简单的路由订制方式在保证数据传输的基础上既降低了网络层协议的复杂程度又减小了网络中数据传输的不确定性，增加了通信的可靠性。站在"用户"的角度，通信网络是一个数据共享平台，用户只需要从网络中获取自己需要的数据，同时将自己产生的数据"共享"在通信网络上。"用户"可以不必关心数据从何处来，到何处去。控制程序只是针对网络提供数据构成的虚拟的环境做出判断，制定运行方案。这样，各种设备之间的关系也变得很清晰，各种控制设备不必考虑在系统中和谁配合的问题，只需要专心完成自己的工作。对于设备生产商来说，他们也可从复杂的通信方案设计中解放出来，在设计产品时无需考虑网络碰撞、路由等问题，只需要选用标准的物理层、数据链路层协议，并根据自己设备的特点制定应用层协议即可。

本 章 小 结

本章通过介绍通信网络技术在建筑自动化系统中的应用，希望读者能掌握如下知识：
1. 初步掌握通信技术的一些基本概念，了解网络通信所涉及的一些问题。
2. 初步掌握通信协议的概念，希望通过本章的学习使读者能够读懂通信协议，并设计简单的通信协议。

3. 了解建筑自动化系统中常见的几种物理层和数据链路层协议。
4. 初步掌握 OSI 参考模型,理解通信分层的目的。
5. 了解建筑自动化中常用的几种通信技术。
6. 了解建筑自动化网络应用中存在的问题以及解决方向。

第 8 章 建筑自动化系统

本章要点：全面介绍建筑自动化工程的设计、调试和运行管理中的问题，为从事大型建筑的自动化系统工程的设计、工程协调、施工与调试工作，以及运行管理工作提供基本知识。

8.1 建筑物的信息系统（弱电系统）

建筑物的信息系统也称作建筑智能化系统，就是利用计算机技术、通信技术和其他信息技术，全面提升建筑物的运行功能，提升对建筑使用者的信息服务功能以及提升建筑管理者对建筑的管理功能，从而使建筑物能够以更高的效率运行，提供更舒适的室内环境，使用者和管理者可以产生更高的工作效率。自 20 世纪 80 年代初，这些技术开始在建筑物中实施，使建筑物的运行、服务和管理出现了显著的进步。当时，就出现了所谓的"智能化建筑"、"智能大厦"，以标榜采用了这些先进技术。然而，随着信息技术的飞速发展和广泛应用，信息系统已经成为现代化建筑不可或缺的组成部分，很难设想一座新建的办公大楼中没有因特网通信系统和电话接入系统。因此也就不能再谈哪座建筑属于"智能大厦"，而是要讨论一座办公建筑中到底需要设置哪些智能化系统，希望这些智能化系统对大楼的管理、运行和服务带来哪些效益，怎样通过最小的投入获得最适宜的智能化功能和效益。

按照上述讨论，可以把信息系统的作用分为三大类：提高建筑功能，帮助建筑管理者实现科学化管理，及为建筑使用者提供信息服务。下面对此分别进行说明。

(1) 提高建筑功能

通过对整个建筑物实现智能化调节控制，提供更舒适的建筑环境，提高建筑物安全性，降低建筑物运行能耗。这主要通过建筑自动化系统 BAS（Building Automation System）和消防自动化系统 FAS（Fire Automation System）来实现。其中，建筑自动化系统主要解决建筑物正常运行过程中的控制调节，包括输配电系统的监测控制、照明系统的监测控制、电梯系统的监测控制、给排水系统的监测控制、通风排风系统的监测控制、采暖空调系统的监测控制、采暖空调冷热源系统和生活热水制备系统的监测控制，以及可调节围护结构（可开闭、可调节的遮阳，通风换气窗等）的监测控制。通过这些调节控制功能实现建筑室内环境的调控，保证建筑物内水平与垂直交通的正常运行和建筑物供电供水系统的正常运行，并且节约能源，降低建筑物运行成本。消防自动化则包括火灾的探测与报警，自动灭火与排烟，火灾状况下对人员的自动疏导和对设备的自动安全保护。通过这两个系统，使建筑的各项功能都能充分实现，且正常可靠的运行。如果把建筑物当作一台巨大的机器，那么建筑自动化和消防自动化就分别是这台机器在正常期间和火灾事故期间都能安全可靠运行的调节控制中心。

(2) 实现科学管理

这包括对建筑物内人流的管理，停车场车辆的管理，建筑物空间的管理以及对建筑物管理者的资金人事档案等的全面管理。这主要由如下系统组成：

1) 安防自动化 SAS（Security Automation System），用于实现对建筑物内人流的管理。包括门禁系统，就是在建筑入口通过各种装置监测和控制进入建筑的人员；电子围栏系统，通过红外或微波信号监测和警示试图从各个非正常通道进入建筑的人员；主动或被动式红外探测器，测试建筑物各个空间可能存在的移动物体；摄像装置，获取并存储一些关键位置的动态图像以随时了解现场状况；各种 IC 卡系统，直接探测各位持卡者在建筑物中的具体位置。通过这一系列的手段和不断涌现出的新技术措施，使大楼维护管理者能够更准确及时地掌握建筑物内人员分布状况，控制建筑物各个空间的进入状况，掌握建筑物内各种可能发生的异常情况，从而保证建筑的安全。

2) 停车场管理系统，管理各停车场车辆的出入，并对进入停车场的车辆进行合理的引导。理想的停车场管理系统包括停车场门禁系统、停车计时收费系统、各个停车位有无车辆的监测、停车场内各个路口的智能引导系统。

3) 建筑空间管理系统，实现对建筑物内各部分空间使用状况的控制和管理。以宾馆为例，通过对各个客房的房门门锁系统的管理与旅客登记系统、酒店经营系统的集成，就可以全方位地实时监控和管理每个客房的状况，使进入客房的许可与酒店的经营协调。通过计算机系统，还可以随时全面了解建筑物各部分空间的使用或租用状况，使在线的监测控制系统与经营管理系统有机地集成在一起，全面解决建筑空间的管理。

4) 建筑管理者的办公管理自动化系统。包括财务、人事、各类档案，以及其他信息的管理。

通过上述管理系统，实现对建筑物内的人、车、物、空间、资金和其他事务的全面科学化管理，从而提高安全性，降低人力成本，提高经营水平。

(3) 提供信息服务

除了对人的管理，还要对建筑物的使用者提供更好的服务，其中很重要的就是提供各种信息服务。这一般包括：

宽带通信服务，目前有有线和无线的因特网连接；

电话服务，包括内部交换机、移动电话的楼内接入、楼内局域的无线电话等；

广播电视服务，包括为各个房间提供有线视频节目、广播与背景音乐；

公共信息服务，在各公共空间提供视频、文字或图片，以及声音的信息服务。包括可以提供响应用户输入信息的对话式服务和在紧急状况下报警和引导逃生的报警与引导系统。

随着信息技术的发展，不断有新的信息服务方式和系统出现。这就使得建筑物的使用者在建筑物中不仅获得了建筑空间环境的服务，同时还可获得完善的信息服务，从而保障建筑物使用者的信息获取能力，提高了工作者的工作效率，完善了居住者的文化生活，增强了各种紧急状况下的逃生能力。

以上的消防系统、安防系统、各种管理系统和信息服务系统都有专门的书籍介绍，也有不少专门的课程讲授，本书仅着重介绍建筑自动化系统。但是，目前总的发展趋势是各个系统间的统一和集成。这就要求对各个系统的基本原理与功能有一定的了解。为什么要把这些系统和功能集成在一起呢？这是因为：

1) 这些系统都在为统一的一座建筑服务，为同一个人群服务；

2) 这些系统基本上都需要各种方式的通信。目前广泛采用的综合布线方式已使得各个系统的通信可通过统一的布线方式解决，并且进行统一的维护管理；

3) 各系统间有大量的相互影响、相互作用的关系。例如在火灾状况下，消防系统就要直接指挥建筑自动化系统，对各种风机、水泵进行转换；安防系统发现无人的空间，就可以通知建筑自动化系统关闭这些空间的照明和空调，以节约用能；在火灾情况下，消防系统就要直接指挥公共信息发布系统报警和引导人流；建筑自动化系统的能耗分户计量可能直接进入财务管理系统进行分摊和收费。

各个系统分布在建筑各处，那么各个系统之间的相互联系发生在最终的顶层，还是发生在分散的局部，使各系统在底层就彼此连接？如果在各个分散点就需要发生相互关系，那么可否就直接在分散的末端实现各系统间的连接？这样问题就成为：是按照各部件的物理位置连接各个功能的末端还是按照功能分别连接各个系统？

目前发展的趋势更趋向于高度的集成化。这不仅包括通信网络的共用，各系统间的彼此信息交换，还包括传感器信息的共享及管理模式的革新。这时，按照物理空间布置的各种装置和设备很可能通过统一的通信网络连接，并且由统一的管理者维护、测试。而各种系统的综合管理功能则又按照系统的不同，分门别类在上层集中管理。换言之，就是硬件设备在底层的跨系统高度集成和管理功能在顶层的分系统分别管理。这种在这两方面延伸的方式将妥善地解决目前在这些系统间集中与分散的矛盾，较好地统一维护与管理间需求的不同。

8.2 建筑自动化

下面，再分门别类地介绍建筑自动化的子系统，使读者对建筑自动化功能有更全面的了解。

8.2.1 输配电系统的监测控制

输配电系统应是建筑自动化系统负责监测控制的机电系统中最重要的子系统。为保障建筑物的安全可靠供电，BAS应对输配电系统进行全面的实时监测。这包括对各个主要回路的开关状态，各回路电流的实时监测和记录。在供电系统出现故障时，可以通过这些记录迅速查找和分析出故障位置和原因，从而及时排除故障，并把故障造成对供电范围的影响控制到最小。

对输配电系统的实时监测还应包括对各路用电设备的用电量的测量与记录。这包括对各路主要用电设备用电功率的实时测量和记录，对各路电流、电压和功率因数的测量和记录。在建筑节能被社会各方面高度重视的今天，建筑内各分支路用电状况的监测和记录已成为建筑节能的基础性工作，应该是BAS必须包括的重要内容。

除了对各电路参数进行监测控制外，对于主要的供电回路，为提高其可靠性，防范各类事故，还可监测主回路电缆温度、变压器温度等非电量参数，把这些参数和直接测出的热工参数一起进行分析，可以及时发现一些故障隐患，从而及时排除，避免这些事故的发生。

8.2.2 照明系统的监测控制

照明系统的监测与控制也越来越广泛的作为 BAS 的重要内容而提出。其主要功能为：

监测各回路的开关状态，有时还包括对主要回路的电流监测，以便通过 BAS 系统，集中了解整个照明系统运行工况。

对各照明回路进行控制。这包括按照"场景"对照明回路的分组控制，按照预先的设置，在不同场景时开闭不同的灯具；对部分灯具按照预先给定的时间表进行的启停控制；通过这样的场景和时序控制实现建筑内或建筑外在各种场合下的不同采光效果，形成不同的光照环境，从而配合建筑物内外开展的不同活动。

从节能出发的调控措施。例如根据室内照度对灯具进行的开闭、调光控制。同时通过声响，运动或红外传感器测试出室内是否有人，使得在无人时闭灯，有人时控制适当的照度。还有一种有效的节能方式就是使室内手动的照明开关与根据室内照度状况开闭的照度开关串联。这样，只有在天然采光不足时才可能通过手动开关开灯，而一旦室内照度超过一定设定值时，又可立即自动关闭全部照明。

8.2.3 电梯扶梯的监测控制

电梯扶梯产品目前都已配有全套的监测控制调度与保护系统。需要 BAS 进行中央管理的主要内容是：

监测电梯扶梯运行状态，包括每台电梯扶梯当前的升/降/停状态、电流，以及各种故障报警信号。

根据建筑管理的需求，重新设定某台电梯扶梯的启停状态。

在突发灾害时，根据疏散的需要，停止电梯扶梯运行，或使扶梯全部按照疏散需要的方向运行。

由于电梯扶梯产品已有完善的控制系统，并且大多数产品都具有对外通信功能，因此对于 BAS 来说，就是与电梯扶梯产品的控制器实现数据通信，从而获取其运行状态，并发送升/降/停的控制命令。

8.2.4 给排水系统的监测控制

这主要包括：

对各个污水水池水位的监测，并控制污水泵的启停，从而保证各污水池水位处于正常范围内。由于直接准确测量污水池水位较困难，因此较常见的方式是在污水池的底部和上部位置分别设置水位开关，当水位达到上部位置时，开启污水泵，当水位排至底部时，停止污水泵。有时，还在更高的位置再设置一个水位过高的报警开关，以便在某些事故下不能排除污水时发出报警信息。

对给水管压力进行监测，通过控制给水泵的启停或转速，维持供水压力；

对给水水箱水位进行监测，并通过对补水的控制，维持水箱水位；

根据消防需要，对消防水泵进行控制。在得到消防信号时，开启消防水泵和消防排污泵。

随着节约用水重要性的提高，对各种用水末端的用水量有必要进行实时监测，并统计分析。这可以在各个末端安装带有脉冲输出的水表，对这些脉冲计数，就可得到当时的瞬态和累计水量，然后再把这些数据通过 BAS 上传并集中分析处理。

通过对各个末端用水状况的实时监测和对给水泵的控制，还可以及时发现系统内可能出现的漏水现象和漏水点可能的位置范围，以便及时报警并通知维修。

8.2.5 通风系统的监测控制

一座大型建筑内往往设置复杂的通风系统。这包括从各个卫生间经过纵向风道的排风系统，设在一些中厅顶部的通风系统，厨房、车库和一些设备间的通风系统，以及与空调系统相关的新风系统和排风系统。此外建筑物的大门、天窗、各房间的门窗也都成为通风通道。在这些通风系统和通风通道的作用下，形成建筑物内的空气流动和通过某些通路的建筑内外通风换气。科学地组织好建筑物内外的空气流动和通风换气，对改善建筑物内的空气质量，降低空调能耗，避免不同功能区间气味的串通，提高建筑内的舒适性，都有重要作用。而不适当的建筑内外的气流流动则会导致各功能区之间的气味串通，以及某些区域的通风不足，从而影响建筑使用者的舒适性。同时，不良通风还会在炎热和严寒季节将过量室外空气导入建筑，而显著增大空调采暖能耗。所以合理的组织调度建筑物内外的空气流动对保证良好的室内环境，降低建筑运行能耗，有非常重要的作用。然而上述气流流动状况往往不是由某一台或某几台通风设备的运行状态所决定。布置在各个不同位置的通风设备和对门窗的人为操作都会影响通排风状况，局部的操作变化有时会造成整个建筑内外气流流动模式的变化。

建筑内这些相关的通风设备都设置在建筑内各个不同位置，并且大多与各个不同的系统相关（例如厨房排风机由厨房使用人员控制，新风与排风系统由空调系统运行管理，卫生间排风则由不同的体系管理等）对整座建筑空气流动状况的良好控制，就需要通过BAS全面监测各台相关设备的运行状况，监测其主要影响的空气流动通道的开闭状况，并在可能的条件下测试几个关键点的空气压力或空气流向。根据这些实测信息，可以分析判断出建筑物内空气流动的模式，当发现其流动模式存在严重问题时，可以改变几台关键的通排风设备的运行状态，来调整和改变建筑物内的空气流动模式。

在建筑物内出现火灾时，根据着火位置，确定最佳的通排风方案，即保证有效的排烟，同时又使疏散通道避开烟雾，且能向疏散通道提供足够的新鲜空气，这都需要对整个建筑的各个通风设备进行统一调度。

8.2.6 采暖空调系统的监测控制

这主要指对建筑室内热湿环境及空气质量的监测，并在此基础上实现对各建筑空间环境的控制。本书第5章已较详尽地对各个末端回路的控制原理及过程进行了讨论。除了这些末端独立的控制回路外，如果能够了解建筑内部各处的实际环境状况，进行整体协调，还可以实现更好的调控结果。主要包括：

对于统一进行室外新风处理，并向各个空调箱提供新风的系统，如果能够得到各个空调箱送风状态的设定值，就可以通过比较室外状况与各个空调箱送风参数设定值之间的关系，确定新风处理后的状态，从而避免新风处理设备与各空调箱的空气处理设备间的冷热抵消现象，维持这二者对空气处理过程的一致。

当整座建筑采用统一的排风热回收装置时，更有必要根据各个末端对新风状态的需求，确定热回收装置的开闭。当多数末端要求的送风状态处于排风状态与新风状态之间时，关闭或旁通热回收装置，以实现新风冷量的充分利用。

与建筑物各个通风设备协调，确定新风、排风机的工作状态，以保证建筑物内空气的流动模式符合需要。

8.2.7 采暖空调冷热源系统和生活热水制备系统的监测控制

一般包括空调冷热源的优化控制，冷冻/热水循环系统的优化控制及生活热水制备的优化控制。详细内容在本书第6章中已讨论。根据讨论可知，如果能够得到较详尽的空调末端运行状况的信息，可以实现对冷热源及循环水系统的更好的控制。因此有必要通过BA系统把各个末端循环水回路的阀门调控状态、空调箱的送风状态与设定值、风机盘管的水阀状态与室内温度状态等各个循环水系统所服务的末端装置的实时运行状况提供给冷热源控制管理子系统，通过对这些信息的实时分析，确定冷热源与循环水系统的最优运行方案。

8.2.8 可调节围护结构的监测控制

随着建筑物围护结构技术与产品的不断发展，性能可调节围护结构的实时控制调节成为 BA 系统调控管理的又一重要对象。常见的可调节围护结构主要包括以下内容。

图 8-1 水平遮阳百叶和垂直遮阳百叶

可调节外遮阳装置。主要是水平或垂直安装的遮阳百叶，见图 8-1。通过调节百叶的角度，可以调节太阳进入外窗或射到外墙表面的比例，从而影响室内太阳得热和自然采光。

可自动开启的外窗。包括垂直表面和屋顶的各类可调节开启度的外窗。通过对这些外窗开闭状况的调节，改变建筑的自然通风模式和强度。在发现下雨下雪等不适合自然通风的天气时，又要及时关闭外窗。

双层皮外窗系统。如图 8-2 所示，两层窗之间设置通风通道，通风通道中还装有可调节的遮阳百叶。这样，通过对遮阳百叶角度的调节和对两侧窗中可开启部分开度的调节，就可以控制两层窗之间通风通道的空气流动模式和通过外窗进入室内的太阳辐射及自然采光状况。

窗帘及内遮阳的调节。根据采光和遮阳的需求进行调节。

建筑物内部的通风窗/通风百叶。为了实现良好的自然通风，在建筑物内部某些部位也设置可调节的通风窗或通风百叶。通过开闭这些通风装置，以实现不同的自然通

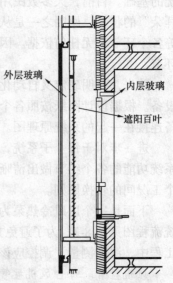

图 8-2 双层皮幕墙结构

风模式。

上述这些可调节围护结构装置，往往会影响建筑物内自然通风、采光、太阳得热量及其他环境性能，其所处状态不仅影响当地环境，同时还影响其他区域的通风与得热状况。然而由于其对局部环境的较大影响，自动控制系统一般都提供当地手动调节方式，装置所处位置附近的人员可通过按钮或开关对窗的开闭及遮阳的角度进行调节。然而，由于这些装置对整体建筑性能的重要影响，又要求必须顾及建筑环境的整体需求，为此，BAS 需要能够监测各个装置的实际状况，并在必须进行与局部人员需求不一致的调节时，拒绝当地人员的调节命令，按照整体的需求对这些装置进行调节。

统一调节与局部调节的矛盾可以这样来协调：BAS 在对整体的自然通风、采光和太阳得热的需求分析的基础上，确定每个可调节围护结构装置的允许调节范围。一个可调节装置在不同工况下允许调节的范围可能是很不一样的。例如在不应该进行自然通风时，外窗就只能关闭，不允许打开；而可以进行自然通风时，外窗的开度就可以允许在较大范围内调节。由 BAS 确定了每个装置的可调节范围后，局部人员通过按钮或开关就只能在这一范围内进行调节。这样，就可以在满足整体管理的前提下，尽可能同时满足装置附近人员的一些个体需求。

8.3 建筑自动化系统的实现方法

本节讨论建筑自动化系统的设计过程与方法。一个完善的自动化系统的设计过程可分解为这样一些步骤：功能分析与设计；测控点的确定，信息点的定义与信息流分析；硬件平台设计；通信平台设计；中央管理功能的设计。

8.3.1 自动化系统的功能分析与设计

深入分析被控制管理的各个分系统，充分了解其原理，进而确定控制系统的功能需求，对自动化系统所需要具有的各类功能作出清晰的定义。这将成为设计与实现自动化系统的基础。目前，大多数民用建筑的自动化系统不能真正发挥作用，处在类似于"聋子的耳朵"的状态，原因之一是从设计时就没有一个严格的需求定义文件，从而在实施、验收等各个环节都无任何依据。因此功能分析与设计是成功实现建筑自动化系统的第一个重要环节。

首先，要明确定义自动化系统所要控制管理的对象，也就是定义清各个子系统与机电设备。根据设计图纸按照各个子系统分别给出各自所要控制管理的设备清单以及把这些设备连接在一起的系统原理图。这样，对自动化系统将服务的对象范围给予清晰的定义。

进一步对于每个子系统，分别从监测、保护、控制、调节、管理的各个角度对自动化系统功能的各个细节做出清晰定义。其中，应包括在各种工况下的调节控制逻辑，以及各个工况间的转换原则。

下面是一个以风冷热泵为冷热源的风机盘管加新风系统功能要求描述的简化版本。系统流程图见图 8-3。为了避免文字过长，下面的示例中省略了有关湿度的内容。但在实际工程中，湿度测量、调控应该是空调系统的重要任务。

风机盘管。每台风机盘管装有当地控制器。通过这一控制器，使用者可以设定风机盘管风速于高、中、低、停四个状态之一。使用者可通过当地控制器设定房间温度，控制器

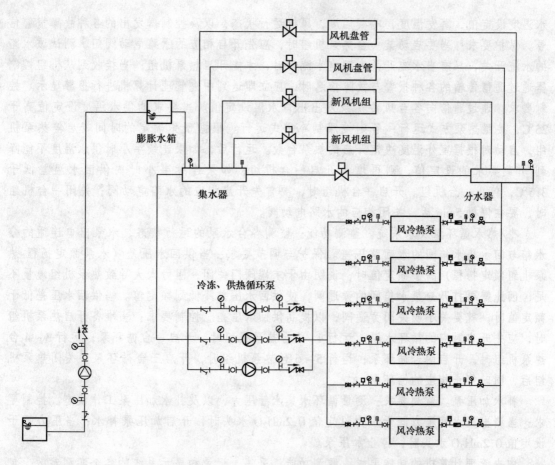

图 8-3 风冷热泵与 FCU、AUH 组成的系统简化流程图

根据房间实测温度与设定值之差，控制风机盘管的水路电磁阀的通/断状态，从而实现对房间温度的控制。控制器应测量供水温度，从而确定系统是处于供冷状态还是供热状态，进而正确地控制电磁阀的开闭。实测房间温度、房间温度设定值、风机盘管风机状态，这三个参数应送到上级管理计算机中记录、显示和分析。

新风机组。监测功能：应监测风机运行状态，冷/热水阀状态，过滤器压差报警开关状态，新风入口防冻阀状态，送风温度，室外温度。保护要求：当室外温度低于 -5℃，加热盘管的某一路出口水温低于 8℃，就有可能出现盘管冻结事故，因此关闭风机，同时关闭新风入口防冻风阀。当循环水为热水，室外温度低于 0℃时，风机停止后，热水水阀不关，保持原有状态，以防水管冻结；其他情况下停止风机运转时，同时关闭水阀。控制要求：可以根据预定的时间表启停，或者在中央管理计算机处人工操作启停。调节要求：根据预先设定的送风温度设定值，调节冷却/加热水阀，实现对送风温度的调节。为了确定阀门调节动作与温度偏差的关系，测试循环水供水温度，以确定调节方向。送风温度的设定值由中央管理计算机通过人工设定。

风冷热泵机组。监测功能：应监测各台风冷机组的工作状态，包括每一台的启停状态，每一台的水侧水流开关状态，水侧电动阀门状态，以及每台机组的出口水温。同时通过与各台机组的通信，得到各台机组的压机启停状态，制冷/制热转换四通阀的状态，供水温度设定值，蒸发温度，冷凝温度，风机运行状态，以及控制器发出的各种故障报警信号。保护要求：当要启动某一台热泵机组时，应先开启相应的水路电动阀门。测试该水路的水流开关，只有当水流开关表明有水流动时，才能开启热泵机组；当接收到从机组控制器通过通信传输的各种报警与故障信息时，应立即送到中央管理计算机进行报警显示。控制要求：通过通信向各台风冷热泵发出出口水温设定值。当要求的供水温度设定值高于25℃，按照热泵方式运行；否则按照制冷方式运行。根据预先确定的时间表启停热泵机组，启动时根据室外温度决定开启的热泵台数。运行后，如果连续半小时供水温度不能降到/升到要求的设定值，则再增加开启一台机组；如果连续半小时内供回水温差低于3.5℃，停止一台机组。开启一台机组时，要首先开启相应的水路电动阀；关闭一台机组时，要在停机5min后，关闭相应的水路电动阀。

冷/热水循环泵及水系统。监测功能：监测各台水泵的运行状态，水泵出口连通的分水箱与回水集水箱间的水回路压差。保护与调节要求：当供回水压差（水泵额定扬程-热泵机组额定扬程）高于额定值时，说明由于末端阀门关闭，阻力太大导致热泵机组流量不足，因此需要打开分集水箱间的旁通阀，使供回水压差降低到额定值。当供回水压差低于额定值时，就要关小或关闭旁通阀，以提高供回水压差。控制要求：当准备开启热泵机组时，应先开启对应的循环水泵。运行1~2台热泵机组时，开启一台循环泵；运行3~4台热泵机组时，开启两台循环泵；运行5~6台热泵机组时，开启三台循环泵。关闭热泵机组后，同时停止相应的循环泵。

补水加压泵。监测要求：测量循环水集水管压力，以及补水加压泵工作状态。控制要求：当测出集水管压力低于压力设定值$0.2mH_2O$水头时，开启加压泵补水；当压力高于设定值$0.2mH_2O$水头时，停止加压泵。

中央管理计算机的功能要求。监测功能：采集、记录和显示系统的各个实测参数，包括室外温度，各房间温度，风机盘管工作状况，各新风机开停状况，送风温度，各台热泵、循环水泵工作状态，供回水温度等。对各参数的记录数据应保持一年以上，并可随时查看。控制与调节要求：能够设定和修改热泵、新风机的供水温度，送风温度设定值，设定和修改各台设备启停的时间表。还能够根据各台新风机和室内温度状况，自动确定热泵机组的供水温度设定值，根据各房间状况和室外温度状况，确定新风机送风温度设定值。

8.3.2 传感器、执行器的选择

根据上述功能需求，确定整个系统需要的测量参数、传感器型号、安装位置；确定各个被调节环节的执行操作点、执行器型号、安装位置。

对于空调系统，传感器主要包括如下两类：

(1) 可以得到连续变化的物理量数值的传感器，如温度、湿度、压力、流量等物理量参数的测量设备。在选择此类传感器时应注意传感器可以有效工作的测量范围与实际系统参数变化范围的一致性，尽可能使传感器工作范围涵盖参数的实际变化范围，但又不过大，从而使实际的测量有足够的精度。在确定传感器安装位置时，则要充分考虑安装位置对测量的影响，保证测量的可靠。例如流量传感器的安装位置要尽可能符合传感器对直管段的要求；水温传感器的位置应在水流充分混合的管段，避免安装在集水缸或分水缸中某个水不流动的死区；压力传感器尽可能安装在流动稳定或不流动的区域，避免设在流场复杂的漩涡内。在选择和确定传感器时，还需要同时考虑传感器所需要的供电电源以及它所

输出的信号类型，以避免系统连接中的困难。

(2) 只反映通断两个状态的状态传感器，例如空气过滤器的压差开关，水管内反映水流流动的水流开关，水箱内的水位开关，以及判断控制电机的交流接触器开关通断状态的辅助触头，手动/自动转换开关的辅助触头，电动阀门全开或全关的阀位上下限保护触头等。对于这些通断状态传感器，要注意其提供的是有源信号，还是无源的触头开关，这将导致后续硬件连接方式的不同。同时，还需要准确定义输出触头"闭合"与"断开"状态的物理含义，避免混乱。

执行器则包括如下三类：

(1) 驱动电机、电加热器和其他电气设备的交流接触器。通过控制交流接触器的通断，控制这些电气设备的接通与关断。在设计选择这类执行器时，应注意同时设置反映交流接触器通断状态的通断传感器。

(2) 可连续调节的电动阀门和其他电动执行器（例如推动大型外遮阳百叶窗动作的电动执行器）。选择这些电动执行器时，除了要在阀门流通能力、执行器推力等方面满足工艺需求外，还应考虑设置反映这些执行器实际状态的反馈信号测点，使计算机控制系统能够随时了解这些电动执行器的实际状态。

(3) 变频器、调压器等电力电子调节设备。选择此类末端执行器时也应同时考虑接受其反映实际工作状况的反馈信号。这些反馈信号，有反映其实际状态参数的电流或电压连续信号，也有反映其开停状态或故障状态的通断信号。

BAS除了要连接直接被系统测控的装置和设备外，还要连接带有智能控制器的机电设备，如冷冻机、空调机等。计算机控制系统需要通过数字通信，与这些智能控制器交换数据，得到其管理的机电设备的运行状态，并送去"启/停机"和设定值等控制命令。这些也需要一一确认。

8.3.3 信息点的确定与信息流的设计

在确定了传感器、执行器的基础上，根据系统的功能需求，就要设计整个控制管理系统所涉及和管理的所有信息的信息点一览表。它应是一个全集，包括控制管理系统的所有分析处理的信息对象。因此这个信息一览表又成为整个设计分析工作的基础。

信息点一览表包括自动控制管理系统中所涉及的所有信息，包括传感器测量的物理参数，执行器动作的位置参数，各类设定值，各类报警信号，以及系统中所需要的各类中间参数。这些信息都可能随时间变化，因此都是时间的函数。这样它们可全部按照时间序列来处理。

所有信息只可能在确定的信息源、汇间流动，为此首先需要定义这些源、汇一览表。它们仅可能是下列中的一种：

某个传感器。仅能作为信息源产生实时信息。

某个执行器。如果把执行器的反馈信息、报警信号等都认为是执行器所产生的，则执行器就不仅是信息汇，也同时是信息源。

某个控制算法。一个控制算法的功能就是对一批输入信息进行分析计算，产生一些控制命令，使其能够被相关的执行器执行。因此控制算法可以看作一些信息的汇和另外一些信息的源。与传感器、执行器不同，控制算法需要在某个控制器或计算机中实现。但由于一台控制器不限于实现一个控制算法，而很可能实施多个不同的控制算法，同时还可能兼有数据采集、人—机接口等多种功能，因此在对源汇的分析中，不以控制器为基本单元，而以控制算法为基本单元，这样可以更清晰地对系统进行分析和设计。

某个人—机接口界面。系统管理人员通过控制器和中央计算机管理机的键盘或其他信息输入方式向系统输入各类命令，或是系统通过各种显示方式向系统管理人员显示系统相关信息。因此人—机接口可以是某些信息的源，也可以是信息的汇。有时，不同的人—机接口界面可以向同一个执行器发动作命令，或向同一个控制算法发设定值命令。然而，这些命令从不同的人—机界面发出可能具有不同的权限级别，尤其是当从两个不同的人—机接口界面对同一对象发出不同的命令时，系统还必须对其做出取舍。因此人—机接口发出的命令类信息要带有其发布者的属性。

某个中央管理机制（包括数据库）。如果把中央管理计算机的人—机接口界面功能归于上述人—机接口；把其控制分析功能归于控制算法，则此处主要指其数据管理功能，尤其是数据库功能。数据库要接受和记录大量实时数据，并在需要时提供各种记录的数据，因此可以认为这也是一种信息的产生源和接收的汇。

按照上述原则，在设计过程中应列出系统中所有的源汇，并给出唯一的识别名，同时说明各源汇的性质。表 8-1 为前面风机盘管加新风系统的源汇一览表，为简单起见，这里没有把能耗计量的一些内容加入。

信息的源与汇一览表一例　　　　　　　　表 8-1

名称（识别名）	物理内容	性质	安装位置	备注
Temp_101	房间温度传感器	源	101 房间	每个房间一项
Room_cont_101	房间温控器	源和汇	101 房间	每个房间一项
Room_FCU_101	风机盘管	源和汇	101 房间	每个房间一项
Room_control_101	房间温度控制算法	源和汇	待定	每个房间一项
Temp_k1_sup	K1 新风机送风温度	源	K1 新风机组	每台新风机一项
Val_k1	K1 新风机水阀	源和汇	K1 新风机组	每台新风机一项
Dam_k1	K1 新风机防冻风阀	源和汇	K1 新风机组	每台新风机一项
Dp_filter_k1	K1 过滤器压差开关	源	K1 新风机组	每台新风机一项
Temp_k1_w	K1 表冷器回水温度	源	K1 新风机组	每台新风机一项
K1_cont_temp	K1 送风温度控制算法	源和汇	待定	每台新风机一项
K1_prot_ice	K1 防冻算法	源和汇	待定	每台新风机一项
Heatpump_1	热泵机组控制器	源和汇	热泵机组	每台热泵机组一项
F_s_h1	热泵机组水流开关	源	热泵机组水管	每台热泵机组一项
Val_h1_w	热泵机组循环水阀	源和汇	热泵机组水管	每台热泵机组一项
Pump_w_1	循环水泵控制电源	源和汇	循环水泵控制柜	每台水泵一台
Cont_water	水系统控制算法	源和汇	待定	
Cont_h_pump	热泵群控算法	源和汇	待定	
Plant_face	热泵机房人—机接口	源和汇	热泵机房	
Dp_water	分集水管压差传感器	源	分集水管道	

续表

名称（识别名）	物理内容	性　　质	安装位置	备　注
Val_bypass	分集水管旁通阀	源和汇	分集水管道	
Temp_w_sup	供水温度传感器	源	分水缸	
Cont_dp	旁通阀控制算法	源和汇	待定	
Centre_control	中央控制管理算法	源和汇	中央计算机	
Centre_face	中央控制机人—机接口	源和汇	中央计算机	
Centre_database	中央数据库	源和汇	中央计算机	

在源汇一览表的基础上，设计系统的信息点一览表。它应包括如下内容：信息点识别名，数据来源，数据的性质，开机时初值，可能的使用者，数据的管理要求等。现在分述如下。

信息点识别名。给出该信息在控制系统中的唯一识别名，这是后续各项工作的基础。

信息点的数据来源。可以是某个传感器测量得到，或是某个控制器内经控制算法计算得到；或者是使用人员通过某处的人—机接口界面设定得到。给出其唯一的数据源识别名。

数据的性质。是连续量，通断量，或多值参数（只能在很少的有限个数据中取其一）；对于连续量物理量，定义其量纲、连续物理量数值可能的范围（超限即为不正常故障）；对于多值参数定义其取值的个数。

在每次上电开机时，这些数据应具有的初始值。可以保留上次停机时的数值，也可以是固定的设定值。

可能的使用对象和使用方式。可能使用这个信息的汇的识别名及其性质。它可以是某个执行器，某个控制算法，某个人—机接口界面，或某个中央管理机制。

数据的管理要求。该数据需要长期记录保持，还是不需要；是需要连续记录，还是只在数据发生变化时记录。

表 8-2 为前述实例中信息一览表的部分内容实例。由于篇幅所限，不便给出全部的信息点一览表，其中源与汇的名称均在表 8-1 中定义，信息识别名则在这里定义，下标带有"_set"者为设定值，它的产生源一定是相应的控制器或某个人—机接口界面。

信息点一览表一例　　　　　　　　　　　　　　　表 8-2

信息识别名	性　质	量纲	产生者（源）	初　值	使用者（汇）	管理要求
Temp_r_101	连续量 (10~40)	℃	Temp_101	20	Room_control_101 Room_cont_101 Cont_h_pump Centre_face	连续记录
Temp_set_101	连续量 (15~30)	℃	Room_cont_101	继承	Room_control_101	改变时记录
Fan_101	0/1/2/3		Room_cont_101	0	Room_control_101	改变时记录
FCU_val_101	0/1		Room_control_101	0	Room_FCU_101	连续记录

续表

信息识别名	性质	量纲	产生者（源）	初值	使用者（汇）	管理要求
Val_k1	连续量 (0~100)	%	Val_k1	50	K1_cont_temp K1_prot_ice Cont_water	连续记录
Val_k1_set	连续量 (0~100)	%	K1_cont_temp	继承	Val_k1	连续记录
Dam_k1	0/1		Dam_k1	继承	K1_prot_ice	改变时记录
Dam_k1_set	0/1		K1_prot_ice	继承	Dam_k1	
Temp_k1_sup	连续量 (10~40)	℃	Temp_k1_sup	20	K1_cont_temp Cont_h_pump Centre_face	连续记录
Temp_h_p_set	连续量 (5~40)	℃	Cont_h_pump	继承	Heatpump_1 Heatpump_2 Heatpump_3	
Heatpump_set_1	0/1		Cont_h_pump	0	Heatpump_1	
Heatpump_state_1	成组信息		Heatpump1		Cont_h_pump Centre_face Plant_face	连续记录
Pump_w_1_set	0/1		Cont_water	0	Pump_w_1	
Pump_w_1	0/1		Pump_w_1	0	Cont_water Plant_face	改变时记录
Val_h1_w	0/1		Val_h1_w	0	Cont_water	改变时记录
Val_h1_w_set	0/1		Cont_water	0	Val_h1_w	

在这样信息点定义的基础上，一个控制管理系统，从某个角度看，就是这些信息的产生、传递、接收、处理和管理的过程。图8-4为各种信息源、汇、加工与管理的关系。

其中，传感器产生测量信息，人—机接口产生设定值信息，这些信息都成为控制器中控制算法的输入信息，经控制器对这些信息进行加工，产生对执行器操作的控制命令，作为控制命令信息发出。这些控制命令被相关的执行器接收，成为控制动作，同时还把执行动作的结果以测量信息的形式发出。中央管理计算机则接收各类信息，并进行整理、统计，同时做出全局性分析。

8.3.4 设计和选择硬件平台

在清晰地定义了系统的信息点和信息流后，就可以进一步设计和选择硬件平台。这实际就是完成下述任务：

使各个传感器、执行器能够连接到系统中；

找到实施各个控制算法的平台，使各控制算法能够在其平台上运行，并获取需要的输入数据，送出计算出的控制命令；

确定实现各类需要的人—机接口的平台，并和控制器一样可以获取各需要的参数，送出各个运行人员发出的命令；

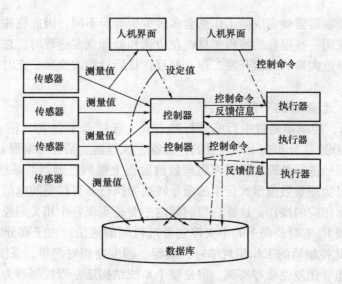

图 8-4 源、汇信息产生、接收、管理流程

确定实现管理功能和数据库功能的平台,并与系统有效连接;

确定信息传输方案,选择合适的通信方式,使前面定义的信息传输要求能够及时可靠进行。

目前有很多适宜建筑自动化使用的系统平台,从系统结构上看,可以分为下述三种类型。

(1) 基于控制器的平台

如图 8-5 所示,控制器通过 DI(数字量输入)、DO(数字量输出)、AI(模拟量输入)、AO(模拟量输出)接口,连接相关的各个传感器、执行器。同时在控制器中运行相关的控制算法。控制器可以通过通信网与其他控制器或上一级中央管理机通信,报送该控制器的工作状况和各运行参数,同时接收中央管理机和其他控制器发来的控制命令。控制器的设置按照物理位置和管理内容决定。例如本章实例中,

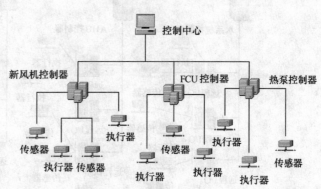

图 8-5 基于控制器的系统平台

每台新风机组设置一台控制器,热泵机房设置一台或两台控制器,风机盘管每台占用一个小控制器,或者几台风机盘管共用一台控制器。在连接各个传感器、执行器时,必须注意每一路接口线路的电信号匹配。传感器输出电量换算成物理量的计算,传感器输出参数的滤波,剔除非正常测量数据等工作,也必须在控制器中进行。同样,各个执行器所需要的物理量到电参数的转换以及执行器的各种特殊的控制操作要求,也只能在控制器中完成。控制器与各台控制器间及与中央控制管理机间的通信,必须遵循统一的通信协议。也就是说,彼此连接的各台控制器和中央管理计算机都必须采用具有同样通信协议的产品。这是一种由控制器的 CPU 同时完成控制计算,测量与执行动作,以及通信管理的全部工作的

方式。由于各台控制器需要完成的工作总会多多少少有所不同，因此往往要对每台控制器单独编程。即使采用一些很好的编程工具，在协调和处理众多进程时，总难免会出现各类特殊问题，从而导致大量的二次开发工作，并且在日后功能改变和扩充时修改的工作量和难度都较大。

(2) 控制器 + 远程 IO 的平台

如图 8-6 所示，控制器通过串行或并行的方式，连接若干台 IO（输入输出接口）末端，再通过这些 IO 连接分布在不同位置的传感器、执行器。某些可编程 IO 末端可以对接收到的传感器电信号进行处理，转换为物理数值后再上报到控制器。某些可编程 IO 末端还可以把控制器以物理量数值形式传来的命令转换为执行器可接受的电信号，并根据执行器的操作特点进行相应操作。这样，控制器内主要是实现各个相关的控制算法，以及实现与下面各个远程 IO 末端及向上的中央控制管理机间的通信。由于部分工作下放到远程 IO 末端完成，因此控制器的工作相对单一，编程、调度要相对简单，系统的维护、扩充，及更改和完善功能等任务也较好实现。但是整个系统结构还是以控制器为基础，控制算法与通信管理共同由控制器完成，因此还没有彻底脱离基于控制器的平台模式。并且，出于成本考虑，这样的系统其控制器往往承担很多控制算法任务，一个控制器控制管理的范围庞大，任务纷杂，这就又导致了系统的复杂。

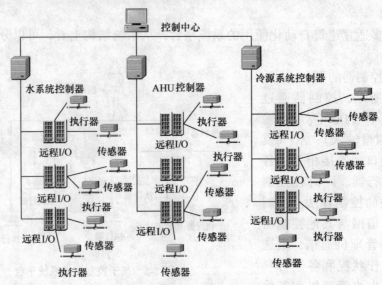

图 8-6 控制器 + 远程 IO 平台

(3) 完全基于通信的平台

如图 8-7 所示，设置能够实现各个通信点之间的灵活通信，而传感器、执行器、人—机接口、中央管理机都能独立地直接作为通信平台上的一个通信点，连接在通信系统中。这样，控制算法也可以依托在若干个"控制算法计算器"上，直接连入通信网。为了能够与通信系统直接连接，传感器、执行器就需要采用嵌入 CPU 的智能传感器、智能执行器。智能传感器直接完成测量，数据转换，滤波和错误剔除的任务，只把经过处理的可靠的测量数据以数据形式送出。智能执行器则直接接收通信系统送来的数字形式的控制调节命令，并实施具体的操作执行任务，同时把执行结果经过通信系统送出。在通信平台上，各种传感器、执行器，实施控制算法的控制算法计算器，以及人—机接口和中央控制管理机都成为平等的、可同样处理的通信节点，可按照统一的模式处理信息传递流程。而控制算法无非是接收一些相关的输入信息，在其内部经过分析计算后，再产生一些作为控制命令的输出信息。通信服务与控制算法彻底分离。从通信的角度看，一个控制算法已经与一个执行器无本质区别，这样，系统在组态、调试、维护、扩充，以及更改和完善上就具有很大的灵活性。而对于每个智能传

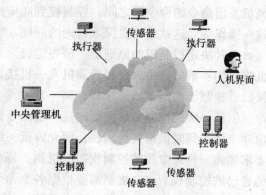

图 8-7 完全基于通信的平台

感器、智能执行器、控制算法、人—机接口等，由于其功能单一，就使得更容易实现产品的通用化和硬件与软件的深度结合。这类系统可能是今后的主导方式。采用这种方式构成的控制平台，只要根据需要选择作为节点的各个传感器、执行器、控制算法计算器、人—机接口、中央控制管理机，再按照要求把它们都连接到控制网中，就完成了控制系统的组态工作。

8.3.5 执行器手动、自动的模式转换

在设计建筑自动化系统中必须注意的一个实际问题就是被控设备的自动/手动转换的处理，以及各个控制器设定值的设定权限。下面以一台风机的启停控制为例，说明各类自动/手动转换的机制及相互之间的逻辑关系。

在风机电机的配电柜现场，必须有远动/本地转换开关，以便在调试和检修时实现就地控制。当转换开关处于本地控制状态，计算机控制系统不能对其进行任何操作，但可以通过转换开关辅助触点的反馈信号，了解到该设备当前处于"本地"控制的状态。

在与风机相连的控制器内，有根据时间表启停风机的功能。当这台风机的控制处于"远动"状态时，控制器可以根据时间表内的预设参数开关风机。这时，通过与控制器连接的人—机接口界面，操作人员有可能希望能够通过键盘控制这台风机的启停，这就要首先把控制权从控制器中的控制算法转移到人—机接口，然后才能对其操作。

在中央控制管理机内，有时也存在一个需要对这台风机进行操作的逻辑。例如根据全楼的风平衡分析，需要开启或停止这台风机，这就首先需要获得对这台风机的控制权，然后才能实施对其有效的操作。在中央控制管理机的人—机接口界面可能也有操作人员通过鼠标器对这台风机进行远程控制的功能，那么要使其操作真正有效，也需要首先得到这台风机的控制权。

在楼内出现火灾时，按照消防规范，这台风机应转交到消防系统控制，这时也需要首先把控制权交给消防系统，然后消防系统发出的操作命令才能真正有效。

这样，通过前面的分析得知，一个末端设备可能有很多要对其发放命令的控制命令发放源。除了现场通过电路实现的"本地/远动"转换开关直接决定该设备的控制处于远动状态还是"本地"状态，其他控制命令发出源的命令并不能直接生效，而必须先把对这个终端设备的控制权拿到手以后，才能使其发出的命令有效。这样，在控制器、控制器人—机接口、中央管理机控制逻辑、中央管理机人—机接口，以及消防排烟功能这五个可能对

风机发出命令的命令源之间，控制权到底应给哪一个，怎样在实际过程中实现移交控制权这一操作呢？这就是需要深入讨论的问题。

一种决定控制权的原则是"预先定级"。例如，在上述五个控制源中，按其权威性高低排序为：消防、中央控制管理机人—机接口、中央控制管理机内部逻辑、控制器人—机接口、控制器内部逻辑。这样，高一级命令源发出的命令可以更改低一级以前发出的命令，但低一级的控制源不能更改高一级命令源以前发出的命令。那么，高一级的命令源发出命令后，何时撤销其控制权，而允许低一级的命令源继续控制呢？在这种机制下就必须要求实施一种命令源的控制权撤出机制。每个命令源认为自己可以放弃控制权时，及时撤销自己的控制权。这一机制需要根据各个命令源的各自特点分别制定，而不应该有统一的模式。例如消防系统的控制权应在火警解除后交出；中央控制管理机人—机接口应由操作者在事后自行解除，为了防止操作者遗忘，系统还要定期自动提示操作者，或者在操作者不对提示做出反应时，自动取消人—接口的控制权；中央控制器的内部逻辑由预先的控制逻辑激活，因此应在需要放弃控制权时，由控制逻辑进行撤销控制权的操作。对于控制器人—机接口，可能也应该要求在操作人员结束操作时撤销控制权，当操作人员遗忘时，定时提示，无反应的话自动撤销。

再一种决定控制权的原则是"后者为先"。即各个命令源无高低级别之分，一律响应实施。设备的状态永远处于最后一个命令所要求的状态。例如，中央控制管理机的人—机接口出于某种目的要把风机关闭，操作人员可以首先将控制权限设置为自己的人—机接口，然后发出对风机的操作命令。之后，安装在另一位置的控制器人—机接口也要对这台风机进行操作，这时就可以在这个人—机接口处把控制权限设置为自己，然后发出对风机的操作命令。这样的逻辑使得不同的操作员在不同的人—机接口界面可以方便灵活地操作。但一旦转为这类由人—机接口界面操作的远动模式，中央控制管理机中的控制功能和局部控制器中的控制功能就都不能再发挥作用。直到操作人员撤销人—机接口的控制权限，重新把控制权限交还到某处的控制算法。当然，为应付某种紧急情况，例如火灾状况，消防系统也可以直接把权限设置到自己手中，从而进行相应的消防通风排烟操作。同样，在结束后，需要把权限释放回去。

在采用上述第一种模式时，每个控制源除了定义一个"风机开/关"的命令信息外，还要定义一个"权限有效/无效"的状态信息。这些信息都可以被控制风机的执行器所接收，找到当时具有级别最高的有效权限的命令源，按照这一命令源的命令操作。

采用上述第二种模式时，各个命令源也需要同时发出一个"权限有效/无效"的状态信息，可以专门设计一段控制算法，接收这些状态信息，根据接收到信息时间前后，按照最后收到的状态，决定风机应按照哪个命令源发出的命令操作。

8.3.6 中央控制管理功能

中央控制管理功能包括：数据库，用来记录和管理系统的运行状况数据；人—机接口界面，用来向操作者提供系统运行状况；中央控制功能，分析系统状况，确定一些关键参数和运行策略；管理功能，包括系统的能耗分析，故障诊断，以及设备管理。这些功能可以在一台计算机中实现，也可以在几台分别布置在不同位置的计算机中实现。尤其是人—机接口功能，目前往往是根据需要，将其设置在几台计算机中，从而适合系统管理工作的需求。随着计算机网络技术的发展，可以很容易采用分布式计算机系统实现这些功能。图

8-8为中央管理层次的硬件平台一例。以下分别叙述中央控制管理的各个功能。

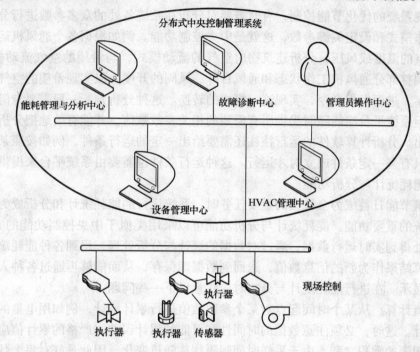

图 8-8 分布式中央管理平台

(1) 数据库

记录所有系统的运行信息，也就是信息一览表（如表 8-2）所列出的各参数随时间的变化。如前面分析，有两种记录这些参数变化的方式：1) 以固定的时间步长记录各时刻信息的取值；2) 仅当信息取值发生变化时，记录其变化后的数值及发生变化的时间。前者适合于连续变化的物理量参数，例如温度、流量、压力的变化；后者适合于设备的状态和工况的变化，例如风机的启停，热泵机组工作模式的转换，某设备的控制权限的变化等。对于连续变化的物理量，不同参数可能变化的最高频率不同，因此最好采用不同的时间步长来记录不同的参数。当然也可以在系统资源允许的前提下，采用同样的记录时间步长。而对于后者，所记录的信息在平时很少变化，而出现变化时又要求准确地记录发生变化的时间和变化后的状态。采用这种记录方式，可以利用最少的数据量最全面地记录下全部信息特征。由于数据存储装置的容量越来越大，成本越来越低，因此应该要求系统至少记录连续一年的运行数据，以用于事后对系统运行的分析研究。数据库同时还需要提供各种形式的检索查询服务，以便随时以各种方式显示运行的历史数据，并能够进行各类统计分析。

(2) 人—机接口界面

以各种方式显示系统运行信息，以及系统状态随时间的变化过程。同时还接收操作人员发出的各种命令。计算机技术的发展，使人—机接口界面在两方面有了很大的进展：图形化显示与人—机对话方式，基于 WEB 方式的访问。前者使操作者可以非常容易地对复杂系统进行各种信息查询和系统操作；后者使得授权的使用者可以使用任何一台上网的计算机充当人—机接口界面，并进行各种操作。

(3) 中央控制功能

为实现系统的优化节能控制，有时需要对分布在系统各处的众多参数进行分析，以确定系统操作模式和设定关键参数，这就是中央控制功能。例如根据各个通风机运行状况及几个关键点的温度或风压，分析建筑物内空气的流动模式，与希望的空气流动模式比较，确定通过调整部分通风机工作状态和通风百叶、风阀的开度，以实现希望的空气流动模式的运行方案，进而发出命令，实现这一模式的转换。这种分析判断一般需要专门的计算分析程序，但系统平台应能随时提供所有需要的相关参数数值，并能有效地把分析结果得到的命令发出。分析计算软件的运行往往还需要给出一定的运行条件，例如按照某时间步长运行，或只有当一定条件成立时才运行。这种运行条件也需要由系统平台来提供和控制。

(4) 能耗统计与分析功能

在建筑节能日益成为全社会的重要任务时，系统运行的能耗统计和分析成为计算机控制管理系统的重要功能。能耗统计与分析功能可以采用类似于中央控制功能的方式运行，从系统各处得到实时运行数据，通过对数据的统计与分析处理，得到各种能耗统计量，再把这些计算结果作为新的信息数值，送回到数据库保存，从而能够再通过各种人—机接口界面进行显示。在进行能耗统计与分析时应注意以下一些问题：

累计值计算。从某个时间起点对某个参数数值进行累计统计，例如用电量的累计或供冷量的累计。这时，必须注意数据的时间性和可能的累计误差。严格的累计值应为当前数值与时间间隔的乘积之和。由于采样时间间隔往往随机变化，因此最好对每个数据同时得到该数据代表的时间间隔，通过数值积分得到累计值的变化。

控制累计值累加误差。如果每次累加的数据的数量级为累计值的万分之一（例如以分钟为时间步长计算全年累计值），每次使用简单的加法很可能造成很大的截断误差，因此需要采用一些更好的算法。例如先单独计算日累计值，每天再把当日累计值累加在年累计值上，这样可以有效地消除截断误差。

冷量、热量累计。冷量热量通过测量流量和温差，取乘积获得。由于流量和温差都可能随时间变化，因此只能在每个时间步长下计算出冷量或热量，再按照计算出的冷量热量进行累加。如果只是累计总流量，统计平均温差，最终用总流量与平均温差得到总热量，就会造成很大误差。

(5) 故障诊断

通过分析系统的实测参数，判断系统内各台管辖的设备可能出现的各种故障，从而及时报警，提示维护人员修复。这样可大大提高系统的可靠性，提高无故障运行时间。所谓故障诊断包括对控制系统本身部件的故障诊断，例如传感器的故障诊断，执行器的故障诊断；所管理的机电设备的故障诊断，例如风机皮带松弛，过滤器阻力过大，以及某段管道堵塞；建筑物本身出现的问题，例如某个区域外窗开启太多造成负荷过高等问题。故障诊断可以通过一些所谓逻辑树的逻辑推理过程，从实测数据分析得到，也可以采用神经元网络、模糊分析等一些新的分析方法。相关内容可参考有关书籍。

(6) 设备管理

中央管理的又一重要功能是对所辖机电设备的全面管理。这包括：

通过图形方式给出各个设备在建筑中的准确位置。大型建筑机电设备数量多，种类多，又多分布在各种隐蔽的位置。由计算机协助管理，给出这些设备的准确位置、设备厂家、型号，可以为管理者提供很大的便利。

存储机电设备厂家、型号、性能等各种信息，供维护管理使用。

编排设备检修计划。统计各台机电设备累计运行时间，并根据运行时间与运行参数的变化，判断其性能可能出现的变化，从而确定需要检修的时间，编排机电设备检修计划。通过这种方式，实现设备的检修保养科学化，减少无谓检修造成的损失，并提高设备的安全运行率。

管理检修记录。在计算机内建立设备管理档案，记录每次的检修情况，累计运行时间，及运行中出现的各种意外情况。这样可以随时通过计算机检索这些信息，对设备的状况做出科学分析。

机电设备系统采用了计算机管理，就应该充分挖掘计算机的各种潜力和功能，使其更多的为机电系统的科学运行和科学管理做贡献，从而真正获得采用计算机控制管理系统后的效益。

8.3.7 系统的安全性与解决方案

采用计算机全面控制管理后，还存在一个重要问题，就是避免非授权人员非法进入系统，对系统进行非法操作。所以在很多场合有必要采用授权系统，根据使用者的情况，限定其可以操作的范围，这称为授权系统或安全系统。对于这一系统，需要确定的是怎样划分各类操作的权限和在技术上怎样实现这一安全保护功能。

安全性保护和操作功能授权是针对各种人—机接口界面而言。在这种界面上，可以实现的功能无非是两类：显示系统运行状态和运行参数；修改系统内的某些设定值和对系统内某些设备进行操作。一般的系统对单纯的状态与运行参数显示不加保护，任何人都可以进入系统并到处浏览。有些特殊系统对部分机电系统的运行状况要进行保护，不得任意显示。而大多数系统都对修改设定值和发布操作执行器的命令进行保护，以防止系统出现误操作造成事故。对于较庞大的系统，对设定值的修订和执行器的操作又希望是分组保护，亦即一个操作人员只能对某些设定值和设备进行操作，不同的操作者具有不同的操作权限。有些授权系统把操作者分为若干等级，高等级者可以对任意设备进行操作，而低等级则只能对部分设备操作。实际上从运行管理需求看，很难做出这样的等级划分，一个操作者能否操作某个设备，并不在于他的级别或权力的高低，而在于他是否对这台设备的管理负有责任。因此合理的权限划分方式是在所有的操作者和所有的操作对象（设定值与执行器）间建立联系，形成一个由"可"或"否"元素构成的矩阵，从而对每个操作者的权限和对每个操作命令允许的操作者作出具体的规定。

在实行这种授权管理的同时，有必要在系统内同时记录所有的操作命令的操作时间和操作者。这些信息应记录在专门的数据库中，成为运行操作记录档案，供出现各种事故与问题时分析使用。即使不是为了追查责任，这些记录对研究出现事故和错误操作的原因，弄清是自动控制系统造成的错误还是操作人员的误操作，也非常重要。

实现这样的授权系统可以采用密码方式或电子身份证方式。密码方式就是每个操作员需要有一个固定的操作员名（可以是人名或某个代码）和一个相对应的密码。在每次操作之前首先要输入操作员名，然后输入相应的密码。系统发现这二者相符合，即可允许操作人员操作。同时还以操作员名为识别名，将所有的操作记录到运行操作档案中。授权系统可以预先设定一个时间间隔，当在此时间间隔内操作员无任何操作时，则认为操作员已离开，后续的操作需要重新输入密码，这样可以避免他人接续在操作员后面的误操作。这种密码方式是通过计算机键盘进行身份识别，很容易预装入一些软件记录键盘操作信息，从而窃取密码，非法进入系统。因此在安全性要求高的场合，还可以采用电子身份证方式。

  典型的电子身份证就是智能 IC 卡。其内部有 CPU 和安全数据存储器。在没有授权时从外部无法读取卡上安全数据存储器中的内容。IC 卡可以通过卡座以有线方式进行数据通信，也可以与专门的接口进行无线通信。通信过程可以用预定的密钥进行加密，因此外部无法了解通信的真实内容。这样，每个操作员可以有一张作为个人电子身份证的 IC 卡，卡中有操作员姓名、允许操作的内容，以及卡的 PIN（personal identify number）。操作员插入 IC 卡后，首先要输入自己的 PIN，系统把这一 PIN 送入 IC 卡，得到 IC 卡的确认后，操作员即可开始操作，系统也同时得到操作员姓名，在运行操作档案中建立新的记录。每当操作员发出一个操作命令，系统都要先把这个操作命令送入 IC 卡内，卡内的 CPU 检查这个操作命令是否属于授权的操作。如果是合法操作，则 IC 卡送出加密的操作命令，这个操作命令一方面记录于运行操作档案中，同时立即发送到命令的接收方或执行方。操作员携带他的 IC 卡离开，他人就不能再进行任何授权操作。IC 卡被盗，落入他人手中后，由于盗卡者不知道卡的 PIN，因此也无法进行任何授权操作。采用这种方式，操作权限的设置与修改不需要改动控制系统内的任何文件，而只需要利用专门设备修改操作员的 IC 卡中的设置。这使得授权系统的维护管理大为简化。电子身份证方式可以防止通过计算机的任何入侵方式，它的操作全是密文进行，因此只要有一套有效的密钥系统，就可以实现高水平的安全保障，有效避免各种非法入侵。

  目前一些建筑自动化系统已经采用 WEB 形式。通过任何一台可以上网的计算机都可以进入自动化系统。这样，系统的安全性就变得十分重要，必须采用严格的安全机制才能避免各种非法侵入。采用 IC 卡这样的电子身份证，是保证系统安全的有效方式。

本 章 小 结

  通过本章的学习，希望了解建筑自动化系统的基本构成，掌握建筑自动化系统的设计步骤和设备选择方法。在此基础上，能够结合本书前几章的内容，完整的设计并调试建筑自动化系统，并解决实际工程中的问题。

参 考 文 献

1. 张福学. 实用传感器手册. 北京：电子工业出版社，1988.
2. （美）申戈尔德，徐德炳译. 传感器的接口及信号调理电路. 北京：国防工业出版社，1984.
3. 程道喜，张联铎等编. 传感器的信号处理及接口. 北京：科学出版社，1989.
4. 沙占友. 单片机外围电路设计. 北京：电子工业出版社，2006.
5. （美）R. F. 格拉夫，《电子电路百科全书》翻译组译. 电子电路百科全书. 北京：科学出版社，1992.
6. 吴金戌. 8051 单片机实践与应用. 北京：清华大学出版社，2002.
7. 朱善君. 单片机接口技术与应用. 北京：清华大学出版社，2005.
8. 高钦和. 可编程控制器应用技术与设计实例. 北京：人民邮电出版社，2004.
9. 阳宪惠. 现场总线技术及其应用. 北京：清华大学出版社，1999.
10. 刘晓胜. 智能小区与通信技术. 北京：电子工业出版社，2004.
11. 刘国林. 综合布线. 上海：同济大学出版社，2004.
12. 夏继强. 现场总线工业控制网络技术. 北京：北京航空航天大学出版社，2005.
13. BACnet A Data Communication Protocol for Building Automation and Control Networks. ANSI/ASHRAE Standard 135 – 1995.
14. 吴麟主编. 自动控制原理. 北京：清华大学出版社，1992.
15. （日）绪方正彦. 现代控制工程. 北京：科学出版社，1976.
16. Direct digital control for HVAC systems Thomas B. Hartman, McGraw-Hill Inc
17. 刘健. 智能建筑弱电系统. 重庆：重庆大学出版社，2002.
18. 董春桥等编. 建筑设备自动化. 北京：中国建筑工业出版社，2006.
19. 王正林. MATLAB/Simulink 控制系统仿真. 北京：电子工业出版社，2005.

高校建筑环境与设备工程专业指导委员会规划推荐教材

征订号	书　名	作者	定价（元）	备注
12174	全国高等学校土建类专业本科教育培养目标和培养方案及主干课程教学基本要求——建筑环境与设备工程专业	高等学校土建学科教学指导委员会建筑环境与设备工程专业指导委员会	17.00	
15295	工程热力学（第五版）（2007.1）	廉乐明 等	28.00	国家级"十一五"规划教材（附网络下载）
15847	传热学（第五版）（2007.7）	章熙民 等	30.00	国家级"十一五"规划教材
12170	流体力学	龙天渝 等	26.00	土建学科"十五"规划教材
12172	建筑环境学（第二版）	朱颖心 等	29.00	国家级"十五"规划教材
13137	流体输配管网（第二版）（含光盘）	付祥钊 等	39.00	国家级"十五"规划教材
14008	热质交换原理与设备（第二版）	连之伟 等	25.00	土建学科"十五"规划教材
10330	建筑环境测试技术	方修睦 等	27.40	
10329	暖通空调	陆亚俊 等	38.00	
10090	燃气输配（第三版）	段常贵 等	24.30	
12171	空气调节用制冷技术（第三版）	彦启森 等	20.00	土建学科"十五"规划教材
12168	供热工程	李德英 等	27.00	土建学科"十五"规划教材
14009	人工环境学	李先庭 等	25.00	土建学科"十五"规划教材
12173	暖通空调工程设计方法与系统分析	杨昌智 等	18.00	土建学科"十五"规划教材
12169	燃气供应	詹淑慧 等	22.00	土建学科"十五"规划教材
11083	建筑设备安装工程经济与管理	王智伟 等	25.00	
15543	建筑设备自动化（2007.6）	江亿 等	26.00	国家级"十一五"规划教材（附网络下载）

欲了解更多信息，请登陆中国建筑工业出版社网站：www.cabp.com.cn 查询。
在使用本套教材的过程中，若有何意见或建议，可发 Email 至：jiangongshe@163.com。